mare

Heinz-Dieter Franke

»KLEINE ROTE FISCHE, DIE RÜCKWÄRTS GEHEN«

Eine Kulturgeschichte der Krebse

mare

Diese Publikation enthält Links auf Webseiten Dritter.
Wir übernehmen für deren Inhalte keine Haftung, da wir uns diese nicht zu eigen machen, sondern lediglich auf deren Stand zum Zeitpunkt der Erstveröffentlichung verweisen.
Alle Links wurden zuletzt abgerufen im Juni 2023.

1. Auflage 2024

Lektorat Claudia Jürgens, Berlin
Typografie Iris Farnschläder, mareverlag
Schrift Albertina
Druck und Bindung CPI books GmbH, Germany
ISBN 978-3-86648-713-0

MIX
Papier | Fördert gute Waldnutzung
FSC® C083411

www.mare.de

INHALT

EINLEITUNG

Kaum entwirrbar sind die zahllosen Fäden, die alle Lebewesen mit ihrer belebten und unbelebten Umwelt verbinden. Geknüpft wurde dieses Beziehungsgeflecht in der langen Geschichte des Lebens, in der nur bestehen konnte, wem es gelang, sich den wechselnden Umständen ständig neu anzupassen oder diese zum eigenen Vorteil aktiv zu verändern. Mit der Kulturentwicklung des Menschen nahm diese Geschichte eine Wendung, die weit über alle bis dahin bekannten Formen existenzieller Abhängigkeiten und wechselseitiger Einwirkungen hinausführte. Ein wachsendes Verständnis naturgeschichtlicher Zusammenhänge machte es möglich, die – aus menschlicher Sicht – Übel der Natur zu mindern und ihre Wohltaten zu mehren. Und überall, wo Menschen der drängendsten existenziellen Sorgen enthoben waren, wurde die Natur auch Gegenstand von Betätigungen und Betrachtungen jenseits reiner Zweckmäßigkeit.

Das vorliegende Buch handelt von unseren Beziehungen zu einer bestimmten Gruppe von Tieren, den Krebsen. Auch wenn es im Wesentlichen aus der Sicht des Zoologen und Naturforschers geschrieben ist, geht es doch nicht vorrangig um die Biologie, also um Vielfalt, Bau und Lebensweise dieser Tiere. Eine solche Abhandlung gälte es noch zu schreiben, denn eine populäre deutschsprachige Darstellung der Biologie der Krebse in ihrer Gesamtheit fehlt bis heute. Thema dieses Buches sind vielmehr Natur- und Kulturgeschichte übergreifende Zusammenhänge – kurz: alles, was uns als Menschen mit Krebsen verbindet.

Warum gerade Krebse – die Crustacea der traditionellen wissenschaftlichen Terminologie? Der größte Teil meines Berufslebens war einer Forschung gewidmet, in der Krebse die Hauptrolle spielten. Ein Zoologe, der sich als Krebsforscher vorstellt, muss im selben Atemzug ein kaum vermeidbares Missverständnis aufklären. Er ist Crustaceologe, kein Onkologe, also kein Angehöriger jener angesehenen Zunft, die sich dem Kampf gegen die »Geißel der Menschheit« verschrieben hat und (anders als der Zoologe) niemals nach dem Sinn seiner Tätigkeit gefragt wird. Der Ursprung der irreführenden Namensgleichheit einer Tiergruppe und eines Krankheitsbildes, die in keiner erkennbaren Beziehung zueinander stehen, ist umstritten. Schon Hippokrates (460–370 v. Chr.) und später auch Galenos von Pergamon (129–199 n. Chr.) haben jedenfalls bösartige Gewebeveränderungen mit demselben griechischen Ausdruck *karkinos* (lat. *cancer*) bezeichnet, der auch für Krebstiere verwendet wurde.

Eine Reihe populärer Irrtümer ranken sich bis heute um Krebse. Davon handelt auch eine amüsante Anekdote über den großen französischen Naturforscher Georges Cuvier (1769–1832), die, sollte sie nicht wahr sein, doch gut erfunden ist. Eine Kommission der französischen Akademie der Wissenschaften hatte für die Herausgabe eines neuen Wörterbuchs die Krabbe als »einen kleinen roten Fisch, der rückwärtsgeht«, definiert. »Großartig, meine Herren!«, lobte Cuvier. »Aber mit Ihrer Erlaubnis möchte ich als Naturforscher eine kleine Bemerkung dazu machen: Eine Krabbe ist kein Fisch, sie ist nicht rot und geht auch nicht rückwärts. Davon abgesehen ist Ihre Definition absolut korrekt.«[1]

Noch viel weniger als etwa »den« Vogel oder »das« Insekt gibt es »den« Krebs. Keine vergleichbare Tiergruppe umfasst eine solche Fülle unterschiedlicher Bau- und Lebensformtypen wie die der Krebse. Das macht es unmöglich, Krebse mit wenigen Worten zu charakterisieren. Die wissenschaftliche Erforschung der Krebse, wie die wissenschaftliche Naturgeschichte überhaupt, begann im 4. Jahrhundert v. Chr. mit dem griechischen Naturforscher und Philosophen Aristoteles (384–322 v. Chr.). Dessen empirische Untersuchungen der Meerestiere blieben nahezu zwei Jahrtausende unübertroffen. Wesentliche Fortschritte brachte erst wieder das späte 16. Jahrhundert, als man nach langer Zeit wieder begann, Tiere um ihrer selbst willen zu studieren. Im 18. Jahrhundert führte der Schöpfer der binären Nomenklatur Carl von Linné (1707–1778) in seiner *Systema Naturae* (10. Auflage von 1758) unter insgesamt 4590 Arten auch achtzig auf, die wir heute als Krebse ansprechen. Aktuell sind etwa 67 000 Arten von Krebsen beschrieben und viele vermutlich noch unbekannt.

Krebse (Crustacea, »verdeutscht« zu Crustaceen) bilden zusammen mit Insekten (Hexapoda), Spinnentieren (Chelicerata) und Tausendfüßern (Myriapoda) den Stamm der Gliederfüßer (Arthropoda), zu dem mit etwa 1,2 Millionen beschriebenen Arten etwa 80 Prozent aller bekannten Tierarten gehören. Die Geschichte der Gliederfüßer begann vor etwa 600 Millionen Jahren in den präkambrischen Meeren. Der Körper dieser Tiere setzt sich aus einer Anzahl aufeinanderfolgender Baueinheiten (Segmente) zusammen, die ursprünglich in gleicher Weise mit je einem Satz innerer Organe und einem Paar Extremitäten ausgestattet waren. Eine solche Modulbauweise ist dazu prädestiniert, eine Vielfalt unterschiedlicher Bautypen hervorzubringen: durch Vermehrung oder Reduktion der Anzahl der Segmente; durch eine arbeitsteilige Differenzierung der Segmente und ihrer Extremitäten; sowie schließlich durch die unterschiedliche Art und Weise, in der Segmente sich gruppenweise zu Körperabschnitten wie etwa Kopf, Thorax und Abdomen zusammenschließen.

Molekulargenetische Methoden der Verwandtschaftsanalyse haben in den letzten Jahrzehnten allen Zoologinnen und Zoologen zahlreiche Überraschungen bereitet. Dazu gehört auch die heute in Fachkreisen allgemein akzeptierte Pancrustacea-Hypothese, die

Vorstellung, dass Krebse und Insekten nicht wie Geschwister genealogisch gleichrangig nebeneinanderstehen. Vielmehr bilden die Insekten eine weiter oben am Stammbaum der Krebse entstandene Entwicklungslinie und müssen daher im Sinne einer Systematik, die sich konsequent an den Verwandtschaftsverhältnissen der Lebewesen orientiert, den Krebsen zugeordnet werden.[2] Während noch bis in das 19. Jahrhundert Krebse als »flügellose Insekten« *(insecta aptera)* geführt wurden (im Mittelalter auch als »Muscheln mit Füßen«, *conchae crura habentes*), käme nach heutiger Kenntnis die Charakterisierung von Insekten als »geflügelte Krebse« der Wirklichkeit wohl näher. Im Folgenden wird jedoch – wie es nicht nur umgangssprachlich noch weithin üblich ist – von Krebsen in deren traditioneller, also die Insekten ausschließender, Bedeutung die Rede sein.

Wie die Stammform der Gliederfüßer insgesamt, so lebte auch jene der Krebse im Meer. Heute finden wir die Nachfahren der »Ur-Krebse« aber nicht nur in allen marinen Lebensräumen von den Küsten bis hinab zu den Tiefseeböden, sondern auch in allen Arten von Süßgewässern. Und ähnlich den Insekten, wenngleich weit weniger erfolgreich, haben manche Krebse schließlich sogar das feste Land erobert.

Die populäre Vorstellung von Krebsen ist geprägt von ihren großen und auffälligen Vertretern wie Hummern, Flusskrebsen, Krabben, Garnelen und Langusten – also von Arten, die auch auf unseren Speisekarten stehen. Sie alle gehören zur Gruppe der Zehnfußkrebse (Decapoda). Und sie sind es auch, die in einer Kulturgeschichte der Krebse die Hauptrolle spielen. Die meisten Krebse sind jedoch eher kleine Formen im Zentimeter- oder sogar nur Millimeterbereich. Letztere sind es, die die Masse des tierischen Planktons bilden, in unvorstellbar hohen Individuenzahlen Meere und Süßgewässer besiedeln und eine kaum zu überschätzende Rolle in den Nahrungssystemen spielen, an deren Spitze unsere Speisefische stehen. Im Meer sind es vor allem Vertreter der Ruderfußkrebse (Copepoda), in Süßgewässern daneben auch Blatt- oder Kiemenfußkrebse (Branchiopoda) wie die Wasserflöhe: Diese filtrieren jeden Tag eine Menge des winzigen pflanzlichen Planktons aus dem Wasser, die etwa ihrer eigenen Körpermasse entspricht, überführen die von Mikroalgen produzierte pflanzliche in tierische Biomasse und machen sie so auch für größere Tiere verwertbar. Aber nicht nur an der Basis des tierischen Teils des Nahrungssystems, sondern auch bei der Rückführung der Nährstoffe in einen neuen Produktionszyklus spielen Krebse eine bedeutende Rolle.

Es ist ein kurioser Umstand, dass die einzigen Krebse, die wohl jeder Mensch häufiger zu Gesicht bekommt, von nur wenigen überhaupt als solche angesprochen werden. Es sind die in unseren feuchten Kellern, Garagen und Gartenhäusern allgegenwärtigen Keller- und Mauerasseln. Verborgen bleiben den meisten Menschen nicht nur die Vielfalt der Krebsarten und deren herausragende Bedeutung im Haushalt der Natur, sondern auch die zahlreichen direkten Berührungspunkte von Krebsen mit menschlichen Belangen. Ein dafür sensibilisierter Beobachter wird Krebsen in einer Vielzahl völlig unterschiedlicher und oft unerwarteter Zusammenhänge begegnen – und keineswegs nur auf seinem Teller.

Manche Problemlösungen, die Krebse in einer langen Evolutionsgeschichte gefunden haben, konnten technisch nutzbar gemacht werden. Krebse und aus ihnen bereitete Produkte haben eine lange Geschichte in der Medizin als (vermeintliche) Heilmittel. Eine prosperierende Aquakulturindustrie produziert heute mehr Krebse für unsere Ernährung als die traditionelle Fischerei. Eine für den Menschen nützliche Rolle spielen Krebse auch als Rohstofflieferanten und Bioindikatoren. Als Erreger oder Überträger von Krankheiten sowie als Parasiten schädigen sie andererseits in großem Umfang unsere aquatischen Nutztiere und in einigen wenigen Fällen sogar uns Menschen direkt. Weitere unerwünschte Wirkungen gehen von Krebsen aus, die Schiffsrümpfe und maritim-technische Anlagen bewachsen, die Stabilität von Deichen gefährden, in Reisfeldern die junge Aussaat bedrohen oder hölzerne Hafenanlagen zerstören.

Nahezu unübersehbar ist schließlich die Bedeutung von Krebsen in kulturellen Belangen jenseits der reinen Schaden-Nutzen-Perspektive: Wir begegnen Krebsen in Astronomie und Astrologie sowie in der Mythologie und den religiös-kultischen Ritualen mancher Völker. Von der Antike bis in die Gegenwart sind Krebse häufige Akteure in Fabeln, Märchen, Sagen, Legenden und Schwänken. Von alters her spielen Krebse eine bedeutende Rolle in Symbolik und Allegorik sowie in Sprichwörtern und Redewendungen. Auch die Musik hat den Begriff »Krebs« adaptiert. Bildliche Darstellungen von Krebsen finden wir schon in der Antike als Reliefs an assyrischen Palastwänden und altägyptischen Obelisken, als Töpferornamente im alten Griechenland, auf griechisch-römischen Gemmen und Münzen sowie in altrömischen Mosaiken. Krebse waren wichtige Anreger der künstlerischen Produktion von Albrecht Dürer über die flämisch-niederländischen Stillleben-Maler bis zu Picasso und Salvador Dalí. In der Wissenschaftsgeschichte waren Arbeiten an Krebsen mehrfach an entscheidenden Weichenstellungen beteiligt. So hätte etwa Charles Darwins langjährige Beschäftigung mit einer speziellen Krebsgruppe (den Seepocken und Entenmuscheln) fast dazu geführt, dass die von ihm schon lange zuvor ausgearbeitete, aber noch nicht publizierte Theorie der natürlichen Auslese heute nicht mit seinem Namen, sondern mit dem von Alfred Russel Wallace verbunden wäre.

Diese Fülle von Bezügen zwischen Krebsen und Menschen überrascht, verlief doch die Entwicklung zum Menschen, nachdem unsere Fisch-Vorfahren vor etwa 400 Millionen Jahren in Gestalt urweltlicher Amphibien den Schritt zum Leben auf dem Land vollzogen hatten, in einer völlig anderen ökologischen Welt als die der Krebse, die (nach der frühen Abspaltung der Insekten) mit wenigen Ausnahmen dem aquatischen und insbesondere dem marinen Milieu verhaftet blieben. Die Einstellung des Menschen zum Meer war bis in die Neuzeit von Unbehagen, ja Angst geprägt. Die alten Ägypter hassten das Meer, berichtet der griechische Schriftsteller Plutarch (45–127 n. Chr.); es galt ihnen als »ein Element, das mit uns in gar keiner Verbindung steht, sondern der Natur des Menschen fremd, oder vielmehr äußerst feind und zuwider ist«[3]. Selbst das Inselvolk der alten Griechen betrachtete das Meer überwiegend als eine feindliche Macht. Es war die natürliche Scheu eines Landlebewesens vor einem Element, das kaum Orientierung bot, jederzeit alles zu verschlingen drohte und dessen unergründliche Tiefe man von Ungeheuern bewohnt glaubte. Einen mentalen Wandel brachte erst das 18. Jahrhundert, als Ehrfurcht vor seiner Größe und Erhabenheit das Bild des Meeres zu bestimmen begann. Im 19. Jahrhundert schwärmte der Dichter Charles Baudelaire (1821–1867): »O freier Mann, du liebst für alle Zeit das Meer!«[4]

Über die Naturphilosophie führte der Weg zur wissenschaftlich-technischen Erforschung und heutigen kommerziellen Nutzung selbst der entlegensten Regionen des marinen Lebensraums. Neben der Eroberung der Lüfte wurde jene des Meeres zu einer der großen Unternehmungen in der neueren Geschichte des Menschen. Nach und nach zeigte sich die ganze Vielfalt des marinen Lebens jenseits des Meeresufers – und damit auch die Rolle der Krebse als die (neben den Fischen) ökologisch bedeutendste Tiergruppe dieses Großlebensraums.

1 KÄMPFER MIT ACHILLESFERSE

Vielen Menschen sind Krebse fremd und unheimlich. Eine harte, tote Hülle umgibt als Außenskelett die Tiere. Starre Gesichtszüge und ausdruckslose Augen geben keine Hinweise darauf, was – wenn überhaupt – ein solches Tier denkt oder fühlt. Der gegliederte Panzer und oft auch mächtige Waffen in Form zupackender Scheren vermitteln zudem den Eindruck von Unverwundbarkeit und Kampfbereitschaft. Für manche Menschen sind Krebse ein Gegenstand von Wahnvorstellungen. Der Philosoph Jean-Paul Sartre (1905–1980) sah sich viele Jahre in seinen Träumen von Langusten und Krabben gepeinigt. Das Fleisch von Krebsen und Muscheln (der »Schalentiere« der Gastronomie), das aus einem »Versteck« unter Schalen herausgezogen werden muss, war ihm zutiefst zuwider: »Wenn ich ein Schaltier esse, esse ich Dinge aus einer anderen Welt. Dieses weiße Fleisch ist nicht für uns, man stiehlt es einem anderen Universum.«[1] Für den katalanischen Maler und Surrealisten Salvador Dalí (1904–1989) waren Krebse Symbole seiner paranoiden Ängste vor Kastration und weiblichem Kannibalismus. Und auch in Mythen und Legenden fanden Krebse Eingang.

Am südwestlichen Zipfel der japanischen Hauptinsel Honshu liegt die Stadt Shimonoseki, die heute Heimathafen der berüchtigten Walfangflotte des Landes und das Mekka der Liebhaber des kulinarisch hochgeschätzten Fugu-Fisches ist. Im Jahr 1185 haben sich hier in der kleinen Bucht von Dan-no-ura zwei Samurai-Familien eine

Seeschlacht geliefert, deren Ausgang das Schicksal Japans für viele Jahrhunderte geprägt hat. Die Flotte des herrschenden Heike-Clans mit dem noch unmündigen Kaiser Antoku wurde dabei von der Seemacht der Genji vernichtet. Um der Schmach der Niederlage zu entgehen, sollen sich die überlebenden Verlierer in den Fluten ertränkt haben. Eine der Attraktionen Shimonosekis ist der *Akama*-Schrein, der dem glücklosen Antoku geweiht ist; ein traditionsreiches Festival *(Sen-tei-sai)* erinnert dort jährlich mit farbenprächtigen Prozessionen an das Ereignis. Mit dem Untergang des Heike-Clans begann das jahrhundertelange Militärregime der Shogune; erst die Meiji-Revolution im Jahr 1868 beendete das Shogunat und erneuerte die traditionelle Herrschaft des Kaisers.

Einer alten Legende nach haben die Seelen der toten Heike-Krieger am Grunde des Meeres im Körper von Krabben eine neue Heimstatt gefunden. Inspiriert wurde die Legende vermutlich durch das lokale Vorkommen einer sonderbaren Art der allgemein für ihre Aggressivität bekannten Krabben; deren Rückenpanzer zeigt ein Muster aus Furchen und Gruben und erinnert an die drohend-grimmigen Gesichtszüge von Masken, die von Samurai-Kriegern getragen wurden (vgl. Abb. 1). Sie werden *Heikegani* (Heike- oder Samurai-Krabben) genannt. Ihr gültiger wissenschaftlicher Name ist *Heikeopsis japonica*; der große Natur- und Japanforscher Philipp Franz von Siebold (1796–1866) hat die Art wissenschaftlich beschrieben. Als »Krabben mit menschlichem Antlitz« spielen sie eine wichtige Rolle in der japanischen Folklore und sind im heutigen Japan ein beliebtes Tattoo-Motiv.[2]

Mit Reizkonstellationen konfrontiert, die uns unvollständig erscheinen, versuchen wir, diese zu bekannten Mustern zu ergänzen. Ein Sonderfall dieses Phänomens ist unsere Neigung, Gesichter in etwas »hineinzulesen« (Pareidolie), sei es in Wolkenbilder, in die Oberfläche des Mondes oder auch in das Furchenmuster eines Krebspanzers. Der Evolutionsbiologe Julian Huxley (1887–1975) hat vermutet, das Muster der Heike-Krabbe sei Ergebnis einer unbeabsichtigten Auslese durch Krabbenfischer.[3] Aus Respekt vor den Seelen der Heike-Krieger könnten Tiere mit Mustern, die besonders stark menschlichen Gesichtern ähnelten, von den Fischern zurück ins Meer geworfen worden und dadurch dem Verzehr entgangen sein. Da Krabben in der Region seit Jahrhunderten intensiv befischt werden, könnte so im Lauf der Zeit nicht nur der Anteil der Tiere stetig zugenommen haben, deren Rückenmuster an ein menschliches Antlitz erinnert, sondern dieses könnte dem eines zornigen Samurais auch immer ähnlicher geworden sein. In diesem Sinne hat Carl Sagan (1934–1996) in seinen populärwissenschaftlichen Fernsehsendungen und Büchern der 1980er-Jahre das »Gesicht« der Heike-Krabbe einem Millionenpublikum als Paradebeispiel einer künstlichen Auslese präsentiert.

Aber wie so oft in der Wissenschaft muss wohl auch hier eine »schöne« Hypothese einer prosaischeren Erklärung weichen.[4] Mit einer Rumpfbreite von höchstens drei Zentimetern sind die Tiere eigentlich zu klein, um jemals als Speise begehrt gewesen zu sein. Vermutlich wurden sie schon immer als nutzloser Beifang ins Wasser zurückgeworfen. Zudem findet man Furchenmuster, die einem menschlichen Gesicht ähneln, auch auf dem Rücken verwandter Krabbenarten in anderen Meeresgebieten.

Als unerschrockene Kämpfer begegnen uns Krabben auch in der griechischen Sagenwelt.[5] Herakles, ein unehelicher Sohn des Göttervaters Zeus, wurde zeitlebens vom Hass seiner Stiefmutter Hera verfolgt. Während er mit der vielköpfigen Hydra kämpfte, der die Köpfe schneller nachwuchsen, als man sie ihr abschlagen konnte, sandte Hera einen großen Krebs zur Unterstützung des Ungeheuers. Hinterrücks attackierte dieser den bedrängten Herakles und wurde von ihm im Zorn zerschmettert. Zum Dank versetzte Hera ihren mutigen, wenngleich erfolglosen Helfer posthum an den Himmel, wo der Krebs seither eines der Sternbilder darstellt (vgl. Kapitel 16).

Um einen Krieg zu beenden, soll Zeus einmal eine ganze Armee von Krebsen rekrutiert haben. Berichtet hat dies ein unbekannter späthellenistischer Autor (»Pseudo-Homer«) in seinem Werk *Der Froschmäusekrieg*. In einem kuriosen eintägigen Krieg zwischen Fröschen und Mäusen fallen die auf groteske Weise hochgerüsteten Kombattanten aus eher nichtigem Anlass gnadenlos übereinander her. Das kleine Werk parodiert die homerische Schlachten-Epik, indem es die großsprecherischen Deklamationen der griechischen und trojanischen Helden kleinen, des Heldentums eher unverdächtigen Tieren in den Mund legt. Zum Gespött gemacht werden aber auch die Bewohner des Götterhimmels, die das Spektakel zunächst amüsiert verfolgen. Als den Fröschen jedoch die Vernichtung droht, befiehlt Zeus seinem zuständigen Fachpersonal, einzuschreiten. Doch weder der Kriegsgott Ares noch die für Kriegstaktik zuständige Athene sehen sich imstande, dem martialischen Gemetzel Einhalt zu gebieten. So muss Zeus selbst, Blitze und Donnerkeile schleudernd, in den Kampf eingreifen. Aber auch dem obersten der olympischen Götter gelingt es nicht, die Mäuse aufzuhalten. Erst im allerletzten Augenblick hat Zeus die rettende Idee. »Da kamen sie plötzlich heran: Mit gepanzertem Rücken, mit krummen Scheren bewaffnet, schräg liefen sie und schielten, auch ihr Mund glich einer Schere, ihre Haut war wie gebrannter Ton, knöchern, mit plattem Rücken, ihre Schultern glänzten, krummbeinig waren sie und breitmäulig, ihre Augen saßen gleich auf den Schultern, acht Füße hatten sie, zwei Köpfe, keine Hände: Krebse hießen sie. Die kniffen mit ihren Mäulern die Mäuse in die Schwänze, die Füße und die Hände: die Lanzen aber verbogen sich an ihnen. Da bekamen es die feigen Mäuse mit der Angst zu tun, sie hielten nicht mehr stand und wandten sich zur Flucht. Schon ging die Sonne unter, und der ganze eintägige Kriegszauber war aus.«[6] Eine Söldnertruppe aus Krabben hatte im Auftrag des Göttervaters die Kriegsposse beendet und die Frösche vor der Vernichtung bewahrt.

Als Menschen können wir schon unseres Größenvorteils wegen den meisten Krebsen gelassen gegenübertreten, auch wenn die mächtigen Scheren eines Hummers oder eines Palmendiebs, der die Schalen von Kokosnüssen aufbrechen kann, zur Vorsicht mahnen. Der auf pazifischen Inseln lebende Palmendieb *(Birgus latro)* ist mit bis zu fünf Kilogramm Masse und vierzig Zentimeter Körperlänge der größte landlebende Gliederfüßer. Er kann mit einer Kraft von bis zu 3300 Newton zugreifen, was etwa der doppelten Beißkraft eines Löwen und der vierfachen eines Menschen entspricht. Gegenstände von bis zu dreißig Kilogramm kann dieser Krebs mit seiner Schere heben. Als Allesfresser können Palmendiebe die Kadaver auch viel größerer Tiere in kurzer Zeit verzehren. Typische Fraßspuren, die man an menschlichen Knochen gefunden hat, deuten darauf hin, dass dieses Schicksal manchen Schiffbrüchigen und vielleicht auch der US-amerikanischen Luftfahrtpionierin Amelia Earhart widerfahren ist. Bei dem Versuch, als erster Mensch die Erde am Äquator zu umfliegen, musste sie 1937 nahe der pazifischen Insel Nikumaroro notlanden und ist dort wohl nach kurzem Einsiedlerdasein ums Leben gekommen.

Der niederländische Naturforscher Georg Eberhard Rumpf (1627–1702) berichtete folgende kuriose Begebenheit von der Molukken-Insel Ambon: Einen lebenden Palmendieb hatte man an einem Strick aufgehängt, nicht weit entfernt von der Stelle, an der eine junge Ziege angebunden war. Dem Krebs war es gelungen, mit seiner Schere die Ziege an einem Ohr zu packen, sie zu sich heranzuziehen und sogar vom Boden hochzuheben, als die Umstehenden auf den Vorgang aufmerksam wurden. Nur dadurch, dass man dem Krebs mit Gewalt die Scheren zerbrach, ließ sich die Ziege aus dem festen Griff des Tieres befreien.[7]

Wenn schon Hummer und Palmendieb zumindest Respekt einflößen, welche Gefühle löste erst ein Krebs aus, der uns an Körpergröße gliche oder sogar überträfe? Manche Horrorfilme wie Roger

Cormans *Attack of the Crab Monsters* (1957) schöpfen ihren Nervenkitzel aus der Begegnung mit einer solchen »Kampfmaschine«, die äußerlich kaum angreifbar und uns an Kraft weit überlegen wäre. Auch in der Walt-Disney-Adaptation (1954) von Jules Vernes Science-Fiction-Roman *20 000 Meilen unter dem Meer* hat eine gigantische Krabbe von nahezu zehn Meter Größe einen Auftritt. Selbst naturgeschichtliche Werke zeigten bis in das 17. Jahrhundert hinein monströse Krebse. Sebastian Münsters *Cosmographia* (1544) präsentiert beispielsweise unter den Meeresungeheuern einen deutlich mehr als menschengroßen Krebs, der sich einen Schiffbrüchigen gegriffen hat (Abb. 2).[8] Münster bezog sich hierbei auf die 1539 in Venedig erschienene *Carta marina* des schwedischen Bischofs Olaus Magnus (1490–1557), die das Vorkommen riesiger menschenfressender Krebse in der Nähe der Hebriden zeigt. Doch Krabben stehen nicht nur für Angriffslust und Kampfesmut – »ein Volk des Kampfes« hat Jules Michelet (1798–1874) sie in seiner poetischen Naturgeschichte des Meeres genannt[9] –, sondern als typische Einzelgänger auch für gegenseitige Unverträglichkeit bis zum Kannibalismus. Die französische Redewendung *un panier de crabes* (ein Korb voller Krabben) und das vergleichbare englische *crabs in a barrel* beschreiben die Situation eines ständigen Streits, aus dem niemand unbeschadet hervorgeht.

Während Krebsgiganten als Ausgeburten menschlicher Fantasie keine Grenzen gesetzt sind, bewahren uns in der realen Welt physikalische Gesetze vor einem solchen Horrorszenario. Um einen monströsen Krebs zu tragen, müsste dessen Außenskelett überproportional verstärkt werden. Ein Krebs von unserer eigenen Größe träte uns auf dem Land mit der Schwerfälligkeit eines Menschen entgegen, dem ein zentnerschwerer Mühlstein um den Hals gelegt wurde. Ein solcher Krebs wäre nahezu unbeweglich und liefe Gefahr, unter seinem eigenen Gewicht zusammenzubrechen. Unter Wasser sähe die Situation etwas anders aus: Da dort das Gewicht um den

Auftrieb vermindert ist, können wasserlebende Tiere größer werden als vergleichbare Formen auf dem Land. Der größte Krebs – und zugleich größter lebender Gliederfüßer überhaupt – ist die Japanische Riesenkrabbe *(Macrocheira kaempferi)*, die im Nordpazifik vor Japan in Tiefen von etwa 300 bis 400 Metern lebt. Zwar ist ihr Rumpf mit bis zu vierzig Zentimeter Länge auch nicht größer als der des Palmendiebs, die Beine erreichen jedoch eine Spannweite von mehr als drei Metern und tragen wesentlich zur Gesamtmasse der Tiere von bis zu zwanzig Kilogramm bei. In Japan bilden die Tiere die Hauptattraktion in fast jedem öffentlichen Aquarium; als Präparate sind sie auch hierzulande beliebte Ausstellungsstücke in naturhistorischen Sammlungen. Doch so beeindruckend sie auch sind, für den Menschen geht keine Gefahr von ihnen aus: In majestätischem Gang schreiten sie auf ihren stelzenförmigen Beinen über den Meeresboden und ernähren sich von Aas sowie bodenlebenden Tieren wie Muscheln, die nicht vor ihnen fliehen können.

Skelette verleihen einem weichen Körper eine konkrete Gestalt und erleichtern die Fortbewegung, indem sie den Körper mit Extremitäten über den Boden erheben können. Als mechanisches Widerlager von Muskelkontraktionen sind sie zudem unentbehrlich für rasche und kräftige Bewegungen. Alle »höheren« Tiere (mit Ausnahme der Tintenfische) bedienen sich dabei gegliederter Skelette aus Hartsubstanzen. Schließlich erlauben harte Skelettteile eine Zerkleinerung und Nutzung von Nahrung, die sonst schwer zugängig ist. Schon Aristoteles erkannte als erster vergleichender Anatom den grundsätzlichen Unterschied zwischen Krebsen (Gliederfüßern) und Menschen (Wirbeltieren): Während bei Ersteren »das Weiche« innen und »das Harte« außen liegt, ist es bei Letzteren umgekehrt.[10] Diese Besonderheit des Bauplans der Gliederfüßer wird uns spätestens dann bewusst, wenn wir einen Krebs zum Verzehr vor uns haben.

Die Ausbildung so unterschiedlicher Skeletttypen bei den beiden bedeutendsten Gruppen des Tierreichs hatte tiefgreifende Konsequenzen für deren gesamte Organisation. Ein Außenskelett erfüllt nicht nur die allgemeinen Aufgaben eines Skeletts, sondern schließt zugleich die Weichteile eines Körpers wie in eine Rüstung ein und schützt sie so vor äußeren Einwirkungen. Eine Bewegung einzelner Körperteile wird dadurch möglich, dass das Skelett nicht überall gleich dick und hart ist. Dickere, härtere Teile in Form von Platten und Röhren sind untereinander durch dünnere, flexible Teile verbunden. Während auf der Grundlage von Innenskeletten Kugelgelenke ausgebildet werden können, die es erlauben, einen größeren Aktionsraum in verschiedenen Richtungen zu bestreiten, erhalten die Extremitäten der Gliederfüßer ihren Aktionsraum dadurch, dass sie in eine größere Zahl kleiner Glieder unterteilt werden, die über Scharniergelenke mit gegeneinander versetzten Bewegungsebenen miteinander verbunden sind. Dennoch bleibt der Aktionsraum solcher Extremitäten stark eingeschränkt, sodass wir einen Flusskrebs oder Hummer am Rücken greifen können, ohne einen schmerzhaften Zugriff der Scheren befürchten zu müssen.

Die Schutzwirkung eines Außenskeletts ist prinzipiell umso wirksamer, je dicker und härter ein solcher Panzer ist. Da dies aber mit erhöhtem Gewicht und verminderter Beweglichkeit einhergeht, kommt es zu einem klassischen Optimierungsproblem. Gefordert war ein Skelettmaterial, das geringes spezifisches Gewicht mit hoher Festigkeit verbindet. Die Entwicklung eines solchen Baustoffs, des Chitins, hat entscheidend zum Evolutionserfolg der Gliederfüßer beigetragen.[11] Es ist eine kuriose Situation, dass viele Krebse die ihnen durch das Chitin gegebene Möglichkeit, das Gewicht ihres Panzers bei gleichbleibender Schutzwirkung gering zu halten, dadurch konterkarieren, dass sie große Mengen von schwerem Kalk in das Außenskelett einlagern. Es ist diese Eigenschaft, die der Gruppe den Namen Crustacea (Krustentiere) gegeben hat. »Leisten« konnten sich eine starke Inkrustierung allerdings nur die ausschließlich am

Boden lebenden Krebse wie Hummer, Flusskrebse und die meisten Krabben, bei denen Kalk die Hälfte des Panzergewichts ausmachen kann. Vielschwimmer und erst recht Dauerschwimmer wie manche Garnelen und die Krillkrebse haben hingegen wohlweislich auf eine solche gewichtserhöhende Kalkeinlagerung verzichtet.

Der Mensch hat sich das Chitin zunutze gemacht. Mit seinem Derivat Chitosan hat es aufgrund zahlreicher erstaunlicher Eigenschaften eine Karriere als Werkstoff mit vielfältigen und längst noch nicht ausgeschöpften Einsatzmöglichkeiten in Biomedizin, Landwirtschaft, Pharmazie und Abwassertechnik gemacht. Viel Erfindergeist wurde auch darauf verwandt, den schützenden Effekt eines Außenskelettes nachzuahmen. Wie im Tierreich ging es auch hier stets um einen möglichst günstigen Kompromiss zwischen den gegensätzlichen Anforderungen nach wirksamem Schutz einerseits und geringem Gewicht sowie möglichst wenig eingeschränkter Beweglichkeit andererseits. Vom antiken Griechenland bis in die frühe Neuzeit wurden metallische Rüstungen (vor allem der Brustharnisch) als Krebs bezeichnet. Martin Luther verwendete den Begriff in seiner Bibelübersetzung wiederholt auch im übertragenen Sinne, etwa wenn es in der *Weisheit Salomons* (5,19) heißt: »Er wird Gerechtigkeit anziehen zum Krebs.« (Revidierte Übersetzungen haben später den Begriff Krebs durch Panzer ersetzt.) Krebse nannte man auch Belagerungsmaschinen, die zum Brechen von Mauern und Toren verwendet wurden: Unter einer gegen Steinwürfe und Pfeile schützenden, mit Eisenplatten bewehrten Holzkonstruktion rückten manchmal mehrere Hundert Kämpfer mit einem Baumstamm als Rammbock gegen Befestigungsanlagen vor.

Jede mittelalterliche Burg zeigt heutigen Besucherinnen und Besuchern eine reichhaltige Sammlung von schweren Eisengebilden wie Helmen, Harnischen und Schienen, mit denen Kämpfer ihren Körper schützten. In Peru stießen die spanischen Konquistadoren jedoch auf Inka-Krieger, die extrem fein gewebte, wattierte Textil-Rüstungen einem metallischen Schutz vorzogen. Viele spanische Soldaten übernahmen diese Art der Schutzkleidung, die – bei wesentlich geringerem Gewicht und hoher Flexibilität – den Körper fast genauso gut schützte wie die schweren Brustharnische, mit denen sie zuvor in den Kampf gezogen waren.

Mit dem Aufkommen durchschlagskräftiger Feuerwaffen verlor der metallische Körperschutz mehr und mehr an Bedeutung. Bereits aus der Zeit gefallen waren die *London lobsters* (engl. *lobster*, Hummer), eine gepanzerte Kavallerie-Einheit, die im Englischen Bürgerkrieg (1642–1649) für das Parlament gegen die Royalisten um Charles I. kämpfte. Auf dem Kontinent, auf dem der Dreißigjährige Krieg zu Ende ging, schützten die meisten Kombattanten ihren Oberkörper nur noch mit einer einfachen Lederbekleidung. In den Armeen des 18. und frühen 19. Jahrhunderts wurde sogar ganz auf einen besonderen Schutz für Soldaten verzichtet. Bunte »Waffenröcke« prägten das Bild der Schlachtfelder des Siebenjährigen Kriegs und der napoleonischen Zeit. Bewegliche Truppenteile sollten nun den Gegner in Zangenbewegungen einschließen und so Schlachten schnell beenden.

Das 20. Jahrhundert brachte wieder Rückgriffe auf traditionelle Schutzmaßnahmen für Soldaten. »Wir empfingen Stahlhelme. Der Stahlhelm verleiht dem Soldaten ein wüstes Aussehen«, notierte Ernst Jünger als Kompanieführer in der Somme-Schlacht in seinem Kriegstagebuch (24. August 1916).[12] Im Dolomitenkrieg (1915–1918) wurden auf italienischer Seite sogenannte Farinaharnische eingesetzt. Diese mehr als fünfzig Kilogramm schweren, den Körper bis fast zu den Knien bedeckenden Panzerplatten ließen Soldaten fast wieder wie antike Kämpfer aussehen. Feindliches Feuer sollte solchen Angreifern, die wie eine stählerne Lawine gegen Stellungen des Gegners vorrückten, nichts anhaben können. Die Kriegsrealität sah jedoch anders aus. Als junger Soldat war der spätere italienische Politiker Emilio Lussu Augenzeuge solcher Unternehmungen, die mit der vollständigen Vernichtung der Angreifer im Feuer des Gegners endeten, das die Harnische zerfetzte »wie dünne Baumwollhemden«[13]. Moderne Verbundwerkstoffe, die Leichtigkeit und hohe Festigkeit miteinander verbinden, haben schließlich zu immer effektiveren Lösungen uralter Probleme geführt. Dies gilt sowohl für die moderne Arbeitsschutzkleidung als auch für alle Formen der Schutzkleidung, zum Beispiel kugelsichere Westen, wie sie heute bei Polizei und Militär zum Einsatz kommen.

Angesichts der offenkundigen Vorteile von Außenskeletten stellt sich die Frage, warum Wirbeltiere ein Innenskelett bevorzugt haben. Oberflächlich betrachtet scheint es wider alle Vernunft, die empfindlichen Weichteile ungeschützt der Außenwelt auszusetzen. Aber wie raffiniert ein Außenskelett auch konstruiert ist, es mindert zwangsläufig die Beweglichkeit seiner Träger. Zudem kommen seine Vorteile aus mechanischen Gründen vor allem bei geringen Körpergrößen zur Geltung.

Schließlich gilt es in der Frage der Abwägung von Vor- und Nachteilen der beiden Skeletttypen einen Punkt zu beachten: die Achillesferse aller, die von einem schützenden Außenskelett profitieren. Dieses ist nämlich nur sehr begrenzt dehnbar. Um wachsenden Organen Platz zu schaffen, muss der Panzer immer wieder abgeworfen und durch einen neuen, etwas weiteren und aufwendigeren ersetzt werden. Das Wachstum der Gliederfüßer ist somit kein kontinuierlicher Prozess wie das der Wirbeltiere, sondern vollzieht sich in Sprüngen. Viel Energie muss in Häutungen investiert werden und geht damit dem eigentlichen Wachstum verloren. Die meisten Krebse häuten sich und wachsen während ihres gesamten Lebens, auch wenn die Abstände zwischen den Häutungen mit dem Lebensalter immer länger und die damit verbundenen Wachstumssprünge immer geringer werden. Ungewöhnlich alte Individuen fallen daher bei Krebsen – ganz anders als bei Wirbeltieren – durch eine weit überdurchschnittliche Körpergröße auf.

Der unter dem alten Skelett angelegte neue Panzer ist zunächst noch völlig weich; er muss nach dem Abwurf des alten rasch auf seine neue Größe gedehnt werden – in der Regel geschieht dies durch Wasseraufnahme – und dann in dieser Form aushärten. Dieser Prozess kann je nach Art und Größe eines Krebses wenige Stunden, aber auch mehrere Wochen dauern. Mit jeder Häutung verlieren Tiere daher vorübergehend ihren äußeren Schutz und auch ihre Beweglichkeit, da Muskelkontraktionen ohne festes mechanisches Widerlager wirkungslos bleiben. Ihrer weichen Oberfläche wegen werden frisch gehäutete Krebse als Butterkrebse *(soft crabs)* bezeichnet; sie sind beliebt als Angelköder, aber auch in der Gastronomie, da Tiere in diesem Zustand komplett verzehrt werden können. Je größer ein Krebs ist, desto größer ist auch die Gefahr, dass er als frisch gehäutetes Individuum unter seinem eigenen Gewicht kollabiert. Diese höchst gefährdeten Lebensphasen, in denen Krebse leicht Opfer von Raubfeinden oder kannibalischen Artgenossen werden, verbringen die Tiere meist an gut geschützten Orten. Erst mit dem Aushärten des neuen Panzers kehren der gewohnte Außenschutz, die Stabilität des Körpers und die frühere Beweglichkeit zurück.

Einen raffinierten Weg, die mit einer Häutung verbundenen Probleme zu mindern, hat die Krebsgruppe der Asseln (Isopoden) gefunden: Ihre Häutung erfolgt in zwei Etappen, wobei zunächst die hintere und erst einige Zeit später auch die vordere Körperhälfte gehäutet wird. Auf diese Weise sind die Tiere zu keinem Zeitpunkt völlig schutzlos und bewegungsunfähig.

Die komplexen Vorgänge der Häutung sind anfällig für Störungen vielerlei Art. Probleme bei der Häutung sind eine der häufigsten Todesursachen von Krebsen. Andererseits bieten Häutungen aber auch die Möglichkeit, sich immer wieder von lästigem Bewuchs zu befreien, Verletzungen der Körperoberfläche zu reparieren, ja selbst verloren gegangene Körperanhänge vollständig zu ersetzen. Der sichtbare Häutungsvorgang eines großen Krebses, der sich nach langer, äußerlich kaum erkennbarer Vorbereitung unter meist erheblichen Anstrengungen von seinem alten Panzer befreit, ist ein beeindruckendes Schauspiel. Als Mönche im Mittelalter begannen, Flusskrebse als Fastenspeise in Teichanlagen zu züchten, ist ihnen dieses Phänomen nicht entgangen. Wegen seiner Häutung, bei der eine alte, tote Hülle zurückbleibt und ein scheinbar neues Tier in frischer, vergrößerter Form entsteht, diente der Krebs in der mittelalterlichen christlichen Ikonografie denn auch lange Zeit als Symbol der Auferstehung.

Eine ganz andere »Erklärung« für die Häutung von Krebsen gab der britische Autor Rudyard Kipling (1865–1936) in seinem Kinderbuch-Klassiker *Nur so Geschichten* (1902). Diese Sammlung fantasievoller Kurzgeschichten handelt davon, wie Tiere zu ihren besonderen Eigenschaften kamen. In der Erzählung *Die Krabbe, die mit dem Meer spielte* weigert sich die riesige Krabbe Pau Amma, die ihr vom Schöpfer zugewiesene Rolle zu erfüllen. Es gelingt ihr zunächst, sich im Meer zu verstecken, wo sie immer dann, wenn sie auf Nahrungssuche geht, Verderben bringende Flutwellen auslöst. So verrät sie sich selbst, wird zur Strafe ihres Panzers beraubt und sieht sich nun weich und schutzlos (gleichsam als ständiger Butterkrebs) ihren Feinden ausgeliefert. Doch vermag die Krabbe ihren Schöpfer milde zu stimmen; dieser lässt sie so klein werden, dass sie ihren verletzlichen Körper unter Steinen verbergen kann. Schließlich erhält die Krabbe aber doch ihren harten Panzer zurück. Zur Warnung davor, wieder in ihre frühere Selbstherrlichkeit zu verfallen, muss sie diesen aber einmal im Jahr abwerfen und so für eine kurze Zeit erneut ungeschützt durchs Leben gehen. Bedarf es doch auch bei uns Menschen oft erst der Erfahrung der eigenen Verletzlichkeit, um uns vor Selbstüberschätzung und Hochmut zu bewahren.

2 DER KREBSGANG

Sind Metaphern doppeldeutige Trugbilder, ungeeignet, Dinge zu begreifen, und daher eine Quelle sinnloser Streitereien? Als solche galten sie dem englischen Philosophen und rigorosen Metapherngegner Thomas Hobbes (1588–1679).[1] In unserer Alltagssprache jedoch, in der es nicht darum geht, Sachverhalte wissenschaftlich präzise darzustellen, sind Sprachbilder als rhetorische Mittel für eine anschauliche und lebendige Kommunikation unverzichtbar. Es scheint sogar, dass unser Denken selbst im Kern metaphorisch organisiert ist.[2] Sofern Metaphern nicht schlechthin falsch sind, werden nur Pedanten an ihnen Anstoß nehmen. Viele häufig benutzte Sprachbilder beruhen jedoch auf grundverkehrten Deutungen. Dies gilt etwa für die Herz-Metaphorik, die aus einer Zeit stammt, in der das Herz als Sitz unserer Empfindungen galt. Und fast ein halbes Jahrtausend nach Kopernikus herrscht in unserer Sprache immer noch das geozentrische Weltbild, wenn wir vom Lauf der Sonne sowie ihrem Auf- und Untergang sprechen. Mit altvertrauten Vorstellungen verbundene Bilder trotzen in der Sprache hartnäckig einem Wandel des Wissens. Auch die Krebsgang-Metapher, der die falsche Vorstellung zugrunde liegt, »der Krebs« gehe rückwärts, wird aus unserem Sprachgebrauch kaum mehr zu tilgen sein.

Inflationär verwendet, wird eine Metapher »abgegriffen« und zum Klischee. Im *Wörterbuch der Gemeinplätze* hat Gustave Flaubert (1821–1880) seiner Wut auf rhetorische Dummheiten freien Lauf gelassen.

Unter dem Stichwort Krebs heißt es dort: »Krebse gehen rückwärts. Reaktionären immer *Krebsgang* nachsagen.«[3] Flaubert hoffte, Leserinnen und Lesern seines Werks verschlüge es die Sprache aus Angst davor, sich durch die unbedachte Verwendung solcher Gemeinplätze lächerlich zu machen.

Bis in die zweite Hälfte des 19. Jahrhunderts waren Flusskrebse nahezu allgegenwärtig in der europäischen Fauna und als Speise begehrt; ihr Fang, das Krebsen, wurde als eine Art Volkssport betrieben. Wenn von Krebsen und deren angeblichem Rückwärtsgang die Rede war, bezog sich dies bei Binnenländern auf Flusskrebse. Im gesamten europäischen Sprachraum begegnen sie uns in Fabeln, Märchen und Redensarten. So hieß es von etwas lächerlich Unmöglichem: Der Tor bessert sein Leben wie der Krebs seinen Gang. Und von einer Bemühung, die – weil gegen die Natur gerichtet – zum Scheitern verurteilt ist, sagte man: Du lehrst den Krebs vorwärtsgehen. Eine bekannte Fabel warnt vor der Macht des schlechten Vorbilds und zeigt die Unsinnigkeit, eine Forderung an andere zu stellen, die man selbst nicht gewillt oder imstande ist zu erfüllen: Eine Krebsmutter tadelt ihr Junges dafür, rückwärtszugehen, und wird von diesem darauf hingewiesen, dass sie es doch genauso mache.

Heute sind Flusskrebse zwar fast vollständig aus unserer Alltagswelt verschwunden, die Krebsgang-Metapher zur Bezeichnung jeglicher Form von Rückläufigkeit oder Rückwärtsgewandtheit hat dennoch weiter Konjunktur. Ironischer Höhepunkt ist der Titel eines Berichts, der die schrumpfenden Bestände heimischer Flusskrebse zum Thema hat: *Krebse auf Krebsgang*.[4] In der Essaysammlung *Im Krebsgang voran* deutet Umberto Eco aktuelle kulturell-politische Tendenzen als Rückfall in voraufklärerische Zeiten, und Günter Grass' Novelle *Im Krebsgang* handelt von einer Gesellschaft, die von lange tabuisierten Aspekten ihrer Vergangenheit eingeholt wird.

In der deutschen Literatur ist die Vorstellung einer rückwärtsgerichteten Fortbewegung der Krebse seit dem Hochmittelalter vielfach belegt. In einer mittelhochdeutschen Pergamenthandschrift des 14. Jahrhunderts spricht der Fuchs zum Krebs: »an iuwerm gange ich mich verstan, ir kunnet wol hinder iuch gan, michel baz denne vor« (An eurem Gang erkenne ich, dass ihr gut rückwärtsgehen könnt, besser als vorwärts).[5] Martin Luther hat die Krebsgang-Metapher wiederholt in seinen Schriften verwendet, und der Reformator Nikolaus Selnecker prägte 1566 den viel bemühten Sinnspruch: »Ohne Gott geht alles den Krebsgang.«[6]

Wegen ihres angeblichen Rückwärtsgangs umgab Krebse lange Zeit etwas Sinisteres oder gar Diabolisches, waren doch manche Theologen davon überzeugt, auch der Teufel bewege sich rückwärts oder gehe zumindest rückwärts zur Tür hinaus, weil es ihm zwar erlaubt sei, menschliche Gestalt anzunehmen, dieser aber der Rücken fehle.[7]

Eine bildliche Umsetzung der Krebsgang-Metapher ist die allegorische Figur des Krebsreiters. Sie zeigt einen Menschen, der auf einem überdimensionalen Krebs einem bestimmten Ziel entgegenzureiten scheint, während er sich von diesem doch in Wirklichkeit entfernt. Die kunstgeschichtlich wohl bedeutsamste Krebsreiter-Darstellung findet sich in Sebastian Brants (1458–1521) zeitkritischer Moralsatire *Das Narrenschiff* aus dem Jahr 1494.[8] Texte und begleitende Holzschnitte zeigen das menschliche Streben als einen eitlen Narrenzug gegen Vernunft und göttliche Ordnung. Viele der Holzschnitte hat vermutlich der junge Albrecht Dürer (1471–1528) in seinen Wanderjahren geschaffen, darunter den als Krebsreiter mit Narrenkappe dargestellten Menschen, der ohne eigenes Verdienst damit rechnet, belohnt zu werden (Abb. 3): »Wer on verdienst will han den Lohn / und uff eym schwachen ror will ston / des anschlag wurt uff krebsen gon.« In vielen Emblem-Büchern, einer beliebten literarischen Gattungsform der frühen Neuzeit[9], sind auch Krebse dargestellt, die nicht einen einzelnen verblendeten Menschen, sondern die ganze Erdkugel auf ihrem Rücken tragen – und dies unter dem Motto: So ist heute der Lauf der Welt (Abb. 4). Es handelt sich um eine merkwürdige Verkehrung jener üblichen Klage der Altvorderen, nach der früher doch eigentlich alles besser gewesen sei.

Das Motiv des Krebsreiters diente immer wieder auch dazu, die Verfehlungen der Mächtigen anzuprangern. Ein Flugblatt aus der Mitte des 16. Jahrhunderts stellt Kaiser Karl V. (1500–1558) als hilfloses Kind in stürmischer See auf einem Krebs dar; während er unter seinem Wahlspruch *Plus ultra* (Immer weiter) für Spanien Anspruch auf die Weltherrschaft erhebt, versinkt das ihm anvertraute Heilige Römische Reich im Chaos.[10] Ein in der Zeit der deutschen Befreiungskriege um 1813 bei Karikaturisten beliebtes Motiv zeigt Napoleon als Krebsreiter mit Moskau im Blick, aber schon auf erzwungenem Rückzug nach Paris.[11] Und auf einer italienischen Propaganda-Postkarte aus dem Weltkriegsjahr 1915 reitet der greise Franz Joseph (1830–1916), Kaiser von Österreich und König von Ungarn, auf einem Krebs gegen den Kriegsgegner Italien (Abb. 5).

Aus heutiger Sicht ausgesprochen beklemmend, weil sie die weitere historische Entwicklung so völlig falsch einschätzte, ist eine Karikatur Adolf Hitlers als Krebsreiter, die am 28. April 1931 im *Vorwärts*, dem Parteiorgan der SPD, erschien (Abb. 6). Bei der Wahl des Deutschen Reichstags am 14. September 1930 wurde die NSDAP im Schatten der Weltwirtschaftskrise unerwartet zweitstärkste Fraktion. Nach absurden Auftritten im Parlament schien es, als hätte die Partei auch bei ihren eigenen Wählern jede Glaubwürdigkeit verspielt und ihren Zenit überschritten. Der *Vorwärts* bringt diese Haltung in der Karikatur *Hitlers Vormarsch* zum Ausdruck. Sie zeigt Hitler, der auf einem riesigen Krebs, eine Reitpeitsche schwingend, dem Ziel »Diktatur« entgegenreitet, sich aber (an einer Wasserspur erkennbar) längst wieder auf dem Rückzug befindet. Die Karikatur trägt den ironischen Untertitel »Wie seit dem 14. September 1930 die Nationalsozialistische Partei ihrem Ziel ständig näher kommt!«. Diese Einschätzung sollte sich bekanntlich bitter rächen, denn nicht einmal zwei Jahre später hatte Hitler sein Ziel erreicht; der Krebs war nicht rückwärts-, sondern mit Riesenschritten vorwärtsmarschiert. Am 28. Februar 1933, dem Tag nach dem Reichstagsbrand, der Hitler den Vorwand lieferte, die Grundrechte im Deutschen Reich außer Kraft zu setzen, wurde auch der *Vorwärts* verboten.

Die Vorstellung von sich natürlicherweise rückwärtsbewegenden Krebsen gab auch Anlass zu einer figürlichen Verwendung des Begriffs in anderen Zusammenhängen. Als Krebse galten früher die fehlerhaften und unverkauften Bücher und Zeitschriften, die vom Handel an die Verlage zurückgingen. »Büchlein, glänzend im roten Gewand wie gesottene Krebse, kauft euch jeder wie ich, geht ihr wie Krebse retour«, heißt es in den Liedern und Sprüchen Friedrich Rückerts (1788–1866).[12] In der Musik bezeichnet der Begriff ein rückwärts gespieltes (vertikal gespiegeltes) Thema. Eine zusätzliche horizontale Spiegelung (Vertauschung von auf- und absteigender Tonfolge) führt zum Spiegelkrebs. Man findet diese Bearbeitung musikalischen Materials insbesondere in der kontrapunktischen Kunst der Barockzeit. Das *Musikalische Opfer,* in dem Johann Sebastian Bach ein ihm vom Preußenkönig Friedrich II. gegebenes Thema bearbeitet und variiert hat, enthält einen *Canon cancrizans,* in dem das Thema und sein Krebs sogar gleichzeitig erklingen. Eine solche kunstvolle Verzahnung eines vorwärts- und rückwärtsgelesenen Themas mit sich selbst hat der niederländische Grafiker und Künstler M. C. Escher (1892–1972) unter dem Titel *Krebskanon* auch bildlich kongenial umgesetzt (Abb. 7). Mit der Zwölftonmusik des 20. Jahrhunderts gewann der Krebs erneut an Bedeutung; in der Lehre ihres Schöpfers Arnold Schönberg (1874–1951) repräsentieren Krebs und Spiegelkrebs zwei der vier möglichen Erscheinungsformen (Modi) einer Zwölftonreihe.

Worauf beruht die Vorstellung, »der Krebs« gehe rückwärts? Und wie lassen sich überhaupt vorwärts und rückwärts definieren, ohne einem Zirkelschluss zu erliegen? Im Dialog *Timaios* entwickelte Platon (427–347 v. Chr.) eine spekulative Kosmologie, nach der der göttliche Weltbaumeister den Kosmos in Gestalt einer Kugel, des nach pythagoreischer Lehre vollkommensten aller geometrischen Körper, geschaffen hat. Als Abbild des Kosmos erhielten auch alle beseelten Geschöpfe eine kugelförmige Gestalt. Allerdings musste der Schöpfer zur Kenntnis nehmen, dass solch reinen Kopfwesen die Tauglichkeit für das Leben in einer materiellen Welt fehlte, denn wie sollte ein solcher Körper Einfluss auf seine Lage nehmen? Damit er »nicht auf der Erde mit ihren mancherlei Erhöhungen und Vertiefungen herum rollen müsse und in Schwierigkeiten gerate, wie er diese übersteigen und aus jenen wieder herauskommen könne«, musste er sich strecken und Bewegungsorgane erhalten.[13]

Später sollte sich auch in anderen Zusammenhängen zeigen, dass in der Realität wenig Platz für metaphysische Vorstellungen von geometrischen Idealen ist. Überall herrscht »schmutzige« Unvollkommenheit: Die rotierende Erde ist keine exakte Kugel, sondern an den Polen abgeplattet; die Sonne hat »Flecken«; und die Planeten folgen nicht kreisförmigen, sondern elliptisch »deformierten« Bahnen – und das auch noch mit sich ständig ändernder Geschwindigkeit.

Nicht jeder konnte sich damit abfinden, dass ausgerechnet der Mensch die ideale Gestalt aufgeben sollte, um lebenstauglich zu werden. Für den Schöpfer der Anthroposophie, Rudolf Steiner (1861–1925), war die menschliche Gestalt »eigentlich« eine Kugel, wenn auch in ihren unteren Teilen »gewissen Modifikationen unterworfen«[14]. Andere hofften auf eine ideale Gestalt zumindest im jenseitigen Leben. Das Beharren der christlichen Religion auf einer nicht nur rein ätherischen, sondern leiblichen Auferstehung der Toten provozierte schon früh die Frage, in welcher Gestalt dies geschehe. Nach dem Kirchenvater Origines (185–254 n. Chr.) mochte Menschen im diesseitigen Leben eine Existenz in Kugelgestalt aus praktischen Gründen versagt bleiben, in der vollkommenen Welt des Jenseits sollten unsere Körper aber von allen Einschränkungen befreit sein. Die Leiber der Auserwählten könnten daher in Kugelgestalt auferstehen und so durch die Himmelspforte in die ewige Seligkeit einrollen.[15] Diese Idee scheint lange über Origines' Tod hinaus ihre Anhänger gehabt zu haben, sodass sie im 6. Jahrhundert zum Thema kirchlicher Synoden und Konzile wurde. Durch ein Edikt des Kaisers Justinian auf der Synode des Jahres 543 wurden die Lehren des Origines als Ketzerei verdammt, was auf dem Konzil von Konstantinopel im Jahr 553 noch einmal bekräftigt wurde: »Wenn jemand sagt oder meint, dass in der Auferstehung die Leiber der Menschen kugelförmig auferstehen, und nicht bekennt, dass wir in aufrechter Gestalt auferstehen, so sei er Anathema.«[16]

In der Tat könnte das Leben auf der Erde mit annähernd kugelförmigen Gestalten begonnen haben, so wie dies näherungsweise auch für das aus einer befruchteten Eizelle hervorgehende individuelle Leben gilt. Formen, die einer Kugelgestalt sehr nahe kommen, gibt es auch unter den heute lebenden Organismen. All diese Lebewesen aber waren oder sind mikroskopisch kleine, passive Schweber in einem ausgedehnten und weitgehend homogenen Wasserkörper. Vor etwa 550 Millionen Jahren vollzog sich jedoch einer der folgenreichsten Evolutionsschritte auf der Erde: Die ersten vielzelligen Tiere, die zu einer gerichteten Bewegung fähig waren, betraten die Bühne des Lebens. Partner sowie Nahrung und andere Ressourcen konnten nun aktiv aufgesucht, Feinde und ungünstige Lebensbedingungen gemieden werden. Eine solche aktive Fortbewegung war nahezu zwangsweise mit der Ausbildung eines zweiseitig-symmetrischen Körpers verbunden, an dem vorne und hinten, oben und unten sowie rechts und links unterschieden werden konnten. Der Teil des Körpers, der bei der Fortbewegung vorangeht, muss Reize schnell erfassen, integrieren und in Handlungen umsetzen können. Gemäß dem Sparsamkeitsprinzip der Natur wurde nur eine der Körperseiten entsprechend ausgestaltet und dadurch definitiv als Vorderpol festgelegt. An ihm befinden sich typischerweise der Mund, die Organe für Nahrungserwerb und -aufnahme sowie oftmals Waffen zur Verteidigung. Hier wurden die Fernsinnesorgane (Augen, Geruchsorgane) konzentriert und die wichtigsten Strukturen der Informationsverarbeitung zu einem Zentralorgan (Gehirn) zusammengefasst. Die Gesamtheit dieser Konzentrationsprozesse wird als Kopfbildung (Cephalisation) bezeichnet. Sobald diese einmal vollzogen war, gab es eine *natürliche* Bewegungsrichtung – nämlich vorwärts, und das bedeutete: mit dem Kopf voran.

Für manche Lebensformen, etwa für Tiere, die als Minierer in engen Fraßgängen leben, hätte es durchaus Vorteile, wenn beide Körperenden Kopfstrukturen aufwiesen. Dies entspräche jenen Eisenbahnzügen, die einen Sackbahnhof ohne Umstellungen wieder verlassen können. In Hugh Loftings Kinderbuch-Klassiker *Doktor Dolittle und seine Tiere* (1920) begegnet uns ein Stoßmich-Ziehdich, das an beiden Enden des Körpers einen Kopf trägt. An beiden Enden des Körpers mit einem Kopf ausgestattet war auch die Amphisbaena der griechischen Mythologie, die noch in den mittelalterlichen Bestiarien zum Stammpersonal gehörte. Ein afrikanisches Fabelwesen, von dem der französische Arzt Ambroise Paré (1510–1590) berichtete, war sogar für eine Fortbewegung in vier Richtungen ausgestattet – mit einem Auge, einem Ohr und sechs Beinen an jeder der vier Körperseiten (Abb. 8). Die Evolution, die kaum eine Möglichkeit ausgelassen hat, die unterschiedlichsten Baupläne zu erproben, hat auf die Realisation solcher Modelle aus sicher guten Gründen verzichtet. Dies gilt auch für einen Konstruktionstyp, den der Baron von Münchhausen auf seinen Abenteuerreisen bei einigen Meeresfischen beobachtet haben wollte: Deren Kopf befand sich in der Mitte des Körpers.

Die Vorstellung eines sich entgegen seiner Konstruktion natürlicherweise rückwärts fortbewegenden Tiers ist ebenso absurd wie die eines Kraftfahrzeugs, das nur im Rückwärtsgang gefahren wird, oder eines Pfeils, der mit nach hinten gerichteter Spitze abgeschossen wird. »Kein Lebewesen vollzieht seine normale Bewegung nach hinten«, schrieb schon Aristoteles in seinem Buch über die Bewegungen der Tiere.[17] Dies schließt nicht aus, dass sich Tiere in bestimmten Situationen auch rückwärtsbewegen: Viele wie zum Beispiel Rinder können dies, viele andere wie etwa die Raupen der meisten Schmetterlinge aber nicht. Schon in der Antike als unglaubhaft galt allerdings die auf Herodot (5. Jahrhundert v. Chr.) zurückgehende und von Alexander von Myndos (1. Jahrhundert n. Chr.) wiederholte Behauptung, in Nordafrika gäbe es Rinder, die man »Rückwärtsgraser« nenne. Weil ihre Hörner entgegen der üblichen Weise gebogen wären, könnten die Tiere nur im Rückwärtsgehen weiden.[18]

Aus der offenkundigen Absurdität von Bewegungen gegen die von uns intuitiv als natürlich erfasste Richtung beziehen manch scherzhafte Ausgeburten der menschlichen Fantasie ihre Komik. Regelrechte Brutstätten skurriler Wesen waren die Holzfäller-Lager zur Pionierzeit im amerikanischen Westen. Der argentinische Autor Jorge Luis Borges (1899–1986) hat diese Gestalten als »Fauna der Vereinigten Staaten« in sein *Buch der imaginären Wesen*[19] aufgenommen: Der Goofang ist ein Fisch, der nur rückwärtsschwimmt, damit ihm kein Wasser in die Augen dringt. Ausschließlich rückwärts fliegt auch der Goofus-Vogel, weil er sich nur für die Vergangenheit interessiert (dafür, woher er kommt) und nicht für die Zukunft (dafür, wohin er fliegt). Der wüstenbewohnende Philly Lou Bird hat durch einen kurzen Auftritt in der surrealen Filmkomödie *Never Give a Sucker an Even Break* (1941) Berühmtheit erlangt. Die Hauptfigur, gespielt von dem US-amerikanischen Komiker W. C. Fields, wird darin von ihrer Nichte gefragt: »What kind of bird is that, Uncle Bill?« »It's a Philly Lou Bird, dear. Flies backwards.« »Flies backwards?« »Yes. It lives in the desert. Flies backwards to keep the sand out of its eyes.«

Und wie steht es um die Bewegungsrichtung des Menschen? Wenn eine Filmsequenz Menschen zeigt, die rückwärtsgehen, weiß der Betrachter, dass der Film verkehrt herum läuft. Ohne dazu gezwungen zu sein, werden Menschen kaum jemals rückwärtslaufen, es sei denn, sie machen einen Sport daraus. Seit 2006 werden alle zwei Jahre Weltmeisterschaften im *RetroRunning* veranstaltet. Wegen unseres aufrechten Gangs wäre die richtige Bezeichnung eigentlich nicht vorwärts bzw. rückwärts, sondern mit der Bauch- bzw. der Rückenseite voran. Unter den höchst wundersamen menschlichen Wesen, denen Reisende in der Antike und im Mittelalter in fernen Ländern begegnet sein wollten, gab es auch einen Menschen-Typ mit verkehrt herum orientierten Füßen.[20] Wie gewöhnliche Menschen sollen sich diese »Antipoden« vorwärts (also mit der Bauchseite voran) bewegt haben. Wer aber ohne Kenntnis ihrer Eigentümlichkeit in der üblichen Weise ihren Fußspuren folgte, musste dorthin gelangen, woher sie gekommen, und nicht dorthin, wohin sie gegangen waren.

Wie konnte sich trotz der offenkundigen Absurdität die Vorstellung festsetzen, dass Krebse rückwärtsgehen? In einer Natursage, die in ganz Mittel- und Osteuropa über Jahrhunderte hin verbreitet war, wurde das Problem gleichsam wegdefiniert. Danach hat der Schöpfer dem Krebs zur Strafe für Aufsässigkeit die Augen an das Hinterende gesetzt.[21] Damit wäre der scheinbare Rückwärtsgang in Wirklichkeit eine Vorwärtsbewegung. Wir werden diese Lösung des Problems als wenig befriedigend empfinden. Glaubwürdigkeit war niemals oberstes Ziel volkstümlicher Erklärungen, für die eine gut erfundene Geschichte immer mehr galt als eine wahre.

Auf den entscheidenden Punkt zum Thema Krebsgang hat schon Aristoteles im 4. Jahrhundert v. Chr. hingewiesen. Speziell zu Flusskrebs und Hummer heißt es bei ihm: »Ihre Natur ist es, vorwärtszuschreiten, wenn sie sich nicht bedroht fühlen. Wenn aber in Furcht versetzt, fliehen sie im Rückwärtsgang.«[22] Wer Flusskrebse oder Hummer in einer für die Tiere nichtbedrohlichen Situation beobachtet, wird feststellen, dass sie sich selbstverständlich ihrer ganzen Konstruktion entsprechend vorwärtsbewegen. Ihr Gang ist aber ausgesprochen schwerfällig. Der lange, massige Hinterkörper – zoologisch: Pleon, die umgangssprachliche Bezeichnung »Krebsschwanz« ist anatomisch inkorrekt, weil der Hinterkörper in seiner ganzen Länge vom Darm durchzogen wird – wird anders als der Vorderkörper – zoologisch: Cephalothorax, ein Verschmelzungsprodukt aus dem eigentlichen Kopf und dem Brustabschnitt – nicht von Extremitäten gestützt und muss daher mühsam nachgezogen werden (Abb. 9 links). In einem Sprichwort wird etwas Unmögliches mit den Worten ausgedrückt: »Der Krebs will einen Hasen erlaufen.«[23] Wenn Menschen einem Flusskrebs oder Hummer gegenübertreten, muss dies auf den Krebs bedrohlich wirken. Unfähig, sich der Gefahr durch rasches Davonlaufen zu entziehen, richtet das Tier seine Scheren zur Abschreckung und Verteidigung gegen den Urheber der vermeintlichen Bedrohung und entfernt sich in dieser Haltung langsam rückwärtsschreitend aus dem Gefahrenbereich. Der Rückwärtsgang der Krebse ist also – wenn sie sich nicht gerade in enge Verstecke zurückziehen, in denen sie nicht wenden können – schlicht der sichernde Rückzug des Unterlegenen aus einer für ihn bedrohlichen Situation. Für den Fall sehr massiver oder sehr plötzlicher Bedrohung verfügen die Tiere zusätzlich über einen besonderen Fluchtreflex, den »Schwanzschlag«: Dabei wird das mächtige, mit kräftiger Muskulatur nahezu vollständig ausgefüllte Pleon ruckartig und kraftvoll nach unten und vorne ausgeschlagen, wodurch sich das Tier nach dem Rückstoßprinzip ein Stück weit rückwärts aus der Gefahrenzone herauskatapultiert. Die ausgestreckten Scheren dienen dabei als Steuer.

Die Krebsgang-Metapher hat ihren Ursprung also darin, dass Menschen Flusskrebse und Hummer fast immer nur in einer für die Tiere bedrohlichen Situation erlebt und die dabei gemachte Beobachtung zur Aussage »Krebse gehen rückwärts« verallgemeinert haben. Angesichts des scheinbar grenzenlosen Erfindungsreichtums der Evolution wäre es aber erstaunlich, wenn sich nicht auch innerhalb der großen Gruppe der Krebse Abweichungen von der typischen Vorwärtsbewegung fänden. Andere Tiere machen es vor: Elegante Rückwärtsschwimmer nach dem Rückstoßprinzip sind zum Beispiel die Kalmare, die in den Weiten der Meere nicht befürchten müssen, auf Hindernisse zu stoßen. Und der im alten Ägypten als Gottheit verehrte Pillendreher *(Scarabaeus sacer)* rollt die von ihm aus frischem Kot geformten Pillen im Rückwärtsgang zu Stellen, an denen er sie vergräbt, damit sie ihm oder seiner Brut später als Nahrung dienen. Viele marine Krebse, insbesondere auch jene, die als ausgewachsene Tiere am Boden leben, entwickeln sich über schwimmende Larven. Diese vollführen tagesperiodische Vertikalwanderungen im Wasserkörper, wobei sie sich nachts in der Nähe der Oberfläche, tagsüber aber in größerer Tiefe aufhalten. Je nach Krebs-Gruppe kann das Auf- und Absteigen der Larven im Wasser in unterschiedlicher Körperhaltung erfolgen: entweder in vertikaler Ausrichtung mit dem Kopf bzw. mit dem Hinterende voran oder aber (so bei den Larven der Krabben) in horizontaler Körperhaltung mit der Rückenseite voran.

Manche Krebse der Tiefsee zeigen schließlich ein Verhalten, das stark an den imaginären Goofang erinnert. Die Tiere gehören zu einer besonderen Gruppe von Asseln, die das vorwärtsgerichtete Schwimmvermögen ihrer Vorfahren während der Stammesgeschichte verloren haben und sich danach nur noch schreitend fortbewegten. Als die natürliche Auslese aber später unter veränderten Bedingungen erneut die Fähigkeit zum Schwimmen förderte, haben die Vertreter der Familie Munnopsidae diese auf völlig anderer anatomischer Grundlage erneut erworben.[24] Die hinteren drei ihrer insgesamt sieben Laufbeinpaare wurden zu kräftigen Rudern umgebildet. Mit ihnen vermögen die Tiere rasch und auch über lange Strecken zu schwimmen; und sie tun dies mit dem stromlinienförmig gestalteten Hinterende voran (Abb. 10)! In dem weiten und homogenen Wasserkörper der Tiefsee macht es offensichtlich keinen

Unterschied, ob man sich vorwärts- oder rückwärtsschwimmend fortbewegt. Der beschriebene Fall ist ein Beispiel für die Dollo'sche Regel, benannt nach dem französischen Paläontologen Louis Dollo (1857–1931), nach der komplexe Evolutionsprozesse nicht umkehrbar sind. Wenn also komplexe Strukturen oder Fähigkeiten wie das Schwimmvermögen einmal verloren gegangen sind, werden sie – sofern die natürliche Auslese sie erneut fördern sollte – durch eine neuartige Lösung des Problems realisiert und nicht in alter Form reaktiviert.

Erst viele Millionen Jahre nach den schwerfälligen Krebsen mit einem langen, massigen Pleon (Hummer, Flusskrebse, Langusten) trat im Erdmittelalter eine Gruppe bodenbewohnender Krebse auf, die durch eine grundlegende Änderung des Bauplans eine weit größere Wendigkeit erlangte. Es handelt sich um die Krabben (Brachyura), die heute die evolutiv erfolgreichste Gruppe der großen zehnfüßigen Krebse bilden. Das Pleon wurde stark verkürzt, abgeflacht und fest nach vorne unter den Cephalothorax geklappt, wo es in Aufsicht kaum mehr sichtbar ist (Abb. 9 rechts). Hierdurch wurde der Körperschwerpunkt der Tiere nach vorne in den Bereich verlagert, der von den Laufbeinen gestützt wird. Ein Fluchtreflex durch Schwanzschlag war nun zwar nicht mehr möglich, das Laufvermögen aber wurde von einer schweren Erblast befreit. An dem gedrungenen, abgeflachten Cephalothorax einer Krabbe, der im typischen Fall breiter ist als lang, sind die Laufbeine in einer Weise befestigt, die zwar Bewegungen in der Körperlängsachse behindert, aber das Seitwärtslaufen begünstigt.

Bei Conrad Gessner (1516–1565) heißt es von den »Meerkrab«, es scheine, dass sie »sich nicht für sich [voran] oder hinder sich [rückwärts], sondern seits und überzwerch [quer] bewegen«.[25] Auf Plattdeutsch werden Krabben an der Nordseeküste denn auch »Dwarslöper« (Querläufer) genannt. Krabben können zwar durchaus vorwärts- und rückwärtsschreiten, zur vorherrschenden Form der

Fortbewegung und zur einzigen, die ihnen eine rasche Ortsveränderung ermöglicht, wurde aber nun das uns so grotesk anmutende Laufen in seitlich schräger Richtung. Die ungeheure Agilität von Krabben lässt sich am eindrucksvollsten bei amphibischen Formen im Strandbereich beobachten. An der phönizischen Küste, so schreibt Aristoteles, gebe es eine scherzhaft *hippo* (Pferd) genannte Krabbe, die so schnell laufe, dass man sie kaum einholen könne.[26] Es dürfte sich dabei um die im östlichen Mittelmeer verbreitete Reit- oder Rennkrabbe *Ocypode cursor*, den »Schnellfüßigen Läufer«, gehandelt haben. Vertreter dieser Krabbengruppe (Familie Ocypodidae) können bei nur zwei Zentimeter Körperbreite mehr als zwei Meter pro Sekunde auf Sandboden zurücklegen. Die Seitwärtsbewegung von Krabben ist somit etwas völlig anderes als jene, von der Börsianer sprechen, wenn es von einem Börsenkurs heißt, er »bewege sich seitwärts«: Für Krabben ist die Seitwärtsbewegung eine hocheffiziente Form der Fortbewegung, für den Börsenkurs bedeutet sie Stillstand.

Gegen Ende des 19. Jahrhunderts verbreitete sich unter den großstädtischen Sommerfrischlern an den Badeorten entlang der normannischen Küste eine Strandbelustigung, in deren Mittelpunkt die Gemeine Strandkrabbe *(Carcinus maenas)* stand. Auf speziell arrangierten Parcours wurden auf den Stränden Krabbenrennen veranstaltet – unter teilweise hohen Wetteinsätzen nach Art von Pferderennen. Während die Wettenden ihre Krabben leidenschaftlich anfeuerten, amüsierten sich die Zuschauenden über die groteske Fortbewegung und die Scharmützel der Wettläufer.[27]

Die seitliche Bewegung als typische Form der Fortbewegung ist im Tierreich ausgesprochen selten. Krabben sind aber nicht die Einzigen, die sich dadurch auszeichnen. Auch die Vertreter einer artenreichen Familie der Spinnen mit dem bezeichnenden deutschen Namen Krabbenspinnen (Thomisidae) zeigen nicht nur im äußeren Erscheinungsbild eine gewisse Ähnlichkeit mit Krabben, sondern bewegen sich auch wie diese vorzugsweise seitwärts. Diese Spinnen bauen keine Fangnetze. Sie lauern vielmehr auf Blüten, deren Farbe sie zur Tarnung annehmen können, um Blüten besuchende Insekten zu täuschen und dann blitzschnell zu ergreifen.

Es gibt also bei Krebsen in der Tat eine bemerkenswerte Besonderheit in der Fortbewegung. Dabei handelt es sich aber nicht um den vermeintlichen Rückwärtsgang, wie er der Krebsgang-Metapher zugrunde liegt, sondern um das geschickte Seitwärtslaufen der Krabben. In der griechischen und römischen Antike war die seitliche oder schräge Fortbewegung von Krabben der Grund dafür, diesen Tieren eine besondere Klugheit, aber auch Verschlagenheit und Hinterhältigkeit zu unterstellen. *»Transversus, non proversus cedit, quasi cancer solet«* (Er geht schräg, wie der Krebs es tut, nicht geradeaus), heißt es in einer Komödie des römischen Dichters Plautus (um 250–184 v. Chr.) über eine heimtückische Person.[28]

Andererseits könnte man dem Verhalten der erfolgreichen Gruppe der Krabben aber auch den Hinweis entnehmen, dass das frontale Ansteuern eines Ziels nicht immer die geeignetste Methode ist, dieses auch rasch und sicher zu erreichen. Viele Flugpassagiere haben davon schon einmal profitiert: Landebahnen werden zwar den örtlich vorherrschenden Windverhältnissen gemäß so angelegt, dass Landungen möglichst wenig durch Seitenwinde gestört werden, dennoch werden Piloten immer wieder beim Landeanflug durch starke Winde aus seitlicher Richtung herausgefordert. Die für die Passagiere dann komfortabelste Landung besteht in einer Technik, die in der Pilotensprache *Crabbing* heißt. Dabei wird das Flugzeug mehr oder weniger stark in die Richtung gedreht, aus der der Wind kommt, und die Landebahn somit von der Seite her angeflogen. Erst im letzten Augenblick vor dem Aufsetzen wird die Maschine mithilfe des Seitenruders in Richtung der Landebahn gedreht.

Ein *Crabbing* ganz anderer Art zeigt sich in der Biografie von Menschen, die nicht den erwarteten direkten Weg durch das Bildungssystem genommen haben – im Französischen in Anspielung auf die

Fortbewegung von Krabben als *Cancres* bezeichnet – und dennoch (oder gerade deshalb) später oft durch besondere Leistungen hervorgetreten sind.[29]

3 »DER KREBS, DAS BEKANNTE FLUSZTHIER«

Für Europäer abseits der Küsten war der Krebs lange Zeit das »bekannte fluszthier«[1], wie es im Grimm'schen *Deutschen Wörterbuch* von 1873 heißt. Flusskrebse besiedelten die Süßgewässer einst in heute kaum noch vorstellbarer Zahl und haben nicht nur als geschätzte Speise, sondern auch wegen anderer Verwendungen sowie mancher Merkwürdigkeiten ihres Baus und Verhaltens Spuren in vielen unserer Lebensbereiche hinterlassen. Das spiegelt sich in zahlreichen Redewendungen, Sprichwörtern und Fabeln, die an auffällige Besonderheiten der Tiere anknüpfen: an den sogenannten Krebsgang, die intensive Rotfärbung der gesottenen Tiere, die Unverträglichkeit und Wehrhaftigkeit der Tiere oder an den eindrucksvollen Prozess der Häutung, durch den die Tiere sich gleichsam erneuern.

Noch im 19. Jahrhundert hatte in weiten Teilen Europas fast jedes Dorf seine Krebsbäche und von Flusskrebsen bewohnten Weiher, an denen spielende Kinder schon früh Bekanntschaft mit den Tieren machten. Zahlreiche Gewässer- und Siedlungsnamen sowie Bezeichnungen von Flurstücken, wie sie seit dem 13. Jahrhundert nachweisbar sind, künden heute noch von ehemals umfangreichen Krebsvorkommen. Nicht ganz so eindeutig ist die Bedeutung der Tiere in der Heraldik. In den Ortswappen mancher Gemeinden weisen sie auf eine besondere lokale wirtschaftliche Bedeutung der Krebse hin, in anderen Fällen – und insbesondere in den Familienwappen von Rittergeschlechtern – waren die gepanzerten und mit gefährlichen

Waffen ausgestatteten Tiere wohl eher Symbole der Wehrhaftigkeit. Städte, die wie Cottbus in der Niederlausitz den Krebs in ihrem Wappen führten und das Münzrecht besaßen, präsentierten sich auch auf ihren Münzen mit einem Krebs (Krebs-Heller).

»Krebs« zählt zu den zweihundert häufigsten deutschen Familiennamen. In vielen Fällen dürfte er auf eine besondere Beziehung der Vorfahren dieser Namensträger zu Fang und Handel mit Krebsen deuten. Nikolaus von Kues (1401–1464), eigentlich Nikolaus Krebs, Kardinal und bedeutender Universalgelehrter in der Frühzeit des Humanismus, entstammte einer Familie von Fischern und Winzern in Kues an der Mosel. Auch wenn er sich nach 1430 nur noch latinisiert Nicolaus Cusanus nannte, führte er doch den Krebs in seinem persönlichen Wappen. Als Wappenzeichen einer Fischerfamilie hatte der Krebs eine ganz konkrete Bedeutung; seine Verwendung durch einen aus einer solchen Familie hervorgegangenen hohen kirchlichen Würdenträger dürfte aber zusätzlich dadurch motiviert gewesen sein, dass der Krebs in der christlichen Ikonografie als Symbol Christi und der Auferstehung galt.

Auch eines der im 15. und 16. Jahrhundert bedeutendsten Patriziergeschlechter der Freien Reichsstadt Frankfurt am Main, die Familie Melem, führte einen Flusskrebs in ihrem Wappen. Dargestellt ist dieser Krebs auf der Fassade des Steinernen Hauses, eines gotischen Prachtbaus, den der Gründer des Geschlechts um 1465 errichten ließ, und (zusammen mit der Stifterin Katharina Heller, geb. von Melem) auf dem von Albrecht Dürer 1509 geschaffenen Teil des Heller-Altars, heute im Historischen Museum der Stadt zu sehen. Die Wahl des Krebses dürfte in diesem Fall durch dessen (angebliche) Fortbewegungsweise inspiriert worden sein, durch die er sich als Wappentier einer Familie anbot, deren Name vorwärts- und rückwärtsgelesen gleich bleibt.

Thomas Henry Huxley (1825–1895), ein leidenschaftlicher Verteidiger Darwins, war ein großer Förderer der naturwissenschaftlichen

Bildung und gilt als Begründer des exemplarischen Unterrichts. Aus einer Reihe öffentlicher Vorlesungen, die Huxley für ein Laienpublikum hielt, ist der wohl erste Versuch hervorgegangen, die Zoologie mit ihren verschiedenen Aspekten an einem konkreten Modell zu lehren – an einem allgemein bekannten, verbreiteten und leicht verfügbaren Organismus geeigneter Größe. Der von Huxley gewählte Flusskrebs erfüllt diese Forderungen in vieler Hinsicht perfekt.[2] Er ist auch heute noch eines der Standardobjekte im zoologischen Unterricht. Aber auch für die Forschung waren und sind Flusskrebse von besonderer Bedeutung. Einige renommierte Wissenschaftler haben mit Arbeiten über diese Tiere debütiert; so wurde etwa der Evolutionsforscher Ernst Haeckel (1834–1919) mit einer Arbeit über die Gewebe des Flusskrebses promoviert, und auch Sigmund Freud (1856–1939) erwarb sich seine wissenschaftlichen Meriten als Neurologe mit einer Untersuchung der Nervenzellen des Flusskrebses.

Das Beispiel des Flusskrebses zeigt aber auch die Problematik eines exemplarischen Unterrichts sowie einer Forschung, die sich auf Modellorganismen konzentriert. Schon so manches »Modell« hat sich später als wenig repräsentativ erwiesen. Als der Arzt und Naturforscher John Vaughan Thompson (1779–1847) entdeckte, dass viele marine Krebse Larven produzieren und eine den Insekten vergleichbare Metamorphose durchlaufen, stieß er mit dieser Behauptung zunächst auf entschiedene Ablehnung. Jeder konnte sich schließlich leicht davon überzeugen, dass Flusskrebse sich direkt entwickeln, das heißt nahezu fertig ausgebildet aus dem Ei schlüpfen. Als Süßwasserbewohner sind Flusskrebse aber in mancher Hinsicht wenig repräsentativ für Krebse. Der Übergang vom Meer zum Süßwasser erforderte gerade in der Frühentwicklung wesentliche Umstellungen. Das wohl schwierigste Problem war dabei der geringe Salzgehalt des Mediums. Auch wenn die erwachsenen Tiere damit zurechtkommen, für die viel empfindlicheren Frühstadien gilt dies nicht.

Sofern also Krebse beim Übergang vom Meer ins Süßwasser eine Entwicklung über Larven beibehalten (wie etwa die Wollhandkrabbe), sind sie gezwungen, zur Fortpflanzung und Frühentwicklung ins Meer zurückzukehren. Die von Flusskrebsen realisierte alternative Lösung des Problems bestand darin, die Bildung von Larven zu unterdrücken, sodass sich die gesamte Frühentwicklung in großen, nährstoffreichen Eiern am Körper der Muttertiere vollzieht.

Die bei Weitem wichtigste Form der Nutzung von Flusskrebsen war ihre jahrhundertelange Verwendung als wohlschmeckende und nahrhafte Speise. Archäologische Funde deuten darauf hin, dass dies schon in prähistorischen Zeiten geschah.[3] Wie bei vielen anderen Speisen war die Einstellung zum Verzehr von Flusskrebsen starken Wandlungen unterworfen. In der griechisch-römischen Antike scheinen Flusskrebse keine besondere Rolle gespielt zu haben; als Speise geschätzt waren Krebse aus dem Meer (vgl. Kapitel 7). Diese Situation änderte sich, als Flusskrebse im christlichen Abendland eine begehrte Fastenspeise wurden.

Religionsgemeinschaften haben einen ausgeprägten Hang, ihren Mitgliedern Ernährungsvorschriften zu machen, durch deren Befolgung Zugehörigkeit und Rechtgläubigkeit demonstriert werden. Den ersten Menschen hatte der Gott des Alten Testaments zunächst nur alle Pflanzen zur Nahrung gegeben (Genesis 1,29); nach der Sintflut galt dies aber auch für sämtliche Tiere: »Alles Lebendige, was sich regt, soll euch zur Nahrung dienen«, sprach Gott zu Noah (Genesis 9,3). Gegenüber Mose scheint sich Gott aber zu umfangreichen »Reinheitsgesetzen« in Hinblick auf Speisen und ihre Zubereitung entschlossen zu haben (Levitikus 11). Neben vielen anderen Tieren waren nun auch Krebse »unrein« und den Israeliten als Speise verboten; an Meerestieren erlaubt waren nur schuppentragende Fische. Das Christentum hat mit den Speisegesetzen des Alten Testaments radikal gebrochen. So wird jedenfalls meist Jesu Wort gedeutet, nicht das sei unrein, was durch den Mund herein-, sondern das, was aus ihm herauskommt (Matthäus 15,11).

Sich ein Abendmahl mit Krebsen als Speise vorzustellen, dürfte dennoch vielen Gläubigen nicht leichtfallen. Das letzte Abendmahl von Jesus und seinen Jüngern zur Feier des Passahfestes am Abend vor der Gefangennahme bildete ein häufiges Motiv der Renaissancemalerei in Oberitalien. Dargestellt wurde dabei der dramatische Moment, in dem Jesus den bevorstehenden Verrat durch einen seiner Jünger anzeigt. Das bekannteste dieser Werke ist Leonardo da Vincis (1452–1519) Fresco im Refektorium des Dominikanerklosters Santa Maria delle Grazie in Mailand. Ähnliche Darstellungen, gemalt zwischen dem späten 14. und frühen 16. Jahrhundert, findet man aber auch an den Wänden Hunderter von Klöstern, Kirchen und kleinen Kapellen des südlichen Alpenrands. Viele dieser Werke überraschen mit einer speziellen Ikonografie: Außer mit Brot und Wein, den traditionellen Abendmahlzutaten, ist die Tafel reichlich mit verschiedenen anderen Speisen gedeckt, unten denen sich – oft demonstrativ zur Schau gestellt – auch Flusskrebse befinden.

Beispiel für ein Abendmahl mit Krebsen ist die Darstellung in der Kirche von Santo Stefano in der Gemeinde Carisolo (Abb. 11). Flusskrebse sind eine typische Speise der Region. Spiegelt die Abendmahlstafel also schlicht regionale Speisegewohnheiten? Künstler im Mittelalter und der Renaissance kümmerten sich meist wenig um die Authentizität des Ambientes von ihnen dargestellter biblischer Szenen, die fast immer in eine typisch europäische Landschaft versetzt wurden. Die demonstrative Präsentation der Flusskrebse spricht aber doch eher für eine besondere symbolische Bedeutung der Tiere.[4] Vor dem Hintergrund einer ausgeprägten antijüdischen Stimmung, die zur Zeit der Entstehung dieser Fresken gerade für die Alpenregion dokumentiert ist, ist die Darstellung einer nichtkoscheren Speise auf der Tafel eines Passahmahls wohl ein bewusster Angriff auf die Juden. Das Fresko in Santo Stefano zeigt zudem genau dreißig Krebse, die über die ganze Tafel verteilt sind und möglicherweise auf jene dreißig Silberlinge verweisen, mit denen Judas, der Verräter, von den jüdischen Häschern bezahlt wurde.

Das Fehlen besonderer Ernährungsvorschriften im Neuen Testament – von einer Unterscheidung zwischen erlaubten und verbotenen Speisen oder einem Fastengebot findet sich dort kein Wort von Jesus oder seinen Aposteln – wurde von den kirchlichen Autoritäten offensichtlich als Mangel empfunden. So begann man vom 3. Jahrhundert an, Fastenzeiten zu verordnen, die im 7. Jahrhundert schon mehr als ein Drittel der Tage eines Kalenderjahrs umfassten. Im Zentrum der Fastenvorschriften stand ein Fleischverbot. Das Leben der armen Volksschichten, für die Fleisch ohnehin Luxus war, dürfte ein solches zeitweises Verbot weit weniger betroffen haben als jenes in den Klöstern und an den Adelshöfen. Allerdings gab es niemals eine allgemein akzeptierte Auffassung davon, was unter Fleisch zu verstehen ist. War das Fleisch von Wassertieren (auch das der dort lebenden Säugetiere) erlaubt, das von Landtieren hingegen verboten? Für Benedict von Nursia (ca. 480–547 n. Chr.), Ordensgründer und Abt des Klosters Monte Cassino, war das Fleisch aller vierfüßigen Tiere verboten, Geflügel war somit nicht betroffen. Andere orientierten sich am Kriterium der Warmblütigkeit (so Papst Gregor I. im Jahr 590) und dem damit korrespondierenden Auftreten von rotem Blut; danach wären alle (auch die wasserlebenden) Säugetiere und die Vögel als Fastenspeise verboten und nur der Verzehr der »blutleeren« wechselwarmen Tiere erlaubt. Der Fuldaer Abt und spätere Erzbischof von Mainz Hrabanus Maurus (ca. 780–856 n. Chr.) verwies allerdings darauf, dass Gott die Vögel am selben Tag wie die Fische erschaffen hat, man also das Huhn den Fischen gleichstellen müsse. Biber laufen zwar auf vier Füßen und sind warmblütig, leben aber doch im Wasser und haben einen beschuppten Schwanz; so wurden sie (oder zumindest ihr »fischähnlicher« Schwanz) zu einer beliebten Fastenspeise auf der Tafel von Klöstern und Herrschaftshäusern – eine »Ehre«, die die Tiere an die Schwelle des Aussterbens brachte. Zu der skurrilen Konstruktion, durch die Enten und Gänse nicht unter das Fleischverbot fielen, findet sich Näheres in Kapitel 9.

Die Fastenregeln waren so widersprüchlich, dass sie einen kreativen Umgang mit ihnen geradezu herausforderten. Die Geschichte der mittelalterlichen Klöster kennt unzählige mehr oder weniger originelle Versuche, die strengen Fastenregeln zu umgehen und diese dadurch ad absurdum zu führen. Als die Reformatoren des 16. Jahrhunderts eine Orientierung ausschließlich an der Bibel forderten, hatten sie auch die Gängelung der Gläubigen durch haltlose Fastengebote im Visier. Die Reformation in Zürich begann bezeichnenderweise, als eine Flugschrift des Reformators Huldrych Zwingli (1484–1531) mit dem Titel *Von Erkiesen und Fryheit der Spysen* in der Stadt kursierte und die Bürger ihre Administration mit einem Wurstessen während der vorösterlichen Fastenzeit provozierten.

Ganz ohne Einschränkungen als Fastenspeise erlaubt waren unter den Tieren eigentlich nur Fische und Krebse; entsprechend hoch war der Bedarf an ihnen. Es begann die große Zeit der Heringsfischerei, auf den der Hanse-Bund und die nordischen Länder ihren Wohlstand gründeten. Als Salzhering haltbar und in Fässern transportfähig gemacht, wurden die Tiere zu einer begehrten Handelsware in den nördlichen und mittleren Teilen Europas. Basken und später Bretonen versorgten den Süden und Westen mit gesalzenem Kabeljau aus weit entfernten Fanggründen im Nordatlantik. Einer lokalen Versorgung dienten die Binnengewässer mit ihren ursprünglich reichen Beständen an Fischen und Flusskrebsen. Im Umkreis der Klöster und an den Höfen des Adels wurden zudem bewirtschaftete Fisch- und Krebsteiche angelegt. Erhaltene Rechnungsbücher von Klöstern wie auch die für die klösterliche und aristokratische Küche verfassten Kochbücher der Zeit zeigen die große Bedeutung von Fisch- und Krebsgerichten im Mittelalter.[5] In dem ersten gedruckten deutschsprachigen Kochbuch – *Kuchemaistrey. Eyn schoen nutzlich buchlein von bereytung der speis zu gesundheit und nuetzbarkeyt der menschen*, Nürnberg 1485 – ist das umfangreichste der fünf Kapitel den Fastenspeisen aus Fischen, Krebsen und Biberschwänzen gewidmet.[6]

Die große Nachfrage nach Fischen und Krebsen als Fastenspeise führte dazu, dass Adel und Klerus als Grundherren in weiten Teilen Mitteleuropas seit dem 11. Jahrhundert exklusive Fischereirechte bis in die kleinsten Bäche hinein geltend machten. Der »gemeine Mann«, dem das Fischen und Krebsen verboten war, ließ sich das alte Recht der Allmende aber trotz Androhung teilweise drakonischer Strafen (selbst Todesstrafen wurden wegen »Krebsfrevels« vollstreckt[7]) nicht so leicht absprechen. Schwarzfischen und -krebsen blieben weit verbreitet, zumal sie ohne eine besondere Ausrüstung und unter viel geringerer Gefahr der Entdeckung betrieben werden konnten als die Jagdwilderei. Auch wenn Flusskrebse sowohl in Hütten als auch Palästen geschätzt wurden, als Handelsware waren sie nur für die Besserbetuchten erschwinglich. Der große Rest war auf die (meist illegale) Selbstbeschaffung angewiesen.

Die einfachste Methode des Krebsfangs bestand darin, die Tiere mit bloßen Händen aus ihren Verstecken an Uferböschungen herauszuziehen. Besonders effektiv war der Fang nach Einbruch der Abenddämmerung im Licht von Fackeln, wenn die Tiere ihre Verstecke verlassen hatten und im seichten Wasser nach Nahrung suchten. Das *Tiroler Fischereibuch* von 1504, erstellt im Auftrag Kaiser Maximilians I., enthält eine berühmte Illustration zum Krebsfang in der Drau, Osttirol, die die besondere Bedeutung des »Krebsleuchtens« belegt (Abb. 12). Wegen der Gefahr von Waldbränden wurde der nächtliche Fang bei offenem Feuer später aber vielerorts verboten. In Brandenburg geschah dies 1590 – offensichtlich aber ohne großen Erfolg. In allein sieben Dekreten zwischen 1676 und 1726 äußerten sich die brandenburgischen Kurfürsten und (von 1701 an) »Könige in Preußen« zunehmend ungehalten über die fortgesetzte Renitenz ihrer Untertanen und verschärften die angedrohten Strafen für Zuwiderhandlungen. Im Edikt Nr. 136 vom 22. Juni 1726 schließlich drohte König Friedrich Wilhelm mit seiner »höchsten Ungnade« sowie »zehnjährigem Karren auf der Festung, auch nach Befinden härterer Leibes- und Lebensstrafe«.[8] Zum sprichwörtlichen preußischen Untertanengeist der späteren Zeit war es scheinbar noch ein langer Weg.

Andere Methoden des Krebsfangs machten sich den hoch entwickelten Geruchssinn der Tiere zunutze. Körbe oder Reusen aus Weidengeflecht wurden mit einem geruchsintensiven Köder (etwa mit Fischresten) versehen, abends ausgelegt und am folgenden Morgen wieder eingeholt. Jeder Krebsfänger scheint dabei sein eigenes, wohlgehütetes Rezept für die Präparation eines besonders wirksamen Köders entwickelt zu haben. Zur Mär von den »Krebspfeifern« im Herzogtum Krain, die angeblich mit einschmeichelnden Melodien Krebse aus ihren Verstecken herauslockten, siehe Kapitel 14.

Die Krebsbestände in Gebirgs- und Mittelgebirgslandschaften konnten (anders als jene im wasserreichen Tiefland des nordöstlichen Europa) durch eine intensive Befischung schnell unter Druck geraten. Schon im 14. Jahrhundert wurden deshalb mancherorts Schonmaßnahmen verordnet, um eine kontinuierliche Versorgung zu sichern. Dies geschah zunächst für bestimmte lokale Vorkommen, später in Form gesetzlicher Regelungen durch die jeweiligen Landesherren. Dabei orientierte man sich bereits an jenen Kriterien, die auch heute herangezogen werden, wenn Krebsbestände vor einer Übernutzung geschützt werden sollen: ein Verbot jeglicher Fangtätigkeit während der Fortpflanzungszeit der Tiere und generelle Fangverbote für Tiere unterhalb einer bestimmten Mindestgröße sowie für Eier tragende Weibchen.

Galten Flusskrebse im Mittelalter im Wesentlichen als Fastenspeise, so vollzog sich in der Renaissance ein grundsätzlicher Wandel hin zu einem kulinarischen Luxus auf den Festtafeln des Adels und später auch des aufstrebenden Bürgertums. Im Jahr 1587 sollen auf dem Hochzeitsbankett des Wilhelm von Rosenberg (1535–1592), der als Oberster Burggraf das höchste Amt im Königreich Böhmen bekleidete, neben einer Fülle anderer Speisen etwa 312 000 gekochte Flusskrebse serviert worden sein.[9] In den Gewässern Dänemarks und Schwedens scheinen Flusskrebse überhaupt erst im 16. Jahrhundert auf Initiative ihrer Renaissancefürsten und zum Zweck der eigenen Versorgung angesiedelt worden und noch längere Zeit relativ selten geblieben zu sein. Die schwedische Königin Christina (1626–1689), Tochter Gustavs II. Adolfs, ließ jedenfalls im Jahr 1649 allen Krebsfang in der Umgebung Uppsalas verbieten, um so sicherzustellen, dass für die Festtafeln ihrer offiziellen Krönung am 20. Oktober 1650 genug Tiere verfügbar waren.[10]

Es begann nun auch ein reger grenzüberschreitender Handel mit Flusskrebsen, da in vielen Ländern die Nachfrage bald nicht mehr aus der eigenen Region gedeckt werden konnte. Flusskrebse wurden mancherorts zu einem bedeutenden Wirtschaftsfaktor. Anders als Fische lassen sich Krebse unter bestimmten Bedingungen einige Tage lang ohne größere Verluste lebend transportieren (vgl. Kapitel 8). Einer der bedeutendsten Importeure war Frankreich. Die ausgeprägte Leidenschaft für Flusskrebse im absolutistischen Frankreich überlebte auch die Revolution; so sollen noch gegen Ende des 19. Jahrhunderts allein in Paris jährlich zwischen fünf und zehn Millionen Flusskrebse verzehrt worden sein.[11] Aber auch Berlin sowie die Metropolen der Donaumonarchie, Wien und Budapest, standen Paris in dieser Hinsicht kaum nach.

Scheinbar unerschöpfliche Flusskrebsvorkommen gab es im nordöstlichen Europa, wo die zurückweichenden Gletscher der letzten Eiszeit umfangreiche Seen-, Sumpf- und Moorlandschaften hinterlassen haben – ein Areal, das sich von der Norddeutschen Tiefebene bis zu den Pripjat-Sümpfen, dem mit mehr als 250 000 Quadratmetern größten Feuchtgebiet Europas, erstreckt. Hier waren Krebse eine billige Speise für jedermann, vor allem aber ein wirtschaftlich bedeutendes Exportgut. Der brandenburgische Theologe Johannes Coler (1566–1639) berichtete schier Unglaubliches: Danach sollen im 17. Jahrhundert in der Stadt Küstrin (heute Kostrzyn in Polen), dem damaligen Zentrum des Handels mit den Oder-Krebsen, allein in einem Jahr 32,5 Millionen Schock Krebse (das entspräche etwa zwei Milliarden Tieren) zur Ausfuhr verzollt worden sein.[12] Zahllose spätere Landesbeschreibungen haben diese Zahlen übernommen. Auch der Schriftsteller Theodor Fontane (1819–1898) nennt sie in seinen *Wanderungen durch die Mark Brandenburg*, und in seinem Roman *Frau Jenny Treibel* (1893) lässt er einen Gast bei einem Krebsessen von den alten Zeiten an der Oder erzählen: »Die Krebse waren wie eine Plage, natürlich ganz entwertet und bei der dienenden Bevölkerung, die damit geatzt werden sollte, so verhasst und dem Magen der Leute so widerwärtig, dass es verboten war, dem Gesinde mehr als dreimal wöchentlich Krebse vorzusetzen.«[13]

Bei aller gebotenen Skepsis gegenüber diesen Angaben kann es doch an den ehemals immensen Krebsvorkommen im östlichen Europa keine Zweifel geben. So berichtete auch der Naturforscher und Pionier der Embryologie Karl Ernst von Baer (1792–1876) über seine im Baltikum verbrachte Jugendzeit: »In einer an Krebsen nur allzureichen Gegend geboren, wo das langweilige Krebsessen dem Knaben eine zweimal täglich sich wiederholende Tortur war, habe ich mich beim Sammeln der Steine aus den gekochten Krebsen zu unterhalten versucht.«[14] Die Erinnerung daran war es wohl, die von Baer später veranlasste, die Funktion dieser Krebssteine (vgl. Kapitel 12) und die Umstände ihrer Bildung aufzuklären.

Eine intensive Nutzung der Tiere als Nahrung und auch ihre massenhafte Vernichtung zur Gewinnung der Krebssteine als ehemals begehrtes Arzneimittel hätte die europäischen Flusskrebsbestände höchstens lokal gefährden können; eine viel größere Gefahr drohte ihnen seit Beginn des 18. Jahrhunderts durch die Zerstörung ihrer Lebensräume. Damals begann eine neue Phase der Umgestaltung europäischer Landschaften; Standorte, die von ihrer ursprünglichen Beschaffenheit her als Siedlungs- oder Landwirtschaftsfläche ungeeignet waren, wurden in aufwendigen Bauprojekten so verändert, dass auch sie entsprechend nutzbar wurden.[15] Am stärksten von solchen Maßnahmen betroffen waren Feuchtgebiete, also jener Landschaftstyp, dessen uns noch verbliebene Reste heute wegen ihrer besonderen Bedeutung für die Ökologie und den Wasserhaushalt einer Region höchsten Schutzstatus genießen: Flussauen, Moore, Marschland sowie Seen- und Sumpflandschaften.

Ein ganzes Arsenal an wasserbaulichen Maßnahmen wurde aufgeboten, den Zustand der angeblichen Nutzlosigkeit zu beenden. Moore und Sümpfe wurden über Kanäle entwässert, trockengelegt und so landwirtschaftlich nutzbar gemacht. Mäandernde Flussläufe mit ihrem Labyrinth sich ständig ändernder Arme wurden begradigt, eingeschnürt zwischen endlosen Dämmen und zu »Wasserstraßen« degradiert, die durch Kanäle miteinander vernetzt wurden. Die ehemals weitläufigen, nun vor Überschwemmungen geschützten Auenlandschaften der Flussniederungen wurden entwässert, gerodet und zu Acker- oder Siedlungsflächen »melioriert«. Was an den großen Flussläufen im 18. Jahrhundert begonnen hatte, setzte sich später in einem wahren Entwässerungsexzess bis in die Quellgebiete hinein fort. Regelmäßig ausgebaggerte Gräben, begradigte Bäche, streckenweise verrohrt, kanalisiert oder in Betonrinnen gezwungen, sollten auch noch die letzten Feuchtwiesen als Ackerland oder Siedlungsfläche nutzbar machen.

Der preußische König Friedrich II. (»der Große«; 1712–1786), Herrscher über ein an Feuchtgebieten reiches, aber nur spärlich besiedeltes Land, hat mehr als jeder andere Regent seiner Zeit Moore und Sümpfe urbar machen lassen. Die Unternehmungen waren Teil eines politischen Kalküls, das Preußen in den Rang einer europäischen Großmacht erheben sollte. Den Weg dahin hatte Friedrich schon als

Kronprinz in seiner Schrift *Antimachiavell* formuliert: »Alles Land sorgfältig urbar machen, um jedes Fleckchen Boden auszunutzen«, lautete der an sich selbst gestellte Auftrag.[16]

Erstes Großprojekt Friedrichs war die Urbarmachung des Oderbruchs (1747–1753), einer etwa 900 Quadratkilometer umfassenden Niederung am Westufer der Oder nördlich der Stadt Frankfurt. Es war eine technische Meisterleistung für die damalige Zeit, durchgeführt mit den einfachsten Mitteln wie Spaten und Schaufel. Durchzogen von einem Netz kleinerer und größerer Arme der Oder, die ein sich ständig änderndes Muster kleiner Seen und Inseln bildeten, und geprägt durch regelmäßige weiträumige Überschwemmungen nach der Schneeschmelze und nach Starkregen, war das Oderbruch eine jener typischen Sumpflandschaften, wie sie zu Beginn des 19. Jahrhunderts noch zahlreich in Europa zu finden waren. Dennoch war das Bruch keine unberührte Wildnis, sondern wurde auf verschiedene Weise nachhaltig genutzt: Brennholz wurde entnommen; es wurde gejagt; das Bruch diente als Viehweide; vor allem aber wurde eine wirtschaftlich bedeutende Fischerei betrieben. Insbesondere Flusskrebse waren ein über weite Entfernungen vertriebenes lukratives Handelsgut. Wohl gerade wegen der verschiedenen Formen der Nutzung existierte im Bruch eine legendäre Fülle und Vielfalt an Tieren und Pflanzen. Im Rahmen der Urbarmachung des Bruchs wurde die Oder hier begradigt, dabei um etwa 25 Kilometer verkürzt und durch Deiche in ein enges neues Bett gezwungen; das ehemalige Überschwemmungsgebiet wurde durch Abzugsgräben entwässert und nach seiner Trockenlegung ausgerodet. So wurden schließlich etwa 56 000 Hektar fruchtbares Acker- und Weideland gewonnen, auf denen angeworbene Kolonisten aus vielerlei Ländern eine neue Heimat fanden.

Das Oderbruch war nur das erste von zahlreichen wasserbaulichen Großprojekten Friedrichs. Es ist aber bis heute jenes, das am stärksten mit seinem Namen verbunden ist. Im heutigen Oderbruch ist der »Alte Fritz« als Namensgeber allgegenwärtig; Standbilder zeigen ihn in den Ortschaften Letschin und Neutrebbin. Theodor Fontane, eigentlich ein Bewunderer des Königs und seiner »Meliorationsprojekte«, konnte dennoch nicht umhin, einen wehmütigen Blick zu werfen auf die Verwandlung der größten Teile des Oderbruchs von einer vielfältigen, artenreichen Landschaft in zwar fruchtbare, aber monotone Äcker und Wiesen.[17] Friedrich soll auf sein Werk mit den Worten zurückgeblickt haben: »Hier habe ich im Frieden eine Provinz erobert.« Ohne Opfer ging es aber auch bei der »Eroberung« des Oderbruchs nicht zu. Opfer waren zahlreiche Soldaten und Strafgefangene, die zur Arbeit verpflichtet worden waren und dabei ihr Leben ließen; Opfer waren wertvolle Lebensräume mit einer unfassbar vielfältigen Flora und Fauna; und Opfer waren nicht zuletzt die alteingesessenen slawischen Bewohnerinnen und Bewohner mit ihrer traditionellen Kultur und Lebensweise. Das »öde, wertlose Sumpfland«, an dessen regelmäßige Überschwemmung diese Menschen sich über Jahrhunderte angepasst hatten, war ihre Heimat, die ihnen ein – wenn auch bescheidenes – Leben von Fisch- und Krebsfang sowie einer spätsommerlichen Heuwirtschaft ermöglichte. Gegen die Vernichtung ihrer Lebensweise leisteten die Bruchbewohner heftigen Widerstand, der bis zu Sabotageakten an den Deichbau- und Entwässerungsarbeiten reichte und mit Gewalt unterdrückt wurde.

Von den menschlichen »Kollateralschäden« großer Urbarmachungsprojekte handelt auch eine Episode in Goethes Tragödie *Faust II*. Auf seiner Italienreise passierte Goethe am 23. Februar 1787 die Pontinischen Sümpfe, ein etwa 800 Quadratkilometer großes, von der *Via Appia* durchzogenes Sumpfland an der Küste südöstlich Roms, und wurde dabei Zeuge von Arbeiten an einer vom damaligen Papst geplanten Trockenlegung. Ein »großes und weitläufiges Unternehmen«, schrieb Goethe dazu im Reisebericht.[18] Das Unternehmen sollte allerdings zunächst Stückwerk bleiben, bis der faschistische Staat unter Mussolini es zu einem Prestigeprojekt erkor und die Sümpfe in den 1930er-Jahren von 30 000 umgesiedelten Bauern trockenlegen ließ. Das Thema jedenfalls beschäftigte Goethe erneut, als er seinen Faust in dessen Streben nach Herrschaft über die Natur einen ehrgeizigen Plan zur Landgewinnung verfolgen ließ. Zwei dort in einer ärmlichen Hütte wohnende Alte, Philemon und Baucis, widersetzten sich jedoch störrisch allem Druck und einer angebotenen Umsiedlung. »So geht und schafft sie mir zur Seite«, lautete schließlich Fausts Auftrag an Mephisto.[19] Die Hütte wurde angezündet, und mit ihr verbrannten auch die Alten.

Die Durchführung wasserbaulicher Großprojekte erforderte straff organisierte autokratische Staaten, die die Mittel besaßen, Massen an billigen Arbeitskräften (Soldaten, Kriegs- und Strafgefangene, Zwangsarbeiter) zu rekrutieren. Es überrascht deshalb nicht, dass ambitionierte Landgewinnungsprojekte im 20. Jahrhundert Hochkonjunktur hatten – so im faschistischen Italien; im nationalsozialistischen Deutschland, wo den zwangsrekrutierten jungen Männern des Reichsarbeitsdienstes im Vierjahresplan 1937–1941 das Ziel gesetzt wurde, zwei Millionen Hektar Land urbar zu machen; und schließlich während der stalinistischen Ära der Sowjetunion mit dem »Großen Stalin-Plan zur Umgestaltung der Natur« von 1948.

Aber nicht nur ihrer angeblichen Nutzlosigkeit wegen waren Sumpfgebiete vielen Mächtigen bis in die jüngste Zeit ein Dorn im Auge. Sümpfe behinderten militärische Operationen, was Friedrich II. in seinen Kriegen wiederholt erfahren musste und später auch die deutsche Wehrmacht bei ihrem Überfall auf die Sowjetunion. Zudem waren Sümpfe bevorzugte Schlupfwinkel und Rückzugsgebiete von Deserteuren, Widerständlern und anderen »zwielichtigen Gestalten«. Der »Generalplan Ost« des nationalsozialistischen Deutschland zur »Neuordnung« der eroberten Gebiete im Osten (sprich: deren landschaftliche und ethnische Umgestaltung nach Ermordung oder Vertreibung der slawischstämmigen Bevölkerung) enthielt auch detaillierte Pläne zur Trockenlegung der Pripjat-Sümpfe durch Zwangsarbeiter. Als dieses Vorhaben 1943 wegen des für die Planer ungünstigen Kriegsverlaufs aufgegeben werden musste, wurden die Sümpfe zum Zentrum des Partisanen-Widerstands gegen die Okkupanten. Und in den Sümpfen am Unterlauf von Euphrat und Tigris organisierte sich in den 1990er-Jahren der schiitische Widerstand gegen den irakischen Diktator Saddam Hussein, der diesen durch Trockenlegung des ausgedehnten Sumpflandes zu brechen versuchte.

Vor allem wegen der fortschreitenden Zerstörung ihrer Lebensräume befanden sich in der Mitte des 19. Jahrhunderts die Flusskrebsbestände weiter Teile Mittel- und Westeuropas bereits deutlich im Niedergang. Die über das ganze 19. Jahrhundert anhaltende hohe Nachfrage nach Speisekrebsen insbesondere in den großen Metropolen wie Paris, Wien und Berlin konnte schließlich nur noch dadurch gedeckt werden, dass immer weiter östlich gelegene Gebiete Europas als Lieferanten erschlossen wurden. So wurde das zaristische Russland zum größten Exporteur von Flusskrebsen und Berlin zu einem Hauptumschlagplatz, an dem die Tiere aus dem Osten für einen Weitertransport insbesondere in die Pariser Markthallen »fit« gemacht wurden. Ende des 19. Jahrhunderts brach dieser Handel innerhalb kurzer Zeit zusammen. Ein aus Nordamerika eingeschleppter Erreger einer hochinfektiösen und tödlichen Krankheit wurde zu einer bis heute anhaltenden existenziellen Bedrohung der europäischen Flusskrebse. Dieses Ereignis, seine Folgen und damit zusammenhängende allgemeine Probleme sind Gegenstand des folgenden Kapitels.

4 DAS HEIMISCHE UND DAS FREMDE

Wenn bisher von Flusskrebsen die Rede war, so betraf dies ihre europäischen Vertreter, insbesondere die in Mitteleuropa früher bedeutendste Art, den Edelkrebs *Astacus astacus*. Die Stammform der Flusskrebse hat sich schon vor mehr als 300 Millionen Jahren von ihren nächsten Verwandten, den Hummern, getrennt, bald darauf das Meer verlassen und sich dem Leben im Süßwasser angepasst. Damals bildeten die Landmassen der Erde noch den einheitlichen Superkontinent Pangäa. Nachdem aber vor etwa 200 Millionen Jahren dessen Zerfall begonnen hatte, verlief die weitere Entwicklung der Flusskrebse voneinander unabhängig auf den auseinanderdriftenden Kontinenten. Heute werden weltweit etwa 650 Arten unterschieden; sie besiedeln deutlich getrennte Areale in den klimatisch gemäßigten Zonen: Auf der Nordhalbkugel sind dies weite Teile Europas, das nordöstliche Asien und Nordamerika, in der südlichen Hemisphäre Madagaskar sowie Teile Südamerikas und Australasiens. Das afrikanische Festland sowie der indische Subkontinent sind ohne natürliche Flusskrebsbestände. Zentrum der Artenvielfalt ist Nordamerika, insbesondere der Südosten der USA, wo mehr als zwei Drittel der Flusskrebsarten heimisch sind. Einen weiteren Schwerpunkt bildet Australien mit etwa einem Viertel der Arten, während alle anderen Gebiete jeweils nur wenige heimische Arten aufweisen.

Weltweit gelten Flusskrebsbestände heute als gefährdet, etwa ein

Drittel der Arten soll sogar von Auslöschung bedroht sein.[1] Hauptursache ist die zunehmende Beeinträchtigung bis hin zur Vernichtung ihrer Lebensräume durch Änderungen in der Landnutzung, durch wasserbauliche Maßnahmen sowie Einträge von Schadstoffen. Die in Europa heimischen Flusskrebse sind darüber hinaus auch noch in anderer Weise gefährdet: Bis zum Jahr 1890 teilten sich im Wesentlichen vier Arten den Kontinent – der Edelkrebs *(Astacus astacus)*, die damals ökologisch und ökonomisch (als Speisekrebs) bedeutendste und vor allem in Mittel- und Nordosteuropa weitverbreitete Art; der Dohlenkrebs *(Austropotamobius pallipes)* mit Siedlungsschwerpunkt in Westeuropa und Italien; der Steinkrebs *(Austropotamobius torrentium)* mit kleineren Beständen in den kühleren Gewässern montaner Regionen Mitteleuropas und vor allem des Balkans; und schließlich der Galizische Sumpfkrebs *(Pontastacus leptodactylus)* in Südosteuropa. Heute sind diese Arten zwar nicht unmittelbar vom Aussterben bedroht, aber doch weitgehend an den Rand gedrängt und überall mit aus anderen Kontinenten eingeführten, also gebietsfremden Flusskrebsarten konfrontiert.[2]

Unsere Einstellung dem »Fremden« gegenüber ist ausgesprochen ambivalent. Es wird einerseits als Bereicherung empfunden, ruft Interesse oder sogar Faszination hervor, andererseits erscheint es als Bedrohung, erregt Furcht und stößt auf entschiedene Ablehnung. Was aber bedeutet »heimisch« und »(gebiets)fremd«, wenn von Tieren und Pflanzen die Rede ist? Keine Art hat schon immer dort gesiedelt, wo sie gegenwärtig vorkommt. Die Verbreitungsgebiete von Arten sind immer nur Momentaufnahmen in einem permanenten Wandel: Die Areale dehnen sich aus, verlagern sich, teilen sich oder schrumpfen – im Extrem bis zur Auslöschung von Arten. Und damit ändert sich auch das Ensemble jener Arten, die ein Gebiet gemeinsam besiedeln. Diese Dynamik zeigt sich nicht erst auf Zeitskalen von Tausenden von Jahren, sondern auch schon innerhalb weniger Jahrzehnte. Ob eine Art in einem bestimmten Gebiet heimisch oder fremd ist, hängt somit von einem willkürlich gewählten Bezugszeitpunkt ab. Hauptursache der Arealdynamik sind Veränderungen der Umwelt, die sich zwar durch die ganze Erdgeschichte ziehen, seit dem Auftreten des Menschen aber zunehmend von dessen Aktivitäten bestimmt werden.

Doch nicht nur über Eingriffe in die Umwelt hat der Mensch die Verbreitungsgebiete von Arten beeinflusst, sondern auch dadurch, dass er – absichtlich oder unabsichtlich – bestimmten Arten dazu verholfen hat, Gebiete zu besiedeln, in denen sie zuvor allein deshalb nicht vertreten waren, weil sie diese nicht mit eigenen Mitteln erreichen konnten. So wären etwa nordamerikanischen Flusskrebsen die europäischen Gewässer ohne den Menschen unerreichbar gewesen. Umsetzungen und Verschleppungen von Pflanzen und Tieren begannen bereits, als Menschen vor etwa 100 000 Jahren Afrika verließen. Einen ersten Höhepunkt erreichten sie mit der Ausbreitung der Landwirtschaft in Europa; später haben die Römer die Verbreitungsmuster Hunderter von Pflanzen- und Tierarten innerhalb ihres Imperiums entscheidend verändert.

Eine weltweite Dimension bekam dieser Prozess, als nach der »Entdeckung« Amerikas nach und nach alle Teile der Welt durch die Seefahrt in immer engeren Kontakt kamen. Arten, die ein bestimmtes Areal erst nach dem »Entdeckungsjahr« 1492 erreicht haben, werden heute als Neobioten (Neophyten bzw. Neozoen) bezeichnet. Die europäischen Entdecker, Eroberer und Forscher haben Pflanzen- und Tierarten, die ihnen wirtschaftlich, wissenschaftlich oder ästhetisch bedeutsam erschienen, zusammen mit so manchen Trittbrettfahrern aus allen Teilen der Welt nach Europa gebracht; umgekehrt haben europäische Siedler viele der ihnen vertrauten Arten in ihre neue Heimat ausgeführt. Jahrhundertelang hat man darin kein Problem gesehen; neue Arten wurden als Bereicherung empfunden. Noch während des 19. Jahrhunderts propagierten sogenannte Akklimatisierungsgesellschaften vor allem in Großbritannien und Frankreich den intensiven Austausch von Arten zwischen dem Mutterland und seinen Kolonien. Der bedeutende Anatom und Paläontologe Richard Owen (1804–1892) sah vor seinem geistigen Auge bereits Antilopenherden als künftige Fleischlieferanten über britisches Weideland ziehen.[3]

Mit dem immer umfangreicheren und schnelleren weltweiten Austausch von Waren und Menschen hat vor allem die unbeabsichtigte Verschleppung von Pflanzen- und Tierarten eine zuvor unbekannte Dynamik gewonnen. Die geografisch-ökologischen Barrieren, die die Ökosphäre in voneinander getrennte Regionen teilten und dort über Jahrmillionen eine weitgehend eigenständige Entwicklung von Faunen und Floren ermöglichten, sind durchlässig geworden. An wohl jedem Ort der Welt leben heute neben Arten, die schon längere Zeit dort ansässig sind, zunehmend auch solche, die erst in jüngerer und insbesondere jüngster Zeit hinzugekommen sind – seien sie bewusst eingeführt oder unbeabsichtigt eingeschleppt worden oder auch als Profiteure anthropogener Veränderungen aktiv eingewandert. In Mitteleuropa haben fast alle unsere wichtigen Nutzpflanzen und Nutztiere, die meisten unserer Heimtiere und große Teile der Zierpflanzen in unseren Parks, Gärten und Wohnungen einen »Migrationshintergrund«. Und auch unter den frei lebenden, nicht der Pflege und Obhut des Menschen bedürfenden Pflanzen- und Tierarten Europas sind mehr als zwölftausend (das entspricht etwa 8 Prozent) erst nach dem 15. Jahrhundert hier ansässig geworden.[4] Der Anteil »fremder« Arten in einer Lebensgemeinschaft ist stark von deren besonderer Situation abhängig. So sind etwa in der San Francisco Bay 30 Prozent der Arten erst nach 1960 dort eingetroffen; die Flora Neuseelands weist mehr eingeführte als heimische Arten auf; und auf der Vulkaninsel Ascension sind sogar 90 Prozent der dort heute vorkommenden Arten vom Menschen eingeführt oder eingeschleppt worden.

Spätestens gegen Ende des 19. Jahrhunderts wurde aber offensichtlich, dass fremde Arten auch unerwünschte und manchmal dramatische Veränderungen in ihrem neuen Umfeld hervorrufen können. In Australien zur Bejagung ausgesetzte Kaninchen wurden zu einer bis heute andauernden Landplage; Reblaus, Kartoffelkäfer und der Erreger der Kartoffelfäule – alle aus Nordamerika eingeschleppt – erwiesen sich in Europa als verheerende Agrarschädlinge; Ratten sowie verwilderte Katzen und Schweine haben die endemische Flora und Fauna kleiner Inseln irreversibel geschädigt und Arten definitiv ausgelöscht. Solche Fälle haben den schlechten Ruf gebietsfremder Arten geprägt und die Erinnerung an die Nützlichkeit (oder zumindest Harmlosigkeit) der vielen Arten verdrängt, die auch einmal als Fremde kamen oder geholt wurden, aber schon längst nicht mehr als solche empfunden werden. So wird etwa der Dohlenkrebs in England, wo er erst im 16. Jahrhundert durch den Menschen aus Frankreich eingeführt wurde, heute als »heimische« Art vehement gegen jene Flusskrebsarten verteidigt, die erst nach 1970 auf die Insel gelangten.

Arten, die neu in einem Gebiet auftreten, stehen heute unter Generalverdacht und erfahren viel kritische Aufmerksamkeit bis hin zu kompromissloser Ablehnung.[5] Sie werden für wirtschaftliche Schäden in astronomischer Höhe verantwortlich gemacht; allein für die USA wurden diese 2005 mit 120 Milliarden US-Dollar pro Jahr angegeben.[6] Dagegen nimmt sich der 2009 für Europa ermittelte Wert von etwa 12 Milliarden Euro pro Jahr fast bescheiden aus.[7] In einer aktuellen Bewertung wurde der wirtschaftliche Schaden, der weltweit im Jahr 2020 allein durch gebietsfremde aquatische Arten entstanden ist, auf mindestens 23 Milliarden US-Dollar geschätzt.[8] Mit dem aufkommenden Interesse am Erhalt der biologischen Vielfalt wurden gebietsfremde Arten schließlich auch bezichtigt, eine der bedeutendsten Ursachen des weltweiten Artensterbens zu sein.[9] Eine Vielzahl von Büchern, Symposien und speziellen neuen Journalen – ganz überwiegend auf die möglichen Gefahren der Arealveränderungen von Arten fokussiert – spiegelt das enorme wissenschaftliche und publizistische Interesse an dem Thema. Für eine objektive Bilanz müsste aber auch der Nutzen gebietsfremder Arten in ähnlicher Weise ermittelt werden wie die von ihnen (aus menschlicher Sicht) verursachten Schäden.[10]

Angesicht der beispiellosen Möglichkeiten der Ausbreitung, die sich Arten heute bieten, weisen viele Lebensgemeinschaften immer noch einen überraschend geringen Anteil an fest etablierten gebietsfremden Arten auf. Neuankömmlinge haben es offensichtlich nicht leicht, sich in einer komplexen und an konkurrenzstarken Arten reichen Lebensgemeinschaft zu etablieren. Der großen Mehrzahl (gut 90 Prozent) gelingt dieser Schritt nicht oder nur in der Obhut des Menschen. Von jenen, denen er gelingt, bleiben die meisten eher unauffällig, werden also von einer neuen Lebensgemeinschaft assimiliert, ohne diese wesentlich zu verändern. In der Summe haben Neuankömmlinge die lokale Artenvielfalt fast aller Lebensgemeinschaften erhöht und diese oft auch ökologisch oder ökonomisch bereichert. Lebensgemeinschaften sind ganz offensichtlich nicht »gesättigt« in dem Sinne, dass neue Arten sich nur etablieren können, wenn andere dafür verdrängt werden. Mit anderen Worten: Die Anzahl der Arten, die an einem bestimmten Ort leben, wird nicht nur durch den Charakter eines solchen Orts, sondern ganz wesentlich auch dadurch bestimmt, welche Arten diesen Ort erreichen können.

Es bleiben somit nur noch jene wenigen Fälle (etwa 1 Prozent), in denen Neuankömmlinge sich nicht nur erfolgreich etablieren, sondern sich in ihrem neuen Umfeld (manchmal erst nach einer längeren Latenzzeit) stark ausbreiten und dabei auffällige, aus menschlicher Sicht unerwünschte Veränderungen bis hin zu verheerenden Schäden für Ökologie, Ökonomie oder die menschliche Gesundheit verursachen. Es handelt sich um jene Arten, die als »invasiv« bezeichnet werden und in populären Medien unter Begriffen wie

»Killeralgen«, »Killerkrebse«, »Invasoren auf Eroberungszug«, »Stalins Monsterkrabben« und ähnlich schlagzeilenträchtigen Bezeichnungen erscheinen. Wenn sich aber (wie so häufig) nach einigen Jahren eine gewisse Normalisierung zeigt und die beschworene Katastrophe ausgeblieben ist, ist dies kaum noch eine Meldung wert.

Es sind sehr spezielle Umstände, unter denen fremde Arten eine Lebensgemeinschaft grundlegend verändern und auch heimische Arten auslöschen können. Probleme bereiten vor allem eingeschleppte Krankheitserreger, die in einer neuen Lebensgemeinschaft auf Wirte treffen, die mangels Gelegenheit keine Resistenz ausbilden konnten, sowie Räuber, die eine weitgehend schutzlose Beute vorfinden, die über keine Erfahrung mit einem solchen Feind verfügt. Ratten, Katzen oder Schlangen haben so auf kleinen Inseln zahlreiche endemische Arten definitiv ausgelöscht. In einer vergleichbaren Situation haben ausgesetzte räuberische Nilbarsche im Victoriasee unzähligen endemischen Buntbarscharten dasselbe Schicksal bereitet.

In vielen anderen Fällen aber, insbesondere wenn es sich um einen scheinbaren Verdrängungsvorgang zwischen konkurrierenden Arten handelt, wird oft vorschnell ein kausaler Zusammenhang zwischen dem Auftreten gebietsfremder Arten und Bestandsverlusten heimischer Arten hergestellt.[11] Vor allem die in den letzten Jahrzehnten invasiv gewordenen Arten scheinen oft weniger Verursacher ökologischer Störungen zu sein als vielmehr Profiteure (und Indikatoren) der fast allgegenwärtigen Eingriffe des Menschen in intakte Ökosysteme (Habitatveränderungen, Überdüngung von Böden und Gewässern, Schadstoffbelastungen, Eingriffe in den Wasserhaushalt, übermäßige Nutzung). Ein Vorgehen gegen solche invasiven Arten gliche dem klassischen Muster, den Überbringer einer schlechten Nachricht zu köpfen. Einer der großen »Aufreger« in den 1990er-Jahren war die Ausbreitung der aus dem Indischen Ozean stammenden (und dort völlig unauffälligen) Grünalge *Caulerpa ta-*

xifolia an den Küsten des Mittelmeeres. Die Alge schien die natürliche Flora und Fauna mit den artenreichen Seegraswiesen entlang immer größerer Teile der Küste unter einem wuchernden Teppich gleichsam zu ersticken. Heute ist diese Invasion nicht nur zum Stillstand gekommen, viele der zeitweilig umfangreichen Bestände sind auch wieder verschwunden. Eine hohe Schad- und Nährstoffbelastung der mediterranen Küstengewässer hatte die Seegraswiesen geschädigt, sodass deren Platz durch die »Killeralge« eingenommen werden konnte.[12] Überall, wo diese Belastung durch den Bau von Kläranlagen wesentlich reduziert wurde, kehrten auch die Seegraswiesen zurück.

Don't judge species on their origin lautete der Titel einer Publikation, mit der sich eine Gruppe von Ökologen im Jahr 2011 für ein differenziertes Vorgehen gegen gebietsfremde Arten aussprach.[13] Die »Gegenpartei« hebt dagegen bis heute hervor, dass keine verlässlichen Aussagen darüber möglich sind, ob, in welcher Weise und in welchem Ausmaß eine neue Art schädlich wird. Im Sinne des Vorsorgeprinzips müssten Neuankömmlinge frühzeitig aufgespürt und eliminiert werden, bevor es zu einer kaum noch zu kontrollierenden Ausbreitung mit dann möglicherweise irreversiblen Schäden kommen kann. In Umkehrung des bekannten Rechtsgrundsatzes müsse daher gelten: *»guilty until proven innocent«*.[14] Mit einigem Abstand zu unserer anthropozentrischen Sicht der Dinge sollte es uns eigentlich sehr sonderbar vorkommen, dass der Mensch als die bei Weitem invasivste aller Arten, als jene, die sich in ihrer Geschichte praktisch überall hin ausgebreitet, fast alle Ökosysteme der Welt grundlegend verändert und dabei direkt oder indirekt unzählige andere Arten ausgelöscht hat, nun all jene Arten rigoros verfolgt, die genau diese veränderte ökologische Situation dazu nutzen, sich ebenfalls neue Lebensräume zu erschließen.

Die Forderung, gegen gebietsfremde Arten vorzugehen, findet sich seit den 1990er-Jahren in verschiedenen nationalen und internationalen Regelungen. In der UN-Konvention über die biologische Vielfalt von 1993 verpflichteten sich die Vertragspartner, die Einführung von Arten, welche Ökosysteme, Habitate oder Arten gefährden, zu verhindern und bereits etablierte gebietsfremde Arten zu kontrollieren oder auszurotten. Weiter gehende Regelungen enthält die EU-Verordnung über die Prävention und das Management der Einbringung und Ausbreitung invasiver gebietsfremder Arten vom 22. Oktober 2014. Besonders restriktive Maßnahmen gelten für Arten von EU-weiter Bedeutung, die in einer regelmäßig aktualisierten Liste erfasst werden. Diese enthält siebenunddreißig Tier- und Pflanzenarten (Stand 2021), darunter allein fünf Arten von Flusskrebsen sowie als weitere Krebsart die Chinesische Wollhandkrabbe. Die Einführung, Freisetzung und Haltung (es sei denn »unter Verschluss«) dieser Tiere sowie der Handel mit ihnen sind strikt untersagt. Durch Überwachungsmaßnahmen sollen neue Bestände frühzeitig erkannt und schon in der Anfangsphase der Etablierung beseitigt werden. Bestände, die bereits so weit verbreitet sind, dass eine Ausrottung unmöglich ist oder nur mit unzumutbaren Kosten bzw. schwerwiegenden Nebenwirkungen erfolgen könnte, sollen durch Managementmaßnahmen zurückgedrängt und kontrolliert werden.

Wie bereits erwähnt, werden natürliche Populationen vor allem durch eingeschleppte Krankheitserreger bedroht. So wurde der Untergang der Reiche der Mayas, Azteken und Inkas letztlich weniger durch die mordenden Konquistadoren herbeigeführt als durch von diesen verbreitete Infektionskrankheiten wie Pocken, Masern, Mumps oder Grippe, gegen die die indigenen Völker Amerikas keine Immunität hatten entwickeln können. In der Fauna Hawaiis wurden viele der nur dort vorkommenden Vogelarten Opfer der eingeschleppten Vogelmalaria. Und das Drama der in Europa heimischen Flusskrebse begann, auch wenn deren Bestände Mitte des 19. Jahrhunderts bereits erheblich vorgeschädigt waren, im Jahr 1860 mit einer eingeschleppten tödlichen Krankheit, der Krebspest.

Erreger der Krebspest ist ein in Nordamerika heimischer, auf Flusskrebse spezialisierter pilzähnlicher Parasit (*Aphanomyces astaci*). Ein evolutionärer Anpassungsprozess zwischen Wirt und Parasit hat dafür gesorgt, dass nordamerikanische Flusskrebse zwar fast immer chronisch infiziert und somit auch lebenslang Ausscheider von Infektionsstadien sind, durch die Infektion selbst aber normalerweise keinen größeren Schaden nehmen. Bei vermutlich allen außerhalb Nordamerikas heimischen Flusskrebsen führt eine Infektion jedoch innerhalb kurzer Zeit zum Tod. Die Infektion geht von beweglichen Sporen aus, die von infizierten Tieren freigesetzt werden, einige Zeit im Wasser (und nach einer Einkapselung auch außerhalb davon) lebensfähig bleiben und anhand chemischer Reize neue Wirte finden. Der Befall eines zuvor noch pestfreien Bestandes muss also nicht notwendigerweise von zuwandernden oder ausgesetzten infizierten Krebsen ausgehen, sondern kann auch über kontaminiertes Wasser, kontaminierte Objekte (Fanggeräte, Boote, Köder) oder auch über Wasservögel erfolgen, die Sporen in ihrem Gefieder übertragen.

Wie der Erreger der Krebspest Mitte des 19. Jahrhunderts den Weg nach Europa fand, wird sich wohl nicht mehr klären lassen. Im Jahr 1860 begann jedenfalls in Norditalien eine verheerende Epidemie unter Flusskrebsen, die sich im Laufe dreier Jahrzehnte unaufhaltsam über fast ganz Europa ausbreitete und unzählige Krebsbestände auslöschte. Verschont blieben meist nur kleinere, isolierte Vorkommen in abgelegenen Seen oder in den quellnahen Oberläufen von Flüssen. Ein zeitgenössischer Bericht in der *Bayerischen Fischerei-Zeitung* schildert das Wüten der Krebspest im Sommer des Jahres 1880 im bayerischen Altmühltal, wo sämtliche Tiere eines kurz zuvor noch gesunden Bestandes innerhalb weniger Tage verendet waren: »Mit einem großen Leichenfeld kann das Bett des Altmühlgrundes verglichen werden«, heißt es dort. Die toten Tiere lagen in Haufen zusammen, auf dem Rücken ausgestreckt und mit abgefallenen Extremitäten.[15] Es war ein Vorgang, der sich unzählige Male wiederholte, als die Seuche durch ganz Deutschland und weiter nach Osten zog.

Schon frühzeitig wurde versucht, Krebse dort wiederanzusiedeln, wo sie einen Totalverlust erlitten hatten. Neustartversuche mit Edelkrebsen aus verschont gebliebenen Restbeständen scheiterten an einem erneuten Ausbruch der Krebspest. Als möglicher Ersatz wurde aus dem südöstlichen Europa der Galizische Sumpfkrebs *(Pontastacus leptodactylus)* in andere Teile Europas eingeführt, erwies sich aber ebenfalls als anfällig gegenüber der Krebspest. Einen Schritt weiter ging schließlich der Pionier der Teichwirtschaft und Fischzucht in Deutschland, Max von dem Borne (1826–1894). Der aus altem brandenburgischem Adelsgeschlecht stammende preußische Kammerherr war von der Idee besessen, gebietsfremde aquatische Tiere zu Nahrungszwecken, als Aquariumstiere, zur Förderung des »Angelsports« oder schlicht zur Bereicherung der heimischen Fauna einzuführen. So brachte er etwa die Regenbogenforelle, verschiedene Arten von Sonnenbarschen, Zwergwelse und andere Fischarten aus Nordamerika nach Europa und züchtete sie für Besatzmaßnahmen. Heute gelten manche dieser inzwischen in Europa weitverbreiteten Arten als schädliche Invasoren, die man am liebsten wieder eliminieren würde. Im Jahr 1890 führte von dem Borne etwa hundert Exemplare des nordamerikanischen Kamberkrebses *(Faxonius limosus)* aus Pennsylvania ein, von dem er annahm, er wäre immun gegen die Krebspest und könnte so den Edelkrebs ersetzen.

Nach zahlreichen Besatzmaßnahmen sowie einer raschen selbstständigen Ausbreitung verwilderter Tiere in unseren vernetzten Gewässersystemen ist der Kamberkrebs heute in Europa weit verbreitet und zumindest in Deutschland, Frankreich und Polen der häufigste Flusskrebs. Vor allem in größeren Flussläufen und Seen bildet er oft umfangreiche Bestände. Die Robustheit der Tiere, die anders als der Edelkrebs auch in stark verschmutzten Gewässern zurechtkommen, dürfte ihre Ausbreitung entscheidend gefördert haben. Der gesamte heutige Bestand an Kamberkrebsen in Europa geht sehr wahrscheinlich auf jene wenigen Exemplare zurück, die von dem Borne 1890 eingeführt hat. Die Art erwies sich in der Tat als resistent gegen die Krebspest. Die fatale Tatsache, dass die Tiere trotzdem Dauerüberträger des Erregers sind, war damals noch nicht bekannt, sollte sich aber bald darin zeigen, dass überall dort, wo der Kamberkrebs auftrat, eventuell noch vorhandene Restbestände heimischer Krebse von der Pest befallen und ausgelöscht wurden. Auch die Erwartungen, mit ihm den Edelkrebs als Speisekrebs zu ersetzen, konnte der Kamberkrebs nicht erfüllen: Eher kleinwüchsig und von geringer geschmacklicher Qualität, wird er heute meist nur als Fischköder genutzt.

Max von dem Bornes Kamberkrebs-Projekt blieb nicht der einzige Versuch, die durch die Krebspest entstandene Leerstelle in der europäischen Fauna wieder zu schließen. In Schweden waren Flusskrebse nicht nur ein bedeutendes Exportgut, ihr Fang und gemeinschaftlicher Verzehr war und ist auch Teil der schwedischen Folklore und Identität. Bei den traditionellen Sommerfesten *(Kräftskiva)* dreht sich alles um den Flusskrebs. Astrid Lindgrens Kinderbuchklassiker und das bekannte Gemälde *Kräftfångst* des Jugendstilmalers und Chronisten des schwedischen Landlebens, Carl Larsson (1853–1919), zeigen, wie schon Kinder mit diesem »schwedischsten aller schwedischen Bräuche« frühzeitig prägende Erfahrungen machen. Aufgrund seiner Randlage wurde Schweden erst im Jahr 1907 von der Krebspest erreicht, die dann aber so heftig wütete, dass die umfangreichen Edelkrebsbestände des Landes in den 1950er-Jahren nahezu ausgelöscht waren. Auf der Suche nach einem geeigneten Ersatz entschied man sich nach gründlichen Vorstudien für den im nordwestlichen Amerika heimischen und krebspestresistenten Signalkrebs

(Pacifastacus leniusculus). Für eine groß angelegte Besatzmaßnahme wurden 1969 etwa 100 000 Tiere aus Kalifornien eingeführt – ungeachtet des Risikos, sich so einen weiteren Typ des Krebspest-Erregers ins Land zu holen (wie es dann auch geschah) und dadurch die Restbestände des Edelkrebses einem zusätzlichen Druck auszusetzen.

Dem erfolgreichen schwedischen Projekt folgten bald Ansiedlungen des Signalkrebses in anderen Ländern Europas, in denen in den 1970er-Jahren fast überall eine positive Einstellung zur Einführung pestresistenter Krebsarten herrschte. In Österreich betrieb Reinhard Spitzy (1912–2010) die Ansiedlung amerikanischer Flusskrebse, zunächst des Kamberkrebses und dann nach schwedischem Vorbild auch des Signalkrebses, die sich bald auch in benachbarte Länder ausbreiteten. Spitzys Interesse galt dabei nicht so sehr dem ökonomischen Aspekt als dem Kampf gegen eine »Verkrautung und Verfroschung« der ihrer Krebsbestände beraubten heimischen Gewässer. »Da es die Zivilisation mit ihrem Kontinente überbrückenden Verkehr war, die zur Verseuchung der Krebse Europas führte, sollte sie dies auch … dadurch wieder gutmachen, dass sie durch Neuansiedlung resistenter Krebsstämme den Schaden repariert und so den normalen Zustand in unseren alten Krebsgewässern wiederherstellt.«[16]

Heute ist der Signalkrebs in Europa weit verbreitet – mit Schwerpunkten in Schweden, Finnland und England. Anstatt auf den permanent von der Krebspest bedrohten heimischen Edelkrebs zu setzen, der zudem hohe Anforderungen an die Wasserqualität stellt, zogen auch in Mitteleuropa viele Speisekrebs-Produzenten den als weitgehend ebenbürtig angesehenen, aber robusteren und pestresistenten Signalkrebs vor und förderten damit unabsichtlich auch die Entwicklung frei lebender Bestände.

Auf der Iberischen Halbinsel und in Italien experimentierten Krebsfarmer von den 1970er-Jahren an mit verschiedenen Arten aus Nordamerika und später auch Australien, von denen erwartet wurde, dass sie in das mediterrane Klima »passen«. 1973 wurde der Rote Amerikanische Sumpfkrebs *(Procambarus clarkii)* in Spanien eingeführt, der in seinem Herkunftsgebiet Louisiana schon seit den 1930er-Jahren Gegenstand einer florierenden Krebsindustrie war. Durch zahlreiche Besatzmaßnahmen in allen Kontinenten mit Ausnahme Australiens ist der Rote Amerikanische Sumpfkrebs heute die am weitesten verbreitete und als Speisekrebs bedeutendste Flusskrebsart (vgl. Kapitel 8). Im Schwemmland am Unterlauf des Guadalquivir konnte der Krebs auch in Spanien ökonomisch profitabel produziert werden. Durch weitere Besatzmaßnahmen wurden die Tiere innerhalb Spaniens verbreitet und in Portugal, Italien sowie Südfrankreich eingeführt. Bald entstanden auch frei lebende und sich unkontrolliert ausbreitende Bestände. In den Gewässern Berlins wurden die Krebse (ausgehend vermutlich von einigen wenigen leichtfertig und illegal ausgesetzten Exemplaren) über die letzten zwanzig Jahre zu einer regelrechten Plage. Seit 2018 werden sie in den Berliner Parkgewässern intensiv befischt, um gemäß EU-Verordnung eine weitere Ausbreitung des Bestandes zu verhindern. Durch eine hohe ökologische Plastizität – die Tiere erwiesen sich auch in deutlich kühlerem Klima als dem ihres Herkunftsgebiets als lebensfähig, können längere Strecken über Land wandern und so neue Habitate besiedeln und überstehen Trockenperioden in selbst gegrabenen tiefen Erdröhren – ist der Rote Amerikanische Sumpfkrebs geradezu der Idealtyp einer invasiven Art.

Nach zahlreichen Besatzmaßnahmen, denen aktive Arealerweiterungen durch verwilderte Tiere folgten, sind die drei »Nordamerikaner« (Kamberkrebs, Signalkrebs und Roter Amerikanischer Sumpfkrebs) in Europa heute weit verbreitet und fest etabliert. Seit den 1990er-Jahren häufen sich zudem in vielen europäischen Ländern Berichte über wild lebende, sich ausbreitende, aber bisher noch lokal begrenzte Bestände weiterer nordamerikanischer Flusskrebsarten. Ihre wichtigste Quelle ist der Heimtierhandel: Aquarianer und

Gartenteichbesitzer haben eine fatale Neigung zu exotischen Flusskrebsen aus Nordamerika und Australien, von denen einige Dutzend Arten im Handel angeboten werden. Im Rheingebiet breitet sich seit Mitte der 1990er-Jahre der nordamerikanische Kalikokrebs *(Faxonius immunis)* aus. Die Erfahrung zeigt, dass gebietsfremde Arten, die für den Heimtierhandel, die Aquakultur, den »Angelsport« (als Lebendköder), die Gastronomie oder auch zu wissenschaftlichen Zwecken eingeführt werden, früher oder später trotz strenger Sicherungsmaßnahmen auch im Freiland auftreten und sich dort etablieren, sofern die natürlichen Bedingungen dies grundsätzlich zulassen.

Ein ganz ungewöhnlicher Fall mit hohem invasivem Potenzial ist der Marmorkrebs, eine erst Mitte der 1990er-Jahre entdeckte Sonderform des Florida-Flusskrebses *(Procambarus fallax)*. Im Unterschied zu seiner Stammform sind vom Marmorkrebs nur Weibchen bekannt; diese pflanzen sich parthenogenetisch unter Bildung identischer Klone des Muttertiers fort.[17] Eine weitere Besonderheit betrifft den Chromosomensatz: Marmorkrebse sind triploid, das heißt, ihre Zellen besitzen statt des üblichen doppelten (eines väterlichen und eines mütterlichen) einen dreifachen Chromosomensatz, der mit einer Steigerung von Körpergröße und Fruchtbarkeit einhergeht. Da der Marmorkrebs von seiner Ursprungsform reproduktiv isoliert ist und alle weltweit bekannten Exemplare genetisch identisch sind und also einen gemeinsamen Ursprung haben, gilt er heute als eigene, vermutlich erst in allerjüngster Zeit durch eine Art Betriebsunfall im Fortpflanzungsgeschehen entstandene Art *(Procambarus virginalis)*.[18]

Eine problemlose Haltung und Vermehrung hat den Marmorkrebs zu einem beliebten Aquariumstier gemacht. Bald wurde auch von ausgesetzten oder entwichenen Tieren im Freiland berichtet. Wegen der parthenogenetischen Fortpflanzung genügt ein einzelnes Individuum, um eine neue Population zu begründen, die dann (bei rein weiblicher Nachkommenschaft) rasch wachsen kann. Heute gibt es zwar eine zunehmende Zahl von Fundstellen in vielen europäischen Ländern, eine flächenweite Ausbreitung scheint bisher jedoch (vielleicht wegen des in weiten Teilen Europas hierfür wenig günstigen Klimas) nicht stattzufinden. Irgendwie hat es der Marmorkrebs aber auch nach Madagaskar geschafft, wo er sein Areal während der letzten fünfzehn Jahre stark erweitert hat. Es besteht deshalb die Befürchtung, den sieben dort heimischen Flusskrebsarten könne eine Wiederholung des Dramas der europäischen Flusskrebse drohen.

Seit der ökologischen Wende in den 1970/80er-Jahren und der wachsenden Einsicht in den Wert der biologischen Vielfalt gibt es verstärkte Bemühungen um den Schutz der verbliebenen Bestände europäischer Flusskrebse. Heute können heimische Krebse unter kontrollierten Bedingungen vermehrt werden, um damit Reliktbestände aufzustocken oder sogar neue Bestände zu etablieren. Viele ehemalige Lebensräume sind aber nicht mehr verfügbar, weil sie mittlerweile der landwirtschaftlichen Produktion oder als Siedlungsflächen dienen; andere sind durch wasserbauliche Eingriffe und/oder Schadstoffeinträge so stark geschädigt, dass vor einer möglichen Neuansiedlung umfangreiche Maßnahmen zur Verbesserung der Lebensbedingungen erforderlich wären. Ein weiteres Problem ist die fortdauernde Bedrohung durch die Krebspest. Zwar gibt es heute eine sichere Nachweismethode für den Erreger, die Krankheit selbst ist aber weiterhin nicht behandelbar. Einen gewissen Schutz vor einer Infektion bietet allein eine räumliche Trennung, sodass überlebensfähige Bestände auf isolierte Stillgewässer und quellnahe Oberläufe von Fließgewässern beschränkt sind. Angesicht der vielen möglichen Übertragungswege dürfte es aber auch hier fast unmöglich sein, das Auftreten des Erregers auf Dauer zu vermeiden.

Ein Nebeneinander von Beständen heimischer und nordamerikanischer Flusskrebse wird wohl nur möglich sein, wenn entweder der fremde Bestand erregerfrei oder der heimische immun gegen den Erreger ist. In den mehr als 150 Jahren, die seit dem Auftreten des Erregers in Europa vergangen sind, hat es lange Zeit keine Hinweise auf eine Existenz oder Entwicklung resistenter Bestände unter den europäischen Flusskrebsen gegeben. Auch frühere Versuche, resistente Stämme zu züchten, blieben erfolglos, weil Infektionen stets in kürzester Zeit zum Tod der Tiere führten. Erst einige jüngste Befunde weisen auf populationsspezifische Unterschiede in der Anfälligkeit gegenüber dem Erreger hin und wecken dadurch Hoffnungen auf neue Strategien zum Schutz heimischer Arten vor der Krebspest.[19] Die Gefahr, die von nordamerikanischen Krebsen als Überträger der Krebspest ausgeht, hat bisher andere von ihnen möglicherweise ausgehende Probleme für heimische Arten überdeckt. Die erfolgreichen »Invasoren« zeigen in ihrem auf hohe Fruchtbarkeit hin ausgerichteten Lebenszyklus sowie in ihrem breiten Toleranzspektrum gegenüber vielen Umweltfaktoren Eigenschaften, die ihnen in unseren heutigen gestörten Habitaten auch unabhängig von der Krebspest Vorteile gegenüber heimischen Arten verschaffen könnten.[20]

Wir sind heute Zeugen einer umfangreichen, im Wesentlichen vom Menschen verursachten geografischen Neuverteilung von Arten. Auch wenn willentliche Einführungen gebietsfremder Arten durch gesetzliche Regelungen unterbunden werden könnten – illegale Aussetzungen sowie insbesondere unbeabsichtigte Verschleppungen ließen sich durch verschiedene Maßnahmen zwar erschweren, auf Dauer aber kaum grundsätzlich verhindern. Sie sind eine zwangsläufige Folge unserer auf einer intensiven weltweiten Zirkulation von Waren und Menschen beruhenden Wirtschafts- und Lebensweise. Hinzu kommt die aktive Einwanderung von Arten in Gebiete, in denen sich für sie infolge von (meist anthropogenen) Umweltveränderungen neue Lebensmöglichkeiten ergeben haben. Lebensgemeinschaften werden somit weltweit zunehmend aus einer Mischung von lang ansässigen und neuen Arten bestehen.

In rein *lokaler* Hinsicht kann das Auftreten der meisten Neobioten relativ gelassen zur Kenntnis genommen werden: Nach aller Erfahrung nimmt die lokale Artenvielfalt zu, und auch darüber hinaus dürften sich in vielen Fällen wünschenswerte Effekte einstellen, eventuelle negative erträglich bleiben oder sich mit positiven die Waage halten. In den eher wenigen Fällen, in denen es zu schwerwiegenden negativen Folgen für Ökologie, Ökonomie oder die menschliche Gesundheit kommt, sollte es mit modernen biotechnischen Verfahren zunehmend leichter möglich sein, die Verursacher solcher Schäden selektiv zurückzudrängen. Bei allem Eifer, mit dem gegen invasive Arten vorgegangen wird, bleibt doch immer die Frage, ob nicht nur ein Symptom bekämpft wird, während die Ursache dafür, dass eine bestimmte Art überhaupt invasiv wird, unbeachtet bleibt.

In *globaler* Hinsicht jedoch stellt sich die Situation etwas anders dar: Dem Verlust an kultureller Vielfalt, wie wir ihn in der zunehmenden weltweiten Austauschbarkeit unserer Innenstädte mit ihren immer gleichen Filialisten und Warenangeboten, in der Vereinheitlichung unserer Lebensweisen sowie im Sterben von Sprachen erleben, entspricht eine zunehmende Angleichung von Fauna und Flora klimatisch vergleichbarer Gebiete über alle Kontinente hinweg. Die für einzelne biogeografische Regionen spezifischen Arten werden zurückgedrängt zugunsten besonders robuster Formen, die sich als Kosmopoliten etablieren. Dieser Prozess der Homogenisierung wird letztlich mit einem Verlust von Arten und somit einer Verringerung der *globalen* (bei meist gleichzeitiger Erhöhung der *lokalen*) Artenvielfalt verbunden sein; umstritten ist jedoch, in welchem Ausmaß und Zeitrahmen dies geschehen wird.[21]

Was spräche dagegen, wenn Flusskrebsbestände in Europa künftig nicht mehr aus den alteingesessenen Arten bestünden, sondern aus Kosmopoliten, die mit den durch den Menschen veränderten Umweltbedingungen offensichtlich besser zurechtkommen und ihre Vorgänger ökologisch wie ökonomisch etwa gleichwertig ersetzten? Die Anhänglichkeit vieler Menschen an eine ihnen vertraute Landschaft mit der ihr eigenen Tier- und Pflanzenwelt (insbesondere wenn es sich um Arten von regionaler kulturgeschichtlicher Bedeutung handelt) ist verständlich und legitim, auch wenn nur ein schmaler Grat diese Einstellung von einer unhistorischen Ablehnung ökologischer Dynamik oder sogar von stupider Fremdenfeindlichkeit trennt.[22] Von unserem emotionalen Interesse am Erhalt des regionalen Naturerbes abgesehen, gibt es aber auch ein starkes objektives Argument für den Erhalt und die Förderung von Vielfalt auf *allen* Ebenen der biologischen Organisation: Vielfalt ist eine Investition in Überlebensfähigkeit, eine Investition in einen Puffer, der dafür sorgt, dass unvorhersehbare Störungen nicht zu einem vollständigen Systemversagen führen, sondern in ihren Auswirkungen so begrenzt bleiben, dass eine Erholung und Anpassung an neue Anforderungen möglich bleibt. Ob Konzerne ihre Produktpalette diversifizieren oder Anleger ihre Anlagen streuen, immer geht es um eine Absicherung gegen schwer vorhersagbare Störungen. In der Natur sind es die genetische Vielfalt der Individuen einer Population, die Artenvielfalt einer Lebensgemeinschaft, aber auch die Vielfalt der Lebensgemeinschaften auf der Erde, die den Fortbestand des irdischen Lebens über mehr als drei Milliarden Jahre mit zahllosen kleineren und größeren Krisen ermöglicht haben.

Dies rechtfertigt auch aufwendige Bemühungen um den Erhalt bedrohter Arten und um die weltweite Vielfalt an Lebensgemeinschaften entgegen der herrschenden Homogenisierungstendenz. Anders als Maßnahmen zum Schutz von Lebensräumen können spezielle Artenschutzmaßnahmen (sofern sie über ein reines Nutzungsverbot hinausgehen) aber nicht von unbegrenzter Dauer sein, wenn die Ökosphäre nicht letztlich in einen großen Zoo oder Garten verwandelt werden soll. Bestände von Arten, die nur durch fortgesetzte Eingriffe des Menschen erhalten werden können, haben keine Zukunft. Irgendwann wird man der Natur wieder ihren Lauf lassen müssen. Und zu diesem gehört auch die Auslöschung von Arten, wie sie sich unzählige Male in der Erdgeschichte ereignet hat und ohne die es keine Evolution gegeben hätte.

5 KAMERUN – LAND DER KREBSE

M*béa-towè* oder *mitoke mikamba* nannten ihn die Menschen am Fluss; er galt als Abgesandter aus der Welt der Wassergeister. Als Adam White, Zoologe am Britischen Museum in London, im Jahr 1861 von seinem Kollegen James A. Turner ein Exemplar einer noch unbekannten Krebsart erhielt, das ein Händler aus Afrika mitgebracht hatte, wusste er nichts von dieser Geschichte. Im Ästuar des Kamerun-Flusses, des heutigen Wouri, sollten diese Tiere nur alle paar Jahre für wenige Tage massenhaft auftreten und dann von den Anwohnern während eines mehrtägigen Volksfests gefangen und verzehrt werden. Der Fachmann White wird sofort erkannt haben, dass es sich um einen Vertreter der Maulwurfskrebse handelte (Abb. 13). Er beschrieb das Tier unter dem Namen *Callianassa turnerana*; die heute gültige wissenschaftliche Bezeichnung lautet *Lepidophthalmus turneranus* (White, 1861).[1] Die meisten Maulwurfskrebse bewohnen küstennahe Weichböden, in denen sie nach Art von Maulwürfen umfangreiche Gangsysteme graben. Mancherorts werden sie als Angelköder verwendet; auf der Speisekarte von Menschen sind sie jedoch kaum jemals zu finden.

Heute wissen wir, dass die bis zu vierzehn Zentimeter langen Tiere die meiste Zeit ihres Lebens im Schlamm von Flüssen im tropischen Westafrika verbringen. Wie auf ein Kommando hin verlassen sie jedoch alle paar Jahre gegen Ende der Regenzeit ihre Wohngänge und wandern flussabwärts in das Brackwasser von Lagunen und Ästuarien, wo sie ganz entgegen ihrer sonstigen Lebensweise ausdauernd an der Wasseroberfläche umherschwimmen. Dieses Massenschwärmen ist auf einige wenige aufeinanderfolgende Tage zwischen Ende August und Ende Oktober beschränkt; danach verschwinden die Tiere wieder genauso plötzlich, wie sie erschienen sind.

Nicht nur die Rolle dieser Krebse in der Volkskultur der Wouri-Anwohner war Adam White unbekannt, als er die neue Art beschrieb, sondern auch die Tatsache, dass diese Tiere einmal Anlass zu einer besonderen Namensgebung waren. Diese Geschichte führt zurück in das spätmittelalterliche Portugal, als dessen Seefahrer zur maritimen Eroberung der Erde auszogen und eine neue Epoche der Weltgeschichte einleiteten.

Portugals Hauptstadt Lissabon ist heute ein Touristenmagnet. Zum üblichen Besichtigungsprogramm zählt das umstrittene Denkmal der Entdeckungen *(Padrão dos Descobrimentos)* am Ufer des Tejo. Eingeweiht wurde es im Jahr 1960, unter der klerikal-faschistischen Diktatur António Salazars, zum 500. Todestag des Infanten Dom Henrique, der besser unter dem Namen Heinrich der Seefahrer (1394–1460) bekannt ist. Das Denkmal beschwört Portugals Goldenes Zeitalter des 15. und frühen 16. Jahrhunderts, als das kleine Land am Rande Europas durch seine wagemutigen Seefahrer zur ersten maritimen Weltmacht aufstieg, zugleich aber den Weg zu einer beispiellosen Ausplünderung überseeischer Gebiete bereitete. Die Front des mehr als fünfzig Meter hohen Betonmonuments präsentiert sich Besuchern als riesiges Kreuz in Form eines Schwerts. Die oft gewalttätigen Unternehmungen wurden mit dem Auftrag verklärt, den christlichen Glauben in überseeische Gebiete zu bringen. Das Denkmal zeigt den aufstrebenden Bug einer Karavelle mit den bedeutendsten Kapitänen, Kartografen, Astronomen, Missionaren und Chronisten der Zeit. Den Weg weist ihnen, an der Spitze des Bugs, Dom Henrique, der Initiator und langjährige Förderer des Projekts. Anders, als sein Beiname »der Seefahrer« *(o navegador)* vorgibt, hat er an keiner der Fahrten selbst teilgenommen. Von den Hofchronisten wurde Heinrichs persönliche Rolle mythisch überhöht.[2] Erst die neuere Geschichtsschreibung hat dieses Bild revidiert, obgleich fast alle Originaldokumente in dem verheerenden Erdbeben verloren gegangen sind, das Lissabon im Jahr 1755 verwüstete.[3]

Als vierter Sohn des Königs konnte Prinz Heinrich nicht darauf zählen, jemals Portugals Krone zu tragen. Eine Aufgabe fand er darin, den Blick des Landes auf die vor der Haustür liegende Westküste Afrikas zu richten. Erkenntnisstreben, Abenteuerlust und Missionierungseifer verbanden sich mit geopolitischen Machtinteressen und der Gier nach den sagenhaften Schätzen Afrikas – nach Gold, Elfenbein und dem, was sich letztlich als lukrativste Beute erweisen sollte: Sklaven.

Als Fernziel lockte die Umschiffung des afrikanischen Kontinents, die Portugal einen Zugang zu den Gewürzen und anderen Reichtümern Asiens eröffnet hätte, nachdem der von Venezianern und Genuesen beherrschte lukrative Osthandel auf dem Landweg durch den Aufstieg des Osmanischen Reichs unsicher geworden war. Noch war aber ungewiss, ob eine solche Umschiffung überhaupt möglich war. Entsprechende Hoffnungen stützten sich allein auf einige vage alte Quellen. So berichtete etwa der griechische Geschichtsschreiber Herodot im 5. Jahrhundert v. Chr., phönizische Seefahrer hätten Afrika um 600 v. Chr. im Auftrag des Pharaos Necho vom Roten Meer aus – also im Uhrzeigersinn – umsegelt.[4] Die Weltkarte des Klaudios Ptolemeios (2. Jahrhundert n. Chr.) zeigte allerdings den Indischen Ozean immer noch als ein mit Schiffen nicht erreichbares Binnenmeer.

Von 1421 an trieb Heinrich die Erkundung der westafrikanischen Küste systematisch voran. Von ihm ausgerüstete Expeditionen wagten sich immer weiter entlang der unwirtlichen Saharaküste nach Süden vor, bis sich das Kap Bojador einem weiteren Vordringen entgegenstellte. Nautische Herausforderungen bildeten nur einen Teil des

Problems, die eigentliche Barriere befand sich in den Köpfen abergläubischer Seeleute. Fünfzehn Expeditionen waren bei dem Versuch, das Kap zu passieren, spurlos verschwunden oder unverrichteter Dinge umgekehrt, nachdem Panik die Mannschaften ergriffen hatte. Grauenvolle Gerüchte rankten sich um das Kap: Vorstellungen von gigantischen Mahlströmen, die Schiffe in den Abgrund reißen; von Magnetbergen, die die Eisenverankerungen aus den Schiffsplanken ziehen; von einer sengenden Sonne, die das Meer zu einer zähen Masse eindampft und die menschliche Haut schwarz werden lässt; von einem Ende der Welt schlechthin. Erst 1434 gelang es einer Expedition unter Gil Eanes, das Kap großräumig zu umsegeln. »Er öffnete das alte Meer dem modernen Menschen«, lautet daher die Inschrift auf einem Gedenkstein im portugiesischen Lagos, mit dem an Eanes und seine Pioniertat erinnert wird. Doch Meer und Küste südlich des Kaps unterschieden sich in nichts von denen auf der Nordseite. Während der weiteren Vorstöße nach Süden wich die lebensfeindliche Sahara-Küste allmählich einer fruchtbaren, von dunkelhäutigen Stämmen besiedelten Küste, an der Flussmündungen geeignete Ankerplätze boten. 1447 wurde Kap Verde umsegelt, das sich als westlichster Vorposten des afrikanischen Kontinents erweisen sollte.

Als Heinrich 1460 starb, waren seine Expeditionen bis etwa auf die Höhe des heutigen Sierra Leone nach Süden vorgedrungen. Für fast ein Jahrzehnt ruhte nun das Projekt, bis König Alfonso V. dessen Fortführung in private Hände gab. Dem Kaufmann Fernão Gomes wurde ein fünfjähriges Monopol auf den Handel an der westafrikanischen Küste erteilt, das mit der Auflage verbunden war, jedes Jahr weiteres Land entlang der Küste für Portugal zu erschließen. Der von Sierra Leone an stetig ostwärts gerichtete Küstenverlauf musste die Hoffnung nähren, der Südspitze Afrikas nahe zu sein und den Kontinent noch vor Erreichen des Äquators umschiffen zu können. Als Gomes' Schiffe aber in die Kamerun-Bucht vorangekommen waren und sich der Küstenverlauf wieder scharf nach Süden wendete, zerplatzte die Hoffnung auf einen kurzen Weg nach Indien. Wie sich später zeigte, war kaum die Hälfte des für eine Umschiffung Afrikas notwendigen Wegs Richtung Süden zurückgelegt worden. Erst 1488/89 sollte Bartolomeu Dias Afrikas Südspitze erreichen, und weitere zehn Jahre sollten vergehen, bis Vasco da Gama auf diesem Weg nach Indien gelangte und mit Gewürzen und anderen Reichtümern nach Lissabon zurückkehrte.

Einer der Kapitäne, die in Gomes' Auftrag die Küste des Guinea-Golfs erkundeten, war Fernão do Póo. Er und seine Crew waren vermutlich die ersten Europäer, die den weithin übers Meer sichtbaren, mehr als 4000 Meter steil aufragenden Kamerunberg erblickten. Und sie waren es wohl auch, die 1471 oder 1472 als Erste in das weitläufige Wouri-Ästuar eindrangen und dabei zufällig Zeugen eines sehr seltenen Naturschauspiels wurden. Bei ihrer Annäherung an das Land segelten die portugiesischen Karavellen viele Meilen durch das Brackwasser, an dessen brodelnder Oberfläche sich Abermillionen von Krebsen (portugiesisch: *camarões*) tummelten. Unter diesem Eindruck gaben die Entdecker der nördlichen Landspitze des Ästuars den Namen *Cabo dos camarões* (Kap der Krebse) und nannten den hier mündenden Fluss *Rio dos camarões* (Krebsfluss). Andere seefahrende Nationen und die wechselnden Kolonialherren der Gegend, zu denen zwischen 1884 und 1916 auch die Deutschen gehörten, haben diese Namen übernommen. Schon früh wurde er auch auf das angrenzende Territorium ausgedehnt. Durch ein Dekret des deutschen Gouverneurs wurde Kamerun 1901 offizielle Bezeichnung der damaligen deutschen Kolonie. Der seit 1961 unabhängige Staat Kamerun hat diesen Namen beibehalten (engl. *Cameroon*, franz. *Le Cameroun*), während der Kamerunfluss und Kamerun-Stadt heute die afrikanischen Namen Wouri und Douala tragen. Kamerun ist damit der einzige moderne Staat, der seinen Namen einem Krebs verdankt. Fast vierhundert Jahre sollten nach dessen erster Erwähnung durch die Portugiesen noch vergehen, bis dieses Tier 1861 von Adam White wissenschaftlich beschrieben wurde.

Viele europäische Reisende, Kolonialbeamte, Ingenieure und Händler haben vor allem im 19. Jahrhundert als unmittelbare Zeugen oder vom Hörensagen über das periodische Massenauftreten eines Krebses im Wouri-Ästuar und die große Bedeutung dieser Tiere für die Volkskultur berichtet. Unter ihnen der deutsche Arzt und Zoologe Reinhold Buchholz und die britische Afrika-Reisende Mary Kingsley.

Reinhold Wilhelm Buchholz (1837–1876) führte ein kurzes Forscherleben von beispielloser Tragik.[5] Als Schiffsarzt und Zoologe mit Krebsen als Forschungsschwerpunkt nahm er auf dem Segelschiff *Hansa* an der Zweiten Deutschen Nordpolarexpedition unter Kapitän Koldewey teil, die am 15. Juni 1869 in Anwesenheit König Wilhelms und Bismarcks Bremerhaven verließ, um die nordöstliche Küste Grönlands zu erforschen. Wegen Eispressungen musste die *Hansa* aufgegeben werden und die Besatzung sich mit den Beibooten und Teilen des Proviants auf eine große Eisscholle retten. Mehr als zweihundert Tage kämpften die Männer dort in der Polarnacht um ihr Leben, während die Scholle nach Süden driftete und mehr und mehr zerfiel. Schließlich mussten die Schiffbrüchigen die Beiboote besteigen und mit letzter Kraft versuchen, weiter nach Süden zu gelangen. Nach fünf langen Wochen erreichten die Boote eine Missionsstation der Herrnhuter Brüdergemeinde an der Südspitze Grönlands.

Trotz dieser albtraumhaften Erfahrung begab Buchholz sich schon zwei Jahre später erneut auf eine gefahrvolle Forschungsreise (1872–1875). Im tropischen Westafrika wurde seine Arbeit immer wieder von Fieberanfällen, Parasitenplagen und Stammesfehden unterbrochen. Auf der Rückreise wurde Buchholz erneut in ein Drama verwickelt: Mit Maschinenschaden trieb das Schiff zwei Wochen lang manövrierunfähig vor der afrikanischen Küste, bis es von einem Postschiff entdeckt wurde. Anders als im Fall der Polarexpedition war diesmal jedoch das wertvolle Sammlungsmaterial des Forschers gerettet worden. Für dessen Bearbeitung blieb Buchholz aber kaum noch Zeit. Im Alter von neununddreißig Jahren starb er an den Folgen von Krankheiten, die er sich in Afrika zugezogen hatte.

Buchholz' Aufzeichnungen wurden einige Jahre später von seinem Jugendfreund Carl Heinersdorff veröffentlicht.[6] Danach hatte der Forscher von Mitarbeitern einer deutschen Handelsniederlassung sowie von Einheimischen am Kamerunfluss erfahren, dass alle drei bis vier Jahre ungeheure Mengen an seltsamen »kleinen Fischen« für kurze Zeit im Fluss erscheinen. Ein erneutes massenhaftes Auftreten war für September/Oktober 1874 erwartet worden. Als Buchholz aber wieder am Kamerunfluss eintraf, hatte er das Ereignis soeben verpasst. Seine Gastgeber hatten jedoch einige Exemplare für ihn konserviert, die er als Maulwurfskrebse identifizierte.

Mary Henrietta Kingsley (1862–1900) ist in England eine nationale Legende. In der Bibliothek ihres Vaters, der als Arzt fast ständig in fernen Ländern des Empires unterwegs war, fand sie das Thema ihres Lebens: die Natur und die Menschen Afrikas. Entgegen damaliger gesellschaftlicher Konvention brach sie 1892 als Frau allein zu einer Reise ins tropische Westafrika auf. Dabei drang sie in Urwaldgebiete vor, deren Bewohnerinnen und Bewohner Europäern zuvor nur vom Hörensagen bekannt waren. Ihr Mut und verständnisvoller Umgang mit den heimischen Bevölkerungsgruppen ließ sie unzählige Gefahren überstehen. Von einer zweiten Reise 1895 brachte sie umfangreiche ethnografische Aufzeichnungen und wertvolles zoologisches Sammlungsmaterial für das Britische Museum mit nach London.

Durch ihren 1897 erschienenen Reisebericht *Travels in West Africa* wurde Mary Kingsley gleichsam über Nacht in ihrer Heimat berühmt.[7] Wie Reinhold Buchholz hat auch Mary Kingsley das Massenschwärmen der Krebse nicht selbst erlebt, hat während ihres Aufenthalts in Westafrika aber immer wieder davon gehört, sich anhand verschiedener Quellen gründlich informiert und Notizen gemacht. So erfahren wir von ihr, dass die einheimische Bevölkerung verheerende Epidemien, die periodisch in ihren Siedlungen auftraten, mit dem Massenschwärmen der Krebse in Verbindung brachte. Anfang 1900 ging Mary Kingsley auf eine dritte Reise nach Afrika, um als Krankenschwester im Burenkrieg zu arbeiten. Dabei infizierte sie sich mit dem Typhuserreger und starb im Alter von nur siebenunddreißig Jahren.

Eine lebendige Beschreibung des Fangs der Tiere und der damit verbundenen Rituale lieferte als Augenzeuge der große französische Zoologe und Afrika-Forscher Théodore Monod (1902–2000).[8] Bis weit in das 20. Jahrhundert hinein war das Massenschwärmen der Krebse, das das Ende der Regenzeit ankündigte, Anlass eines ausgelassenen, mit religiösen Riten verbundenen Volksfests. Über Tage hin widmete sich die Bevölkerung dann dem Fang, dem Verzehr und der Verarbeitung der Krebse. Jede andere Tätigkeit ruhte; dies galt auch für Stammesfehden und persönliche Streitigkeiten. Soziale Unterschiede waren in dieser Zeit aufgehoben. Im Volksglauben galten die Krebse als Geschenk der Wassergeister *(mĕngú)* an alle Anwohner ohne Unterschied. Nach einer alten Überlieferung sollen die Menschen am Wasser einst von einer großen Hungersnot heimgesucht worden sein und mit Ritualen und Gebeten die Hilfe der Wassergeister erfleht haben, von denen man glaubte, sie hielten das Schicksal von Menschen und Tieren der Region in ihren Händen. Wie der Gott des Alten Testaments dem in der Wüste darbenden Volk Israel das Manna hatte vom Himmel fallen lassen, so schickten auch die Wassergeister den Betenden Hilfe: Eines Tages war der ganze Wouri-Fluss bedeckt mit Krebsen. Aus Dankbarkeit sollen die Stammesältesten verboten haben, mit dieser generösen Gottesgabe Handel zu treiben; jeder sollte von seinem Fang nur das behalten, was er für sich und seine Familie benötigte, das Übrige aber anderen überlassen.

Während der kurzen Massenschwärmzeit der Tiere versammelte sich die gesamte Bevölkerung Abend für Abend beim Licht von Fackeln, um die Tiere zu fangen. Verzögerte sich das Erscheinen der Krebse, galt dies als Zeichen, dass die erzürnten Wassergeister die Tiere gefangen hielten und durch Opfergaben milde gestimmt werden mussten. Der eigentliche Krebsfang war den Männern vorbehalten. Diese standen bis zur Hüfte im Wasser, schöpften die Tiere unter rhythmischen Bewegungen mit einfachen Körben oder bloßen Händen massenhaft aus dem Wasser und warfen sie in ihre kleinen Boote, die sich rasch füllten. Am Strand wurde der Fang dann von den Frauen übernommen. Verschiedene begleitende Rituale sollten einen erfolgreichen »Fischzug« garantieren. Heftiges Schwenken von Fackeln, lautes Beschwören der Wassergeister, Gesänge, Trommelwirbel und wilde Tänze versetzten die Beteiligten in eine kollektive Ekstase.

Ein nicht geringer Teil des Fangs wurde frisch gegessen, der Rest durch Räuchern für eine spätere Verwendung in Suppen und Soßen konserviert. Männliche Tiere wurden als direkte Nahrung verschmäht, da man ihnen nachsagte, den Rachen unangenehm zu reizen. Ganz ohne Verwendung blieben aber auch sie nicht: Aus ihren abgetrennten Hinterenden wurde ein Speiseöl herausgepresst. Wenn nach wenigen Tagen die Schwärmzeit der Tiere zu Ende ging, blieben ungeheure Mengen von Krebspanzern und nicht verwerteter Krebsteile zurück. Zu riesigen Haufen am Ufer aufgetürmt, verrotteten sie dort, während sich ein infernalischer Gestank über die gesamte Region legte.

Es waren aber nicht nur die Abfälle des ausschweifenden Festmahls, die am Strand verfaulten. Ein durchgehendes helles Band aus angeschwemmten toten, ausgeblichenen Krebsen säumte nach dem Ende des Massenschwärmens das Ästuar. Offensichtlich endeten

Wanderung und Schwärmen letztlich auch mit dem Tod jener Tiere, die nicht in die Fangkörbe der Fischer gelangt waren. Erstaunlicherweise sind die näheren Umstände der gewaltigen Krebswanderungen, ihre auslösenden Faktoren, ja selbst ihr genauer Zweck noch unbekannt, auch wenn ein Zusammenhang mit der Fortpflanzung sehr wahrscheinlich ist. Der ursprüngliche Lebensraum von Krebsen ist das Meer. Viele Arten, die wie die *Mbéa-towè* später zum Leben im Süßwasser übergegangen sind, haben die Verbindung zum Meer nie vollständig lösen können. Ihre Larven benötigen weiterhin ein zumindest leicht salziges Milieu. Der Entwicklungszyklus der *Mbéa-towè* könnte in den Grundzügen dem der Chinesischen Wollhandkrabbe *(Eriocheir sinensis)* gleichen, auch wenn beide Arten nicht näher miteinander verwandt sind. Die Anfang des 20. Jahrhunderts aus ihrem chinesischen Ursprungsgebiet auch nach Europa verschleppte Wollhandkrabbe lebt fern des Meeres im Oberlauf von Flüssen. Mit beginnender Geschlechtsreife zieht es die Tiere aber flussabwärts an die Küste, wo sie sich paaren. Ihre Larven entwickeln sich im salzigen Küstenwasser und metamorphosieren dort schließlich zu Jungkrebsen, die wieder flussaufwärts wandern, während das Leben ihrer Eltern nach der Fortpflanzung dort endet, wo es einige Jahre zuvor begonnen hat.

Monods Bericht aus dem Jahr 1927 schildert eine Situation, wie sie wohl noch bis weit in das 20. Jahrhundert hinein am Wouri-Ästuar anzutreffen war. Heute erinnert jedoch kaum noch etwas an dieses frühere Naturschauspiel und kultische Großereignis. »Les mbéatowè sont de retour«, lautete zwar eine kurze Meldung in der *Cameroon Tribune* vom 29. August 2009, die vom Straßenverkauf der Krebse berichtete. Dies kann aber nicht darüber hinwegtäuschen, dass das Phänomen im heutigen Kamerun nahezu unbekannt ist. Das Gebiet um das Wouri-Ästuar mit der Metropole Douala ist heute der wirtschaftlich am stärksten entwickelte Teil Kameruns. Alte soziale Strukturen sind weitgehend zerfallen, althergebrachte Riten und Traditionen bei der sehr jungen Bevölkerung in Vergessenheit geraten. Eine unkontrollierte Urbanisierung und Industrialisierung der Region, in der 95 Prozent der Industrie Kameruns konzentriert sind, dazu eine unter exzessivem Einsatz von Pestiziden und Düngemitteln betriebene Landwirtschaft und die ungeklärten industriellen sowie kommunalen Abwässer von mehr als zwei Millionen Menschen haben das Wouri-Ästuar zu einem der am stärksten belasteten Gewässer der Erde werden lassen. Zwangsläufige Folge war der Niedergang des empfindlichen Ökosystems der Mangrovenwälder mit ihrer ehemals reichen Fauna und Flora. Künftige Generationen von Bewohnern der Wouri-Region werden somit kaum noch jenes großartige Schauspiel erleben können, dem ihr Land seinen Namen verdankt. Und möglicherweise wird nicht einmal mehr die Zeit bleiben, den noch ungelösten Rätseln des Massenschwärmens der *Mbéa-towè* nachzugehen.

6 UNVERHOFFTE KLEINE LEBENSRETTER

Die Polarregionen spielen eine bedeutende Rolle im Klimasystem der Erde. Es waren wagemutige Forscher im 18. und 19. Jahrhundert, die dies schon lange vor den Zeiten des Klimawandels erkannt haben. Im Jahr 1879, auf einer vom österreichischen Polarforscher Karl Weyprecht (1838–1881) angeregten Konferenz in Hamburg, vereinbarten zehn europäische Staaten und die USA, ein Erstes Internationales Polarjahr (1882/83) zu organisieren. Rund um das nördliche Polarmeer sollten vierzehn Forschungsstationen errichtet werden, um an ihnen ein ganzes Jahr lang kontinuierlich wissenschaftliche Messungen vorzunehmen. Weitere Internationale Polarjahre folgten 1932/33, 1957/58 sowie als bisher letztes 2007/2008.

Einer der Beiträge der USA zu diesem Projekt war die Lady Franklin Bay Expedition (1881–1884) in den hohen Norden Kanadas, die heute besser unter dem Namen ihres Leiters, Adolphus W. Greely (1844–1935), bekannt ist. Ende Juni 1881 wurden fünfundzwanzig Männer mit Versorgungsgütern für etwa eineinhalb Jahre an der Lady Franklin Bay im heutigen Territorium Nunavit, Kanada, abgesetzt. Die wertvollen Forschungsergebnisse dieser Expedition blieben lange Zeit überschattet von der menschlichen Katastrophe, in der die Unternehmung endete.[1] Ungünstiges Wetter und Inkompetenz offizieller Stellen führten dazu, dass die für den Sommer 1882 geplante Fahrt zur Versorgung der Expedition scheiterte. Als auch im Sommer 1883 kein Nachschub geliefert werden konnte, begann ein albtraumartiger Kampf der Männer um ihr Überleben. Die bereits geringen täglichen Zuteilungen aus den wenigen verbliebenen Vorräten mussten weiter reduziert werden. Und doch überlebten wie durch ein Wunder alle Expeditionsteilnehmer mit nur einer Ausnahme auch den dritten Winter. Nachdem Anfang April 1884 jedoch innerhalb nur einer Woche fünf Männer gestorben waren, wurden die täglichen Rationen wieder erhöht – und dies im Bewusstsein, dass die Vorräte so spätestens Mitte Mai erschöpft sein würden, ein rettendes Schiff aber frühestens Mitte Juni zu erwarten war.

Ein Hoffnungsschimmer zeigte sich, als im beginnenden arktischen Frühling eine neue Nahrungsquelle erschlossen werden konnte: kleine, nicht näher beschriebene Krebse (englisch *shrimps*). Von Mitte Mai an mussten die Männer ausschließlich von dem leben, was sie an Shrimps, Algen und Flechten am jeweiligen Tag mühevoll beschaffen konnten; Mitte Juni hatte schließlich niemand mehr die Kraft, das Zelt zu verlassen. Als am 23. Juni endlich eine Rettungsmannschaft das Lager erreichte, bot sich ihr dort ein erschütternder Anblick. Von den fünfundzwanzig Männern waren nur noch Greely und sechs seiner Crewmitglieder am Leben. Für die Männer, die ausgemergelt, apathisch und verwirrt in ihren Zelten ausgeharrt hatten, war es eine Rettung in gleichsam letzter Minute. Die anderen waren verhungert, erfroren, auf erfolgloser Jagd ertrunken oder, in einem Fall, wegen wiederholten Nahrungsdiebstahls auf Befehl Greelys exekutiert worden.

Mit einer großen Parade wurden die Überlebenden am 4. August 1884 in Portsmouth, New Hampshire, empfangen. »Cheering Arctic Heroes« titelte die *New York Times* am 5. August. Schon kursierten jedoch Gerüchte, die einen dunklen Schatten auf die Expedition warfen. Die Retter hatten die Überreste von zwölf Expeditionsteilnehmern sichergestellt. Nach behördlicher Anordnung sollten die Opfer ohne vorherige Öffnung der vernieteten Eisensärge in ihren Heimatorten bestattet werden. An einigen der Leichen waren Anzeichen eines möglichen Kannibalismus entdeckt worden. Der Versuch offizieller Stellen, dies geheim zu halten, blieb angesichts der großen Zahl der Mitwisser erfolglos. Die einschlägige Presse verbreitete nun Schreckensszenarien, nach denen während der letzten Wochen rohe Gewalt im Lager geherrscht hätte. Gerade noch als Helden gefeiert, waren die Rückkehrer nur eine Woche später »The Shame of the Nation« (*New York Times*, 13. August 1884). Aber so schnell, wie die Aufregung sich aufgeschaukelt hatte, so schnell verebbte sie auch wieder. In einer ausweglosen Notlage war es moralisch nicht zu verurteilen, das Fleisch Verstorbener zu verzehren. Weiter gehende Vorwürfe ließen sich nicht beweisen, und hinsichtlich des Exekutionsbefehls wurde Greely in einer offiziellen Untersuchung bescheinigt, rechtmäßig gehandelt zu haben.

Dem Polarforscher und Ernährungswissenschaftler Vilhjálmur Stefánsson (1879–1962) fiel auf, dass in den letzten Monaten vor der Rettung vor allem Expeditionsteilnehmer starben, und dies unerwartet plötzlich, die noch einen relativ guten körperlichen Allgemeinzustand aufwiesen. Stefánsson sah darin ein Indiz, dass diese Männer nicht verhungert, sondern an einer Proteinvergiftung gestorben waren.[2] Diese tritt innerhalb weniger Wochen ein, wenn Menschen zwar genügend Kalorien aufnehmen, aber mehr als etwa 45 Prozent des Bedarfs aus Proteinen stammt. Sind also ausgerechnet jene, die (vielleicht ohne Kenntnis der Überlebenden) das praktisch fettfreie Fleisch Verhungerter gegessen haben, aus genau diesem Grund vorzeitig zu Tode gekommen?

Sollten die Überlebenden, wie sie bis an ihr Lebensende immer wieder versicherten, tatsächlich kein Fleisch ihrer toten Kameraden verzehrt haben, wie konnten sie dann die letzten Wochen vor ihrer Rettung überleben? Die Shrimps wurden von Sergeant David L. Brainard beschafft. Dieser hat die Menge der von ihm zwischen März und Mitte Juni 1884 gefangenen Kleinkrebse später mit knapp 700 Kilogramm angegeben.[3] Auch wenn etwa ein Viertel der Masse aus unverdaulichem Chitin bestand, war dies ein bedeutender Beitrag, das Leben der Hungernden zu erhalten. Brainard hatte eine spezielle Fangeinrichtung für die Shrimps konstruiert: Ein Netz, das mit einem Köder versehen war, wurde durch einen Riss im Eis auf den nahen Meeresboden hinabgelassen. Nach einiger Zeit wurde das Netz eingeholt und der Köder entnommen; die darauf sitzenden Krebse wurden abgebürstet und in Eimern gesammelt. Bei Kälte und Nässe verbrachte Brainard auf diese Weise bis zu sieben Stunden täglich mit dem Fang der Tiere, wobei die Prozedur viele Male wiederholt wurde. An guten Tagen betrug die Ausbeute bis zu neunzehn Kilogramm, die dann zum Lager geschleppt werden mussten. Im Mittel waren es täglich knapp sieben Kilogramm Kleinkrebse, die der immer kleiner werdenden Zahl der Überlebenden bis etwa eine Woche vor ihrer Rettung zur Verfügung standen.

Über die Art und Herkunft der für einen solchen Fang notwendigen Menge an Ködern kann nur spekuliert werden. Bei den in den Expeditionsberichten nicht näher bezeichneten Shrimps muss es sich jedenfalls um aasfressende Flohkrebse (Amphipoden) aus dem Verwandtschaftskreis der Lysianassiden gehandelt haben (Abb. 14). Diese sind (mit Ausnahme einiger Riesenformen in der Tiefsee) zwar kaum zwei Zentimeter groß, treten aber in unvorstellbarer Menge gerade auch in den Gewässern der Polargebiete auf, in denen sie eine dominierende Rolle bei der raschen Beseitigung größerer Kadaver spielen. So wird selbst ein großer toter Fisch manchmal innerhalb eines einzigen Tages bis auf Knochen und Gräten aufgefressen. Ein totes Tier ist im Wasser nach kurzer Zeit von einer oft zentimeterdicken Schicht aus unzähligen Flohkrebsen umgeben, die sich mit ihren messerscharfen Mundwerkzeugen in den Kadaver hineinfressen. Forschungsreisende haben dieses Verhalten oftmals dazu benutzt, saubere Skelette für Sammlungsexemplare zu erhalten. Eine Tierleiche braucht dazu nur für kurze Zeit in einem feinmaschigen Käfig am Meeresboden den kleinen Krebsen überlassen zu werden.

Für die Köder-Fischerei sind diese Krebse eine wahre Plage, da sie ausgebrachte Köder schnell verzehren. Außer Aas können auch lebende Tiere attackiert werden, wenn sie in ihrer Beweglichkeit eingeschränkt sind (zum Beispiel Fische in Netzen, die zu lange am Meeresgrund liegen). Und in besonderen Situationen gilt dies selbst für den Menschen. Ein solcher Fall machte im Sommerloch 2017 die Runde in den Medien. Ein australischer Schüler wurde – ohne dies zunächst zu bemerken – Opfer der Beißattacken eines Flohkrebsschwarms. Er hatte am Meeresufer seine Beine zur Kühlung ins Wasser hängen lassen – vermutlich ganz in der Nähe eines verwesenden Kadavers, von dem die Aasfresser auch zum Angriff auf die Beine übergingen. Als das ahnungslose Opfer diese aus dem Wasser zog, waren Füße und Unterschenkel über und über mit stark blutenden Bisswunden bedeckt, ähnlich wie nach einem Piranha-Überfall.

Größere Kadaver fallen in Raum und Zeit sehr unregelmäßig an. Aasfresser müssen daher empfindliche Geruchsorgane besitzen und sehr mobil sein, um ihre Nahrung auch aus größerer Entfernung lokalisieren und rasch erreichen zu können, bevor Konkurrenten ihnen zuvorkommen. Sie müssen darüber hinaus fähig sein, schnell größere Mengen aufzunehmen und danach wieder längere Zeiträume ohne Nahrung auszukommen. All diese Anforderungen an erfolgreiche Aasfresser werden von vielen Flohkrebsen in idealer Weise erfüllt.

Ende der 1980er-Jahre wurde im Sankt-Lorenz-Ästuar, Kanada, damit begonnen, aasfressende Flohkrebse kommerziell zu befischen – allerdings nicht als Nahrung für den Menschen, sondern um sie als Fischfutter zu verwenden. Mit Resten der Fischverarbeitung als Köder wurden spezielle Fallen im Flachwasserbereich auf den Boden hinabgelassen und regelmäßig geleert. Je nach Ort und Jahreszeit konnten auf diese Weise zwischen 0,5 und 10 Kilogramm Krebse pro Tag und Falle geerntet werden.[4]

In einer anderen Tragödie geschah, von den Handelnden unbestritten, genau das, was den Überlebenden der Greely-Expedition wohl fälschlich unterstellt wurde: Ein Mensch musste gewaltsam sterben, damit andere überlebten. Gemeinsam ist beiden Fällen, dass hier wie dort kleine Krebse auf eine unerwartete Weise zu Lebensrettern wurden. Es ist die Geschichte des Walfangschiffs *Essex* unter dem Kommando von Kapitän George Pollard aus dem neuenglischen Quäkerstädtchen Nantucket, der damaligen Hochburg des Walfangs.[5] Am 20. November 1820 wurde das Schiff in den Weiten des Pazifischen Ozeans, in Nähe des Äquators und etwa 4000 Kilometer vor der Küste Südamerikas, durch gezielte Rammstöße eines Pottwal-Bullen regelrecht versenkt. Herman Melville (1819–1891), der in jungen Jahren selbst als Schiffsjunge auf einem Walfänger den Pazifischen Ozean befahren hatte, ließ sich von diesem Ereignis zu seinem Roman *Moby Dick* (1851) inspirieren. Dieser erzählt von einem blindwütigen Rachefeldzug, den Kapitän Ahab mit dem Walfangschiff *Pequod* gegen einen weißen Wal führt, der ihn bei einem früheren Unternehmen zum Krüppel gemacht hat. Melvilles Roman endet mit dem Untergang der *Pequod* und somit dort, wo für die zwanzig Männer der versenkten *Essex* das eigentliche Martyrium begann.

Mit Teilen des Proviants, einem Trinkwasservorrat, einigen Waffen, Werkzeugen und Navigationsinstrumenten konnte sich die Mannschaft auf drei kleine offene Boote retten. Auf direktem Weg nach Südamerika zu gelangen war wegen der herrschenden Wind- und Strömungsverhältnisse unmöglich. Mit dem warmen Südäquatorstrom wären aber die polynesischen Inseln innerhalb von etwa dreißig Tagen erreichbar gewesen, ohne in Versorgungsprobleme zu geraten. Doch unter den Seeleuten grassierten Schauergeschichten über dort lebende Kannibalen. So kam es zu der fatalen Entscheidung, Südamerika auf indirektem Weg anzusteuern, das heißt zunächst gut 2000 Kilometer auf südlichen Kurs zu gehen, um dann auf etwa 25° südlicher Breite mithilfe der dort vorherrschenden Winde die südamerikanische Küste zu erreichen.

Von Beginn an war die Fahrt in den für hohen Seegang ungeeigneten Booten ein ständiger Kampf ums Überleben. Große Teile der Vorräte waren bald mit Salzwasser durchtränkt und ungenießbar. Nach vier Wochen hatten die Boote zwar fast 2000 Kilometer zurückgelegt, sich dabei aber noch weiter von Südamerika entfernt. Alle Versuche, sich aus dem Meer zu ernähren, blieben erfolglos, da die Boote sich mittlerweile in einer der unfruchtbarsten Regionen der Meere befanden. Es schien nur noch eine Frage weniger Tage, bis die ersten Toten zu beklagen gewesen wären. Als jedoch einer der Männer sich zur Kühlung über die Bordwand hinaushängen ließ, machte er eine überraschende Entdeckung: Der gesamte Bootsrumpf war dicht mit kleinen, wohlschmeckenden »Muscheln« bewachsen. Große Mengen dieser Tiere wurden direkt verzehrt, die übrigen für künftige Mahlzeiten zurückgelegt.

Die kleinen »Muscheln« an den Bordwänden waren keine echten Muscheln, sondern stark modifizierte Krebse – die auf einem Untergrund festgewachsenen Entenmuscheln aus der Gruppe der Rankenfußkrebse, von denen in Kapitel 10 und 13 noch die Rede sein wird. Als Bewuchs an Schiffsrümpfen sind Entenmuscheln zwar häufige, aber eigentlich ausgesprochen unwillkommene blinde Passagiere, da sie den Fahrwiderstand erhöhen. Der ausgemergelten Mannschaft der *Essex* verhalfen sie jedoch unerwartet und gerade noch rechtzeitig zu einigen nahrhaften Mahlzeiten.

Etwa eine Woche nach der wundersamen Entenmuschel-Episode wurde von den Schiffbrüchigen der *Essex* am 20. Dezember 1820 die Koralleninsel Henderson gesichtet. Da das trostlose Eiland zwar Nahrung, aber keine verlässliche Versorgung mit Süßwasser bieten konnte, wurde die Fahrt nach einer Woche der Erholung mit neuem Proviant fortgesetzt. Drei der Männer allerdings wollten lieber auf der Insel zurückbleiben, als sich erneut den Torturen auf See auszusetzen. Sie hatten das bessere Los gewählt und wurden später gerettet.

Allmählich erreichten die Boote jene südlichen Breiten, in denen man mithilfe von Wind und Strömung Kurs auf die mehr als 3000 Kilometer entfernte südamerikanische Küste nehmen konnte. Doch schon bald wurde die Lage ähnlich kritisch wie kurz vor der Landung auf Henderson. Es kam zu ersten Todesfällen; die Leichname übergab man zunächst noch feierlich dem Meer. Als sich die Lage jedoch weiter verschärfte, sank die moralische Hemmschwelle, und die Körper der Verhungerten wurden zerlegt und verzehrt. Und schließlich wurde auch der letzte Schritt vollzogen: Ein Losverfahren entschied darüber, wer getötet werden sollte, um von den anderen verzehrt zu werden. In einem der Stürme riss der Kontakt zwischen den Booten. Eines blieb dauerhaft verschollen; die beiden anderen, geführt von Kapitän Pollard und dem Obermaat Owen Chase, wurden mit zwei und drei Überlebenden am 19. und 23. Februar 1821 vor der chilenischen Küste von anderen Schiffen entdeckt. Geistig verwirrt lagen die fast zu Skeletten abgemagerten und dehydrierten Überlebenden in ihren Booten zwischen zertrümmerten Menschenknochen, aus denen sie das Mark gesaugt hatten.

Bereits ein Jahr nach dem Ereignis veröffentlichte Owen Chase einen schonungslosen Bericht, der die *Essex*-Katastrophe zu einem der bekanntesten Schiffsunglücke des 19. Jahrhunderts machte.[6] Aus irrationaler Angst vor angeblich kannibalischen Polynesiern hatten die Schiffbrüchigen der *Essex* einen möglichen Kurs nach Westen ausgeschlagen, der das Desaster vielleicht verhindert hätte. Nun hatten die wenigen Geretteten nur dadurch überlebt, dass sie selbst untereinander zu Kannibalen geworden waren.

Nicht nur Herman Melville hat den Bericht des Obermaats Owen Chase gekannt und verwertet, sondern auch ein anderer Großer der nordamerikanischen Literatur, Edgar Allan Poe (1809–1849). In seiner Novelle *The Narrative of Arthur Gordon Pym of Nantucket* (1838) reiht sich ein grauenvoller Vorfall an den nächsten.[7] Pym wird als blinder Passagier Zeuge einer blutigen Meuterei, die niedergeschlagen wird, erlebt einen Schiffbruch im Sturm, quälenden Hunger und Durst sowie die Tötung eines durch Los zum Verzehr bestimmten Opfers. Die beiden letzten Überlebenden klammern sich schließlich, von gierigen Haien umlagert, an ein krängendes Wrack. Als dieses kentert und kieloben treibt, gehen die letzten Vorräte verloren. Mit äußerster Kraftanstrengung können die Schiffbrüchigen auf den Kiel des Wracks klettern, wo sie eine lebensrettende Entdeckung machen: Der Schiffsboden ist über und über mit Entenmuscheln bewachsen und bietet einen Nahrungsvorrat, »den wir, bei verständigem Gebrauch, binnen Monatsfrist nicht hätten erschöpfen können«[8]. In der *Essex*-Geschichte folgt der Entenmuschel-Episode die nur scheinbare Rettung der Schiffbrüchigen auf der Insel Henderson; auch in Poes Novelle werden die beiden Überlebenden wenige Tage später – und ebenfalls nur vorerst – von einem Schiff gerettet.

Wohl den meisten, die in den 1950er-Jahren jung waren, hat sich das Unternehmen *Kon-Tiki*, millionenfach in unzähligen Buchausgaben sowie einem oscarprämierten Dokumentarfilm verbreitet, als Synonym für Wagemut und Abenteuerlust unvergesslich eingeprägt. Auf einem mit einfachsten technischen Mitteln, aus Balsaholz, Bambus und Hanfseilen selbst gebauten Floß hatten sich sechs mutige Männer Wind und Strömungen des Pazifischen Ozeans ausgesetzt und auf eine 8000 Kilometer lange Reise von Südamerika zu den polynesischen Inseln begeben. Der norwegische Ethnologe und Abenteurer Thor Heyerdahl (1914–2002) wollte mit diesem waghalsigen Unternehmen seine Hypothese stützen, nach der die polynesischen Inseln nicht vom asiatischen Raum – so die klassische und heute durch moderne populationsgenetische Untersuchungen auch als bewiesen geltende Auffassung[9] –, sondern von Südamerika aus besiedelt worden waren. Von den herrschenden Strömungen stetig in Richtung Westen getrieben, erreichten Floß und Besatzung allen Warnungen zum Trotz nach gut drei Monaten ihr Ziel. Sie hatten jenen Kurs genommen, den auch die Schiffbrüchigen der *Essex* zwar erwogen, zu ihrem Unglück aber aus Angst vor Kannibalen verworfen hatten.

Anders als die Schiffbrüchigen waren die Männer der *Kon-Tiki* zwar gut mit Nahrungsvorräten ausgestattet, hätten sich – wie sich bald zeigte – aber auch ausschließlich aus den fischreichen Gewässern ernähren können. Wie am Rumpf der Walfangboote wuchsen zudem auch am Floß Entenmuscheln. Den *Essex*-Männern hatten sie in höchster Not einmalig zu einigen ausgiebigen Mahlzeiten verholfen, den Männern der *Kon-Tiki* boten sie wiederholt eine frische und delikate Speise zusätzlich zu dem auch sonst schon reichlichen Angebot aus dem Meer. Und während die Tiere vom Floß für den Suppentopf gepflückt wurden, wuchsen im warmen und nahrungsreichen Wasser bei ständigem Larvenbefall bereits die nächsten Entenmuscheln am Floß rasch heran.[10]

Kleinkrebse sind nicht gerade die gängige Form, in der Krebse uns als Nahrung dienen. Begehrt sind vor allem jene vom oberen Ende des Größenspektrums. Im Fall von Hummern und Langusten bietet schon ein einziges Exemplar meist mehr Fleisch, als für eine sättigende Mahlzeit erforderlich ist. Von Flusskrebsen, Riesengarnelen oder Krabben wird man dagegen schon mehrere Tiere zerlegen müssen, um satt zu werden. Und bei kleinen Garnelen (den »Krabben« unserer Küchensprache) muss schließlich eine große Anzahl ausgleichen, was selbst einige Dutzend Individuen ihrer geringen Körpergröße wegen nicht vermögen. Aber auch noch kleinere Krebse können, sofern sie hinreichend zahlreich auftreten, einen Beitrag zur Ernährung von Menschen leisten. Nur ein bis zwei Zentimeter groß – und damit von ähnlicher Größe wie die Flohkrebse, denen einige Mitglieder der Greely-Expedition wohl ihr Überleben verdankten – sind die Glaskrebse (Mysidacea), die als Dauerschwimmer große Schwärme in Küstennähe bilden. Von Indien bis Japan werden sie seit Jahrhunderten zum menschlichen Verzehr gefangen. Verkauft werden die Tiere meist gesalzen und an der Sonne getrocknet. In Indonesien findet man die Tiere auch eingebacken in frittierte Reismehl-Pfannkuchen (Peyek). Nahezu unersetzlich ist in der indonesischen Küche eine Gewürzpaste (Terasi), die in einem langwierigen Verarbeitungsprozess aus Glaskrebsen gewonnen wird und zum Abschmecken von Speisen aller Art dient.

Einen vergleichbaren Fall bildet ein in Nordafrika unter dem Namen Fessan-Wurm bekannter, ein bis zwei Zentimeter langer Kleinkrebs, der in den Salzseen der Sahara insbesondere im Frühjahr nach Regenfällen massenhaft auftritt. Von den Bewohnern der libyschen Region Fessan wurden die Tiere bis in die jüngere Zeit als Fleischersatz mit Netzen gefangen und mit Datteln zu einer Paste verarbeitet.[11] Hinter dem Namen verbirgt sich eine nordafrikanische Population des Salz- oder Salinenkrebses *Artemia* aus der Gruppe der Kiemenfußkrebse (Branchiopoda). Die größten natürlichen Vorkommen dieser Tiere gibt es im Großen Salzsee im US-Bundesstaat Utah, wo sie früher ebenfalls von der indigenen Bevölkerung verzehrt wurden. Kiemenfußkrebse sind Bewohner stehender Binnengewässer; viele von ihnen sind auf Extrembiotope spezialisiert, in denen sie dem Druck von Feinden und Konkurrenten weitgehend entzogen sind. Im Fall des Salzkrebses *Artemia* sind es Gewässer von extrem hohem Salzgehalt zwischen 4 und mehr als 20 Prozent (Meerwasser hat im Mittel einen Salzgehalt von etwa 3,5 Prozent). Wenn sich die Lebensbedingungen für die Tiere verschlechtern, entwickeln sich ihre Eier nicht direkt zu einer neuen Generation weiter, sondern gehen in einen Ruhezustand (Diapause) über. Die von einer derben Hülle umgebenen »Dauer-Eier« (eigentlich eingekapselte, ruhende Embryonen) treiben in ungeheuren Mengen an der Wasseroberfläche oder werden am Ufer angespült, wo sie abgefischt oder eingesammelt werden können. In trockenem Zustand bleiben sie viele Jahre lang keimfähig; sobald sie wieder mit Wasser in Kontakt kommen, wird die Entwicklung fortgesetzt, und innerhalb von achtundvierzig Stunden verlassen kleine Larven (Nauplien) die Zysten.

In den 1930er-Jahren erkannte man das große Potenzial von *Artemia*-Larven als Ersatz für natürliches Plankton in der Aufzucht von Fischlarven. Der hohe Nährwert und die stetige Verfügbarkeit aus ihren trockenen Zysten machen *Artemia*-Larven zu einem idealen Lebendfutter. Ohne ihren massenhaften Einsatz wäre der exponentielle Aufschwung der Aquakultur von Fischen und insbesondere Garnelen seit den 1970er-Jahren – mehr dazu in Kapitel 8 – nicht möglich gewesen.[12] Die etwa 4000 Tonnen Zysten, die heute jährlich gewonnen werden, stammen größtenteils aus den verschiedenen Salzgewässern auf allen Kontinenten; zunehmend kommen die Zysten aber auch aus speziellen Kulturen sowie aus küstennahen Verdunstungsbecken (»Salzgärten«), die der Gewinnung von Meersalz dienen. Über 80 Prozent der »Ernte« gelangen heute nach dem Schlupf als Lebendfutter in die Aufzucht von Garnelenlarven und damit indirekt auch in unsere Nahrung.

Bei Krebsen einer Körpergröße von nur ein bis zwei Zentimetern ist es kaum möglich, den verdaulichen Teil von dem für Menschen unverdaulichen Chitin zu trennen, das als reiner Ballaststoff praktisch unverändert unseren Darm passiert. Chitin kann bei Krebsen bis zu 30 Prozent der Körpersubstanz ausmachen. Dies gilt gerade auch für die Krebsarten am unteren Ende des Größenspektrums, deren Größe im Millimeterbereich liegt. Im Meer sind dies vor allem Vertreter der Ruderfußkrebse (Copepoden), die den Hauptteil des tierischen Planktons bilden; in unermesslicher Zahl treiben sie im Meer, ernähren sich vom noch kleineren pflanzlichen Plankton und sind ihrerseits wichtigster Teil der Kost vieler größerer Tiere. In einem mehrstufigen Nahrungssystem – von Pflanzenfressern (Primärkonsumenten) über Fleischfresser (Sekundärkonsumenten) erster, zweiter und höherer Ordnung – ernährt sich jede Art im typischen Fall von anderen, deren Individuen geringfügig kleiner, aber dafür häufiger sind, während sie selbst von solchen Arten gefressen wird, deren Individuen etwas größer, aber auch seltener sind. Auf jeder Stufe des Systems gehen dabei bis zu 90 Prozent der Biomasse und Energie für eine Verwendung auf der nächsthöheren Stufe der Nahrungspyramide verloren. Ungewöhnlich große Tiere haben deshalb besondere Schwierigkeiten, sich kontinuierlich mit der notwendigen großen Menge an Nahrung zu versorgen. Die einfachste Lösung des Problems besteht darin, die Nahrungskette abzukürzen, wie es etwa die großen Bartenwale getan haben (vgl. Kapitel 8).

Systematische Versuche, Plankton in größerem Umfang für die menschliche Ernährung nutzbar zu machen, hat es bisher kaum gegeben. Dies führt noch einmal zurück zur Tragödie der *Essex*. In den meisten Meeresteilen müssten Schiffbrüchige nicht verhungern, wenn sie sich nicht allein auf Fischnetz, Angel oder Harpune verließen, sondern auch ein schlichtes Planktonnetz mit sich führten. Mag die einem solchen feinmaschigen Netz frisch entnommene Masse nach Aussehen und Geruch auch wenig zu einer Verkostung einladen, eine nahrhafte Speise wäre sie in jedem Fall. Aber würde eine solch salzige Kost nicht bei knappen Süßwasserreserven die Gefahr des Verdurstens erhöhen? Nicht unbedingt, denn quälender Durst bei starkem Schwitzen wird nicht nur durch den Wasserverlust, sondern ebenso durch den Verlust an Salzen hervorgerufen. Deshalb ist Süßwasser, das bis zu einem Drittel mit Meerwasser versetzt wird, ein besserer Durstlöscher als reines Süßwasser. Den alten Römern war dieses probate Mittel gegen den Durst wohlbekannt; sie haben ihre Weine meist verdünnt getrunken und – wenn möglich – Meerwasser zur Verdünnung benutzt.[13]

7 ZWISCHEN ARMELEUTEESSEN UND LUXUSSPEISE

Auf weniges haben Menschen mehr Energie und Einfallsreichtum verwandt als darauf, sich Nahrung zu beschaffen. Essen war aber immer mehr als die Befriedigung eines Grundbedürfnisses. Sokrates' Unterscheidung zwischen denen, die essen, um zu leben, und denen, die leben, um zu essen[1], ist zwar ein viel zitierter Aphorismus, verkennt aber, dass sich unser Verhältnis zum Essen ganz überwiegend zwischen diesen Extremen bewegt. Zwischen der reinen Befriedigung des Hungers und einer von jedem natürlichen Bedürfnis entkoppelten Völlerei gab es immer schon den Wunsch nach »guter« Nahrung und genussvollem Speisen. Gemeinschaftliches Essen, das Teilen von Nahrung und kulinarische Inszenierungen sind wichtiger Bestandteil sozialer Bindungsrituale. Im Unterschied dazu ist die Auswahl der Nahrung oft ein Mittel sozialer Distinktion. Einer Abgrenzung dienen auch manche religiöse Nahrungstabus und moderne Ernährungsweisen, mit denen die Zugehörigkeit zu einer Gruppe, Rechtgläubigkeit oder ein besonderes ökologisches Bewusstsein ausgedrückt werden.

Wohl kaum etwas von dem, was das Land, die Meere, Flüsse und Seen an grundsätzlich Essbarem hervorbringen, hat es nicht schon einmal mit dem »Allesfresser« Mensch zu tun bekommen. Zwei konträre Umstände haben Menschen immer wieder dazu getrieben, alles auf seine grundsätzliche Genießbarkeit und seinen kulinarischen

Wert hin zu erproben: Um schlicht zu überleben, waren Menschen in Not schon immer gezwungen, Gewohnheiten, Tabus und selbst Ekelgefühle zu überwinden. Am anderen Ende des Spektrums waren es die im Wohlstand Übersättigten, die aus purer Langeweile nach immer neuen und stärkeren Gaumenreizen verlangten. Als der römische Geschichtsschreiber Sallust (86–35 v. Chr.) Sittenverfall und Dekadenz der jugendlichen Demimonde um den Verschwörer Catilina geißelte, gehörte dazu auch der Vorwurf: »... nach Leckerbissen durchsuchte man alles zu Wasser und zu Lande.«[2] Und der Philosoph Seneca (ca. 4 v. Chr. – 65 n. Chr.) rief die Götter dazu auf, jene Sklaven eines vergötzten Gaumens zu vernichten, die die ganze Welt durchstöbern, nicht um ihren Hunger zu stillen, sondern um ihren Appetit anzuregen.[3]

Gemessen am vielseitigen Angebot, ist das Speisespektrum der meisten Menschen eher übersichtlich. Objektive Faktoren wie Verträglichkeit, ernährungsphysiologischer Wert und Beschaffungsaufwand bieten allein keine hinreichende Erklärung für die unterschiedliche Nutzung und Wertschätzung potenzieller Speisen. Eine bedeutende Rolle spielen Traditionen, die rational oft nicht erklärbar, im Bereich der Ernährung aber ausgesprochen zählebig sind. Als Nachkommen eingewanderter Viehhalter und Ackerbauern aus zentralasiatischen Steppengebieten, die ihre Bezeichnung für das Meer *(thalassa)* einer fremden Sprache entnehmen mussten, verhielten sich die Griechen des homerischen Zeitalters lange sehr reserviert gegenüber dem riesigen Nahrungsreservoir des Meeres. Erst spät lernten auch sie, diese Nahrung zu schätzen, ohne aber jene Leidenschaft für Meeresfrüchte zu entwickeln wie später die Römer. Gesalzener Thunfisch wurde zur wichtigsten Nahrung der einfachen Bevölkerung, und zur Zeit Alexanders des Großen waren Meerestiere auch fester Bestandteil von Festmahlen. Dabei standen vor allem Langusten, deren lokale Vorkommen von Aristoteles genau verzeichnet wurden, in hohem Ansehen.

Über Geschmack soll man bekanntlich nicht streiten, da sich diese Frage einer rationalen Betrachtung entzieht. Was den einen als Delikatesse gilt, lässt andere gleichgültig oder erregt sogar Ekelgefühle. Aber abgesehen von persönlichen Vorlieben und Abneigungen hat sich die Wertschätzung bestimmter Speisen über Zeit und Raum hinweg immer wieder grundlegend gewandelt. Speisen, die in manchen Regionen oder zu manchen Zeiten nur in allergrößter Not gegen den Hunger verzehrt wurden oder den armen Bevölkerungsschichten zur möglichst billigen Sättigung dienten, waren anderenorts oder zu anderen Zeiten Volksnahrung oder sogar eine nur den Wohlbetuchten vorbehaltene Luxusspeise. Eindrucksvoll illustriert wird dies durch die unterschiedliche und wechselnde Einstellung zum kulinarischen Wert des Hummers.

Gesegnet mit einem überwältigenden Reichtum an Meerestieren – so präsentierte sich die Küste der späteren Neuengland-Staaten und kanadischen Seeprovinzen den europäischen Entdeckern, Forschungsreisenden und Siedlern vom späten 15. bis ins frühe 17. Jahrhundert. Der Seefahrer John Cabot (ca. 1455–1500) sah sich dort im Jahr 1497 mit Kabeljauschwärmen einer solchen Dichte konfrontiert, dass diese seine Schiffe an der Weiterfahrt hinderten. Wie im Schlaraffenland konnte man die Tiere mit Körben aus dem Wasser fischen. George Waymouth (?–1607), der Erforscher des heutigen Maine, und Samuel de Champlain (ca. 1570–1635), der Gründer der ersten französischen Niederlassung in Nordamerika, berichteten, wie viele andere, von riesigen Muschelteppichen und kaum glaublichen Beständen an Hummern. Die im Flachwasser leicht zugänglichen und scheinbar unbegrenzt verfügbaren Krebse wurden von der indigenen Bevölkerung mit Speeren erlegt, mit beköderten Netzen gefangen, ganz überwiegend aber mit bloßen Händen ergriffen – und das nicht nur zum eigenen Verzehr. Hummer wurden auch an Nutztiere verfüttert und zur Düngung der ausgelaugten Böden ausgebracht, auf denen Mais, Bohnen und Kürbisse kultiviert wurden.

Es war aber nicht nur die immense Fülle, sondern ebenso die enorme Größe der Tiere, die Erstaunen hervorrief: mannsgroße Kabeljaue sowie Hummer von mehr als zwanzig Kilogramm.

Dennoch gerieten viele Kolonisten schon bald nach ihrer Ankunft in Existenznöte. Die etwa hundert Auswanderer (»Pilgerväter«), die 1620 mit der *Mayflower* Nordamerika erreichten, waren in ihrem puritanischen Glaubenseifer mehr schlecht als recht auf den ihnen bevorstehenden Überlebenskampf vorbereitet. Aus Tradition wollten die Siedler, die überwiegend aus dem binnenländischen Mittelengland stammten, nichts von dem überreichen Angebot an Meeresfrüchten vor ihrer Haustür wissen. Vor dem Hungertod bewahrte sie im ersten Winter nach ihrer Ankunft allein die Plünderung der Nahrungsvorräte der indigenen Bevölkerung. In einem der bedeutendsten Dokumente der europäischen Kolonisierung Nordamerikas beschrieb William Bradford (1590–1657), Passagier der *Mayflower* und langjähriger Gouverneur von Plymouth und Massachusetts, den Existenzkampf der Siedler und die Geschichte der Niederlassung.[4] Als im Jahr 1623 Gäste aus der alten Heimat erwartet wurden, befand sich die kleine Kolonie aus der Sicht ihrer Bewohner in einer solch verzweifelten Lage, dass Bradford beschämt einräumen musste, das Einzige, was man seinen Freunden anbieten könne, sei ein Hummer oder ein Stück Fisch.

Die Geringschätzung des Hummers als Nahrungsmittel sollte an der Nordostküste Amerikas noch Jahrhunderte andauern. Auch die Siedler begannen damit, die Tiere, die nach heftigen Stürmen oft in großen Mengen am Ufer angespült wurden, zum Düngen von Gärten und Feldern sowie zur Schweinemast zu verwenden. Als Speise waren sie nur für Waisen, Witwen, Gefangene und Dienstboten gut genug. Noch zu Beginn des 20. Jahrhunderts konnte man in manchen Gegenden der kanadischen Seeprovinzen die soziale Zugehörigkeit von Schulkindern am Belag ihrer Schulbrote erkennen: Die Brote der Kinder ärmerer Eltern waren mit Hummerfleisch belegt, die der Kinder aus besser situierten Familien mit teurer Erdnussbutter bestrichen.

Ein Imagewandel begann im 19. Jahrhundert. Etwa von 1840 an wurde der Hummerfang kommerziell betrieben, um eine von europäischen Einwanderern entfachte Nachfrage in den Metropolen des Landes zu befriedigen. Beispielhaft hierfür waren die berühmten *Lobster Palaces* am Broadway in New York. Gekühlt auf Eis, wurden lebende Hummer bald mit der Eisenbahn quer durch die USA transportiert. Auch in Dosen konserviert, kam Hummerfleisch in großem Umfang in den Handel. Als Antwort auf eine drohende Überfischung der Bestände führte man bereits Ende des 19. Jahrhunderts Schutzmaßnahmen ein, die dazu führten, dass die Hummeranlandungen in Maine über mehr als einhundert Jahre bei etwa 10 000 Tonnen jährlich stabil blieben. Um 1990 begann jedoch ein exponentieller Anstieg der Anlandungen, der zeitlich (und wohl auch ursächlich) mit einem weitgehenden Verschwinden des Kabeljaus, des wichtigsten Fressfeindes insbesondere der jungen Hummer, zusammenfiel. Heute sind Hummer ein lukratives *big business* im US-Bundesstaat Maine (etwa 46 000 Tonnen im Jahr 2019) und den angrenzenden kanadischen Seeprovinzen (etwa 90 000 Tonnen im Jahr 2019). Die von den frühen Siedlern so verachteten Tiere sind heute neben dem Tourismus wichtigster Wirtschaftszweig der Region. Lebend oder schockgefroren werden sie von hier in fast alle Teile der Welt versandt. Die zerklüftete Felsküste Maines mit ihren vielen Buchten wird heute geprägt durch allgegenwärtige Hummerboote, ganze Batterien von Fangkörben, farbige Bojen sowie die Meerwasserbecken, in denen gefangene Tiere vor ihrer Vermarktung aufbewahrt werden. Riesige Werbetafeln sowie Hummer-Kitsch jeder nur erdenklichen Art verfolgen den Besucher auf Schritt und Tritt. Alles dreht sich hier um Fang, Vermarktung und Verzehr des Hummers.

Niemals aber stand der Hummer in Nordamerika im Ruf von

Luxus, Dekadenz und Exklusivität. Verzehrt wird er dort eher selten im Rahmen gehobener Esskultur, sondern ganz überwiegend als preiswertes Fast Food für jedermann: Hummerfleisch als Burger, Sandwich oder auch Bestandteil von Nudelgerichten. Höhepunkt unter den traditionellen Hummeressen der Region ist das seit mehr als siebzig Jahren jährlich am ersten Augustwochenende stattfindende Maine Lobster Festival in der Kleinstadt Rockland, der selbst ernannten »Welthauptstadt des Hummerfangs«. Es ist eine einzige Feier des Hummers mit großer Parade und umfangreichem Rahmenprogramm – vor allem aber ist es ein »Hochamt« des massenhaften gemeinsamen Hummerverzehrs, zelebriert von Zehntausenden von Besucherinnen und Besuchern jährlich. Auf dem Festival 2004 wurden etwa zwölf Tonnen frisch gefangene Hummer innerhalb von drei Tagen in riesigen Kesseln lebendig gekocht und vertilgt. Der amerikanische Autor David Foster Wallace (1962–2008) hat 2003 für ein Gourmet-Magazin einen wenig schmeichelhaften Bericht über die Atmosphäre dieses Mega-Events zwischen Karneval und Oktoberfest verfasst und dabei – zur Empörung von Organisatoren und Besuchern – auch die Frage nach der moralischen Rechtfertigung der Tötungsprozedur gestellt.[5] Was den üppigen gemeinsamen Verzehr von Krebsen anbetrifft, ist Rockland aber mittlerweile eine übermächtige Konkurrenz erwachsen. Zu verschiedenen Krebs-Festivals sowie zum traditionellen Frühlingsfest kommen in China immer häufiger nicht nur Zehntausende, sondern Hunderttausende von Menschen zusammen, um gemeinsam riesige Mengen von Hummern und vor allem Flusskrebsen zu verzehren.

Von einer ganz anderen und dem Hummer zweifellos zuträglicheren Art der Verehrung im antiken Griechenland berichtet Claudius Aelianus (175–235 n. Chr.): Den Bewohnern der Kykladeninsel Serifos galt der Hummer (obgleich wohl eher die Languste gemeint war) als heilig und wurde nicht gegessen. Tiere, die den Fischern ins

Netz geraten waren, wurden an Ort und Stelle wieder ausgesetzt; aufgefundene tote Tiere wurden bestattet und betrauert.[6]

Wie in Nordamerika, so waren Hummer auch in nordeuropäischen Ländern bis in die jüngste Zeit alles andere als eine begehrte Speise, wobei der an der Ostküste Nordamerikas lebende Amerikanische Hummer *(Homarus americanus)* und der Europäische Hummer *(Homarus gammarus)* an den Küsten des nordöstlichen Atlantiks eigenständige, wenn auch sehr ähnliche Arten sind. Norwegischen Fischern galten sie sogar als Schädlinge, da sie ihnen die Fischnetze zerrissen und die Köder von den Fangleinen wegfraßen. Auch auf der Insel Helgoland, deren felsige Umgebung das einzige größere Hummervorkommen in der südöstlichen Nordsee beherbergt, sollen Fischer früher – einer wohl nicht ganz ernst zu nehmenden Überlieferung zufolge – Hummer nur zur Strafe dafür verzehrt haben, dass diese ihnen die Netze zerstörten. Zu Beginn des 17. Jahrhunderts wurden Hummer aber plötzlich zu einer beliebten und begehrten Speise und – wegen ihrer leuchtend roten Farbe im gekochten Zustand – zu attraktiven Schauobjekten auf den Tafeln europäischer Königs- und Fürstenhöfe sowie schließlich auch in den Häusern reicher Bürger, die die Lebensweise des Adels imitierten.

Die kommerzielle Hummerfischerei für den Export wurde nun zu einer lukrativen Unternehmung. Von der norwegischen Küste wurden Hummer in großem Umfang mit doppelbödigen Spezialschiffen, in deren unterer Kammer bis zu zwölftausend Tiere ständig von frischem Meerwasser umspült wurden, nach London und Amsterdam geliefert. Helgoländer Hummer wurden nach London und Hamburg gebracht. Paris deckte seinen Bedarf vorwiegend mit Tieren von der bretonischen Küste. In großen Hummerteichen, die in der Gezeitenzone etwa bei Roscoff eingerichtet wurden, bevorratete man zeitweise viele Tausend gefangene Hummer, bevor diese auf den Markt nach Paris gelangten. Anders als in Nordamerika

(Anlandungen 2019 etwa 160 000 Tonnen) ist der Hummer in Europa bei knappem Angebot (2019 etwa 5000 Tonnen) bis heute eine teure Luxusspeise geblieben, umweht vom Hauch der Dekadenz und des Snobismus, verpönt bei Tierschützern und moralisierenden Asketen. Als Luxusspeise betrachtet ihn auch der deutsche Steuergesetzgeber: Für Hummer (wie auch für Langusten, Austern, Kaviar und Schnecken) erhebt er nicht den für Lebensmittel üblichen reduzierten, sondern den vollen Mehrwertsteuersatz.

Wo der Verzehr von Hummern als etwas gilt, an dem man jene erkennt, die sich ein besseres Leben leisten können, tun Politiker in Demokratien gut daran, sich nicht bei einem solchen Mahl sehen oder sogar fotografieren zu lassen. Was bei Vertretern konservativer Parteien noch durchgehen mag, ist für solche des linken und grünen Spektrums tabu. In diese Falle tappte im Sommer 2017 die damalige EU-Abgeordnete der Partei Die Linke, Sahra Wagenknecht, die beim Hummeressen mit Parteifreunden fotografiert wurde, die Bilder dann – wohl in Vorahnung dessen, was auf sie zukommen könnte – löschen ließ und so den »Skandal« noch schlimmer machte. Den französischen Umweltminister François de Rugy zwang im Juli 2019 öffentlicher Druck in einer »Hummeraffäre« sogar zum Rücktritt. Den Vorwurf, opulente Gourmetessen mit Freunden und Bekannten auf Staatskosten abgerechnet zu haben, hätte der Minister wohl noch aussitzen können, als aber Fotos in sozialen Netzwerken erschienen, die aufgehäufte Hummer auf der Schlemmertafel zeigten, war sein Schicksal besiegelt.

Die Römer der späten Republik und der Kaiserzeit waren geradezu vernarrt in Meeresfrüchte jeder Art. Dabei standen die am Meeresufer leicht zu sammelnden Krabben nicht gerade hoch im Ansehen; sie bildeten oft den Brotersatz der armen Küstenbevölkerung. Ebenfalls eher vom ärmeren Volk verzehrt wurden die in großen Mengen in flachen Gewässern gefangenen kleinen Garnelen, die an Imbissständen lebendig über glühender Holzkohle geröstet wurden, während die umstehende Menge sich an den panischen Sprüngen der Tiere belustigte. Auch andere Krebse, die wie Fangschreckenkrebse, Seespinnen und Bärenkrebse heute auf mediterranen Fischmärkten angeboten werden, standen schon auf dem Speisezettel der Römer. Hummer spielen im Mittelmeer nur eine geringe Rolle, waren aber auch den Römern bekannt, die aus deren Fleisch, vermischt mit dem anderer Meerestiere und verfeinert mit verschiedenen Gewürzen, ihre »Meerwürste« *(isicia marina)* herstellten. Begehrte teure Delikatessen und daher den Wohlhabenden vorbehalten waren hingegen Langusten sowie die großen Garnelen, die den Fischern außerhalb der nahen Küstengewässer in die Netze gingen. Um auch während des Winters, wenn Seefahrt und Fischerei ruhten, die Versorgung mit luxuriösen Meeresfrüchten sicherzustellen, ließen sich manche reiche Römer am Meer künstliche, von Meerwasser durchflossene Teiche anlegen. Verschiedene Fische wie Meerbarben und Muränen, aber auch Austern und Krebse wurden hier gehalten und gemästet.

Die Schriften der zeitgenössischen Moralisten wie Cicero, Plinius, Seneca und Plutarch, die den Verfall der alten Sitten beklagten, sowie satirisch überspitzte Darstellungen wie etwa jene vom *Gastmahl des Trimalchio* im *Satiricon* des Petronius[7] haben der Nachwelt das Bild einer römischen Oberschicht hinterlassen, die seit der Spätzeit der Republik einer hemmungslosen Genusssucht frönte und diese auch ostentativ zur Schau stellte. Hierzu zählte die Inszenierung von Gastmahlen, mit denen Gäste ohne Rücksicht auf die Kosten mit üppigstem Tafelluxus beeindruckt werden sollten. Lucius Licinius Lucullus (117–56 v. Chr.) wurde zum Namengeber für erlesene Tafelfreuden. Er beendete eine erfolgreiche Karriere als Politiker und Feldherr, um sein Leben ganz der Kreation immer neuer Delikatessen zu widmen.

Nach der starken Ausweitung des römischen Herrschaftsbereichs im 1. Jahrhundert n. Chr. ließen sich wohlhabende Römer die ausgefallensten kulinarischen Spezialitäten von allen Ecken und Enden des Imperiums kommen. Ein gut organisiertes Handelsnetz sicherte diese Versorgung auch über weite Entfernungen. So wurden etwa aus dem baskischen Bayonne die für diese Region berühmten Langusten nach Rom gebracht. Die Römer verstanden es, Schnee und Eis als Kühlmittel auch bei höheren Temperaturen längere Zeit zu erhalten. Von der nordafrikanischen Küste wurden Entenmuscheln und von den Liparischen Inseln Hummer herbeigeschafft. In den Markthallen auf dem Trajansforum standen riesige Salz- und Süßwasserbecken, aus denen die vermögende Kundschaft bedient wurde. Diese zahlte jeden verlangten Preis für extrem seltene, schwer zu beschaffende Speisen mit exotischem Flair.

Marcus Gavius Apicius (ca. 25 v. Chr. – ca. 40 n. Chr.) hat es im Nachruhm zwar nicht in die Kategorie des Lucullus geschafft, für seine Zeitgenossen verkörperte er aber den Feinschmecker in höchster Vollendung. Plinius der Ältere (23/24–79 n. Chr.) nannte ihn einen »von Geburt an zu jeder Prasserei einfallsreichen Geist«.[8] Athenaios von Naukratis erzählte von ihm folgende Begebenheit[9]: Als Apicius erfuhr, es gäbe von seinen so innig geliebten Krebsen (vermutlich handelte es sich um große Garnelen, jedenfalls nicht um Austern, wie es – im Unterschied zum griechischen Original – in der deutschen Ausgabe heißt) an der Küste Afrikas größere Exemplare als in seiner Heimat Kampanien, ließ er umgehend ein Schiff ausrüsten und nahm Kosten sowie Unannehmlichkeiten einer langen Seereise auf sich, um sich selbst vor Ort davon zu überzeugen. Fischer, die die Kunde von seiner Ankunft vernommen hatten, kamen ihm mit ihren Booten entgegen, um ihm in der Hoffnung auf ein gutes Geschäft ihre Tiere anzubieten. Apicius musste enttäuscht feststellen, dass diese auch nicht größer waren als jene aus heimatlichen Gefilden. Daraufhin ließ er das Schiff umgehend wenden und trat die Rückfahrt an. Ein solches Leben musste konsequenterweise so enden, wie Seneca es berichtet hat: Von der Vorstellung gequält, seine finanziellen Mittel könnten nicht ausreichen, den gewohnten üppigen Lebenswandel bis an sein Ende zu bestreiten, nahm Apicius Gift und schied so aus dem Leben.[10]

Die einzigen Krebse, von denen wir sicher wissen, dass sie auch schon prähistorischen Menschengruppen als Nahrung dienten, sind Entenmuscheln, deren Kalkschalen in großen Mengen zusammen mit Muschelschalen bei Grabungen an küstennahen Siedlungsplätzen gefunden wurden. Die als Nahrung begehrten Arten gedeihen am besten an den schwer zugänglichen Stellen im Brandungsbereich von Steilklippen, wo die Tiere ständig von sauerstoff- und planktonreichem Wasser umspült werden. Diese Bedingungen finden wir insbesondere an der iberischen Atlantikküste. Auch wenn die »Ernte« der Tiere unter diesen Umständen oft hochgefährlich ist, waren Entenmuscheln über viele Jahrhunderte ein Armeleuteessen für die Küstenbevölkerung. Den Römern galten sie jedoch zeitweise als begehrte Luxusspeise, die sie sich eisgekühlt von der marokkanischen und südiberischen Küste nach Rom bringen ließen. Seit den 1970er-Jahren haben die Tiere als *Percebès* (wissenschaftlich: *Pollicipes pollicipes*) auch im heutigen Spanien und Portugal eine Karriere als teure Delikatesse gemacht. Gegessen wird der fleischige, ähnlich wie Hummerfleisch schmeckende Stiel, nachdem zuvor die chitinhaltige, zähe »Haut« entfernt wurde. Wagemutige »Muschelpflücker« *(perceberos)* im spanischen Galicien und an der portugiesischen Algarve sorgen für den Nachschub an frischen Tieren – manchmal unter Einsatz ihres Lebens, auch wenn sie heute ihrer Arbeit gesichert an verankerten Seilen und mit Neoprenanzug und Spezialstiefeln ausgerüstet nachgehen. Die ungestielten Verwandten der Entenmuscheln, die Seepocken (Balaniden), sind meist zu klein, um für den menschlichen Verzehr interessant zu sein. Zu den wenigen Ausnahmen zählt eine Art an der chilenischen Küste *(Austromegabalanus psittacus)*. Diese bis zu dreißig Zentimeter große Riesenseepocke ist unter dem Namen *Picoroco* ein geschätzter Teil der lokalen Küche; hier sind es der mächtige Schalenschließmuskel und die Geschlechtsdrüsen, die gegessen werden.

Den Weg von einer Allerweltsspeise zu einer heute geschätzten und gut bezahlten Delikatesse sind auch einige andere Krebse gegangen. In Venedig spielte die Strandkrabbe *Carcinus aestuarii* (die Mittelmeer-Verwandte der an nordwesteuropäischen Küsten allgegenwärtigen Gemeinen Strandkrabbe *Carcinus maenas*) über viele Jahrhunderte eine bedeutende Rolle. In den Kanälen und der Lagune fanden die Tiere gerade wegen der starken Belastung der Gewässer mit organischen Abfällen ideale Lebensbedingungen vor. Zum historischen Bild Venedigs gehören die zahlreichen öffentlichen Kessel auf den Plätzen der Stadt, in denen die Tiere gekocht und als billige Volksnahrung verkauft wurden. Besonders begehrt, aber auch teurer, waren die im Frühjahr und Herbst auftretenden frisch gehäuteten und daher noch völlig weichen Butterkrebse, die komplett verzehrt wurden. Als *Moleche* oder (im Dialekt der Stadt) *Moéche* werden sie heute, in einem Mehlmantel frittiert, als venezianische Spezialität hoch gehandelt.

Eine ähnliche Karriere hat auch eine amerikanische Krabbenart absolviert: Es handelt sich um die Blaue Schwimmkrabbe *Callinectes sapidus*, den »schönen Schwimmer«. An Amerikas Ostküste ist die Art von Maine bis nach Argentinien verbreitet, sie besiedelt in hohen Dichten aber vor allem die schlammigen Böden von Ästuarien und Buchten wie etwa die Chesapeake Bay zwischen Maryland und Virginia. Hier waren die Tiere schon für die indigenen Stämme der Gegend und später die ersten europäischen Siedler zu bestimmten Jahreszeiten eine wichtige Nahrungsquelle. Vor etwa 150 Jahren begann eine kommerzielle Nutzung der Tiere. Zentrum dieser bald bedeutendsten Krabbenfischerei an der Ostküste der USA war lange Zeit die Chesapeake Bay, aus der in manchen Jahren mehr als 50 000 Tonnen angelandet wurden, bis die Fangmengen einbrachen und Louisiana zum Hauptproduzenten wurde. Auch hier unterschied man früh zwischen *hard crabs* und *soft crabs*. Insbesondere an der Chesapeake Bay konzentriert man sich heute auf die Vermarktung der viel profitableren Butterkrebse, die fast den fünffachen Erlös erbringen. Zu diesem Zweck werden gefangene Krabben, die Anzeichen einer bevorstehenden Häutung zeigen *(peelers)*, in spezielle, unter ständiger Beobachtung stehende Tanks gesetzt, bis die Häutung vollzogen ist. Schockgefroren können die Tiere dann ganzjährig vermarktet werden. Mittlerweile wurde die Schwimmkrabbe auch nach Europa und Japan verschleppt, wo sie sich als invasive Art etabliert hat und auch kommerziell befischt wird.

Die Geschichte der wechselnden Wertschätzung des Hummers und weiterer Krebsarten hat zahlreiche Parallelen auch in anderen Tiergruppen, waren doch fast alle Luxusspeisen irgendwo oder irgendwann auch einmal typische Allerweltsspeisen oder sogar Armeleuteessen. Kaviar und Austern sind nur zwei von zahlreichen Beispielen hierfür. Doch was erhebt eine Speise in den Rang einer Delikatesse? Gourmets mögen von einem herausragenden kulinarischen Erlebnis schwärmen, das Prestige einer Speise wurde aber schon immer mehr durch andere Faktoren bestimmt. Dies zeigen bereits die häufigen und manchmal radikal gegenläufigen Statuswechsel, die sich durch die Geschichte fast aller Speisen ziehen, die jemals als Delikatesse galten. Alles, was im Übermaß vorhanden, leicht verfügbar und daher billig ist, scheint allein schon aus diesem Grund niemals eine Wertschätzung als Delikatesse zu genießen. Es bleibt bestenfalls ein Alltagsessen, das im Überangebot sogar Verdruss erzeugen kann. Erst ein hoher Preis, bedingt durch Seltenheit oder erschwerte Zugänglichkeit, sowie ein möglichst exotisches Flair machen eine Speise zum Luxus- und Prestigeprodukt, das sich zur Statuspräsentation und sozialen Distinktion eignet. Oft wird einem solchen Produkt auch noch eine (objektiv fast immer unbegründete) Wirkung als Aphrodisiakum nachgesagt. Kaum jemand ist gegen die Selbstsuggestion gefeit, die ihn glauben lässt, dass etwas, das er teuer erstanden hat, auch ein herausragendes Geschmackserlebnis vermittelt oder andere erhoffte Nebenwirkungen zeitigt. Ob eine Speise oder ein Wein – ein besonderer Wohlgeschmack stellt sich oft erst ein, wenn der Tester über deren hohen Preis informiert ist.

Lebenskluge und praktische Menschen haben diesen Zusammenhang schon immer erkannt. So verspottete etwa der römische Satiriker Juvenal (ca. 60–130 n. Chr.) jene Gourmets, denen immer das am besten schmecke, was gerade am teuersten ist.[11] Otto von Bismarck (1815–1898), deutscher Reichsgründer und Reichskanzler, hatte eine ausgesprochene Vorliebe für den »ordinären« Hering; sauer eingelegte Exemplare werden heute unter seinem Namen gehandelt. Während eines Besuchs bei Fischern soll er sinngemäß gesagt haben: Wenn der Hering so selten und teuer wäre wie der Hummer, gälte er mit Sicherheit in den höchsten Kreisen als Delikatesse, und die reichen Leute würden sich um ihn reißen.

8 KREBSE – EIN BEITRAG ZUR ERNÄHRUNG DER MENSCHHEIT?

Die Versorgung der Menschheit mit nachhaltig produzierten Lebensmitteln ist eines unserer dringendsten Probleme. Etwa 9 Prozent der Erdbevölkerung, also 700 Millionen Menschen, leiden unter akuter Unterernährung.[1] Dabei geht es nicht allein um einen Mangel an Kalorien, sondern mehr noch um eine Unterversorgung mit hochwertigen Proteinen und essenziellen Mikronährstoffen. Eine (noch) wachsende Bevölkerung, politische Konflikte und der Klimawandel machen eine Lösung des Problems immer schwieriger. Der grenzenlose Zukunftsoptimismus der 1950/60er-Jahre, in denen Vorstellungen von einer Welt kursierten, die statt der damals etwa 3,5 Milliarden sogar 64 Milliarden Menschen ernähren könnte, hat sich schon lange verflüchtigt.[2]

Mitte des 20. Jahrhunderts rückten die aquatischen Lebensräume vermehrt als mögliche Nahrungslieferanten ins Blickfeld. Insbesondere das Meer sollte mit seinen scheinbar unerschöpflichen Ressourcen einen wesentlich größeren Beitrag zur Versorgung einer wachsenden Bevölkerung mit hochwertigem Protein leisten. Das betraf in erster Linie Fische, aber auch »Schalentiere« (Krebse und Muscheln). Schon in der zweiten Hälfte des 19. Jahrhunderts waren allerdings in Großbritannien Befürchtungen laut geworden, eine zunehmende Fangtätigkeit könnte die wichtigsten Fischbestände gefährden. Als Mitglied der Royal Commission on the Sea Fisheries wies Thomas

Henry Huxley diese zurück. In seiner berühmten Eröffnungsansprache auf der Internationalen Fischerei-Ausstellung in London 1883 behauptete Huxley, die Bestände seien wegen ihrer ungeheuren Größe und Fruchtbarkeit niemals zu erschöpfen und die Verluste durch die Fischerei vernachlässigbar gegenüber der Vielzahl natürlicher bestandsmindernder Einflüsse.[3]

Ihre erschwerte Zugänglichkeit hat aquatische Ressourcen lange vor einer Übernutzung bewahrt. Der Niedergang der amerikanischen Hummerbestände durch Überfischung gegen Ende des 19. Jahrhunderts war eine frühe Warnung. Der amerikanische Biologe Francis Hobart Herrick (1858–1940) schrieb damals: »Hätte der Mensch einen ebenso leichten Zugang zu den unterseeischen Gebieten wie zu den Wäldern und Ebenen, könnte man sich leicht vorstellen, wie viel Verwüstung er anrichten würde.«[4] Der Beginn der industriellen Fischerei in den 1950er-Jahren änderte die Situation grundlegend. Mit leistungsfähigen Trawlern und moderner Ortungstechnik konnte der jährliche globale Fischereiertrag in nur zwei Jahrzehnten von etwa 20 Millionen Tonnen (1950) auf etwa 60 Millionen (1970) verdreifacht werden.[5] Ein Ende dieser Entwicklung schien nicht abzusehen, bis der Meeresbiologe John H. Ryther (1922–2006) 1969 die Vorstellung von einem Meer beendete, dem nahezu unbegrenzte Mengen an Nahrung entnommen werden könnten: Die pflanzliche Produktion der Ozeane, die Basis des marinen Nahrungssystems, ist durch die Verfügbarkeit von Nährstoffen und Licht begrenzt; hinzu kommen erhebliche Verluste an nutzbarer Biomasse in den aufeinander aufbauenden Stufen des Nahrungssystems. Nach Ryther lag der maximal vertretbare Ertrag einer Fischerei, die hauptsächlich den oberen Gliedern des Nahrungssystems nachstellt und deren Existenz nicht durch Raubbau gefährden will, bei einer Gesamtmenge von etwa 100 Millionen Tonnen pro Jahr.[6]

Als Mitte der 1980er-Jahre der globale jährliche Fangertrag aus den Weltmeeren auf über 80 Millionen Tonnen angestiegen war, hatte die marine Fischerei offensichtlich eine Grenze erreicht. Trotz steigenden Aufwands stagnieren seit dieser Zeit ihre Erträge. Eine nachhaltige Fischerei müsste ihre Fangmengen an ständig aktualisierte wissenschaftliche Bestandsschätzungen anpassen; müsste gegebenenfalls Schonzeiten einhalten; müsste möglichst selektiv hinsichtlich Art und Größe der gefangenen Tiere vorgehen, um unerwünschten Beifang zu reduzieren; und dürfte schließlich mit ihren Fangmethoden die Ökosysteme – und insbesondere die Meeresböden – nicht übermäßig beeinträchtigen. Die bisherigen Bewirtschaftungspläne zum Schutz der marinen Nahrungsressourcen waren offensichtlich nicht ausreichend, um eine selbstzerstörerische Fischereipraxis zu unterbinden. Weltweit gilt heute ein gutes Drittel der Bestände als überfischt.

Ein höherer Fischereiertrag wäre möglich, würden die kleineren, häufigeren und kurzlebigen Arten befischt, die tiefer im Nahrungssystem stehen. Wie ein hoher Nahrungsbedarf gedeckt werden kann, zeigen die großen Bartenwale an der Spitze einer extrem kurzen und daher besonders effizienten Nahrungskette. Ihre Hauptnahrung besteht aus Kleinkrebsen, die mit gigantischen Reusenapparaten aus dem Wasser herausgefiltert werden. In arktischen Gewässern handelt es sich vor allem um die immensen Mengen des nur wenige Millimeter großen Ruderfußkrebses *Calanus finmarchicus*, in den kalten Gewässern der südlichen Hemisphäre sind es die garnelenartigen Krill- oder Leuchtkrebse (Euphausiaceen) mit ihrem bedeutendsten Vertreter, dem Antarktischen Krill *Euphausia superba*. Diese bis zu sieben Zentimeter großen Tiere bilden als Dauerschwimmer ausgedehnte Schwärme mit manchmal mehr als 100 Millionen Individuen. Im Nahrungssystem der Antarktis kommt ihnen eine Schlüsselstellung zu: Sie ernähren sich als Filtrierer von Mikroalgen, deren Bestände während des antarktischen Sommers im nährstoffreichen Wasser geradezu explodieren, und bilden selbst wiederum die Hauptnahrung nicht nur der Bartenwale, sondern auch vieler anderer größerer Tiere (Pinguine, Robben, Seevögel und Fische). Lange Zeit war der Krill für den Menschen nur als Walnahrung von Interesse. Im Hinblick auf eine wachsende Weltbevölkerung musste aber zwangsläufig die Frage aufkommen, ob er nicht auch direkt vom Menschen als Proteinquelle genutzt werden könnte, die sich wegen der hohen Fruchtbarkeit und relativ kurzen Lebensdauer der Tiere rasch erneuert.

Mitte der 1960er-Jahre gab der britische Meeresbiologe Sir Alister Hardy (1896–1985) einen Ausblick auf die Fischerei des Jahres 1985, in dem er die sommerlichen Krillschwärme der antarktischen Gewässer als vom Menschen nutzbare Speicher von Sonnenenergie mit den Weizenfeldern gemäßigter Breiten verglich und die Vermutung äußerte: »Ich halte es für möglich, dass schon vor 1985 riesige, mit Dampf, Dieselmotoren oder Kernenergie angetriebene ›künstliche Wale‹ diese Planktonart in großen Mengen einsammeln, damit diese der Lebensmittelversorgung zuführt werden können.« Und weiter schrieb Hardy: »Bis zum Jahr 1985 wird der Krill vielleicht der bedeutendste Beitrag zur Ernährung des Menschen seit Beginn unseres Jahrhunderts geworden sein.«[7]

Auch in Deutschland wurde man auf den Krill aufmerksam. Über den Jahreswechsel 1975/76 führte die Bundesforschungsanstalt für Fischerei eine Krill-Expedition in antarktische Gewässer durch. In einer ersten Kurzmitteilung stellte man stolz fest: »Angesichts der erheblichen potenziellen Bedeutung dieser kleinen Krebse als Quelle tierischen Eiweißes für die menschliche Ernährung ist mit Befriedigung festzustellen, dass nach der Sowjetunion und Japan die Bundesrepublik Deutschland … das dritte Land ist, das sich der Entwicklung einer Krill-Fischerei zugewendet hat.«[8] Und nach ersten Tests gab man sich überzeugt, dass krillhaltige Produkte bald einen Beitrag zur Ernährung in Deutschland leisten werden.

Aus verschiedenen Gründen ist eine übermäßige Nutzung der Krillbestände bisher unterblieben. Die Vorstellung vom Krill als »Ernährer der Menschheit« war nicht die erste gescheiterte Nahrungsutopie und sollte auch nicht die letzte bleiben. Bald stellte sich heraus, dass die Bestände zunächst deutlich überschätzt worden waren. Neuere Bewertungen gehen von einem Gesamtbestand aus, der über die Jahre hin starken Schwankungen unterliegt und im Mittel etwa 400 Millionen Tonnen beträgt – bei einer jährlichen Produktivität von ähnlicher Größenordnung.[9] Ein beträchtlicher logistischer Aufwand macht eine kommerzielle Fangtätigkeit in antarktischen Gewässern nur bei hohen Verkaufserlösen profitabel. Dazu kommen Probleme der Aufarbeitung der Fänge: Die Tiere reichern in ihrem Außenskelett große Mengen von Fluoriden an. Die dabei erreichte Konzentration ist für den Menschen stark toxisch. Vor einem Verzehr müssten daher alle Skelettteile sorgfältig entfernt werden – und zwar unmittelbar nach dem Fang, weil die Fluoride danach schnell in das Muskelfleisch eindringen. Ein ähnliches Problem bereiten hochaktive und auch noch bei sehr tiefen Temperaturen wirksame Enzyme in der Mitteldarmdrüse der Tiere. Diese werden gleich nach dem Tod freigesetzt und führen zu rascher Verderbnis durch Selbstverdauung, die sich nur verhindern lässt, wenn das Muskelfleisch umgehend vom Magen-Darm-Trakt getrennt wird.

Seit 1982 setzt die Commission for the Conservation of Antarctic Marine Living Resources (CCAMLR) Fangquoten für die Krill-Fischerei fest, um deren Nachhaltigkeit angesichts der überragenden Bedeutung der Bestände für das antarktische Ökosystem zu gewährleisten. Derzeit ist die jährliche Fangmenge auf 620 000 Tonnen begrenzt.[10] Die dokumentierten jährlichen Fänge gelangen entweder als hochwertiges Tierfutter in die Aquakultur oder dienen der Deckung einer von einer geschäftstüchtigen Gesundheitsindustrie in den Wohlstandsgesellschaften entfachten Nachfrage nach Krill-Öl. Dieses wird wegen seines hohen Gehaltes an essenziellen Fettsäuren und Antioxidantien mit Millionenumsätzen als (bei normaler Ernährung überflüssiges) »Nahrungsergänzungsmittel« vertrieben.

Als Mitte der 1980er-Jahre die Fangerträge aus dem oberen Bereich des marinen Nahrungssystems trotz höheren Aufwands nicht mehr zu steigern oder sogar rückläufig waren, richtete sich das Interesse auf eine an die Methoden der landwirtschaftlichen Tierproduktion angelehnte Aquakultur. Lange Zeit hatte sich der Mensch gegenüber den Ressourcen der aquatischen Lebensräume fast ausschließlich als Jäger, Fallensteller und Sammler betätigt. Begleitet von einer intensiven Forschungstätigkeit, begann eine rasche Expansion des Aquakultursektors, der in künstlichen Anlagen unter kontrollierten Bedingungen immer größere Mengen an hochwertigem Protein produzierte. Die Steigerung des globalen jährlichen Ertrags an aquatischen Tieren von etwa 80 Millionen Tonnen im Jahr 1985 auf fast 180 Millionen Tonnen im Jahr 2018 ging fast ausschließlich auf das Konto der Aquakultur. Kamen 1985 gerade einmal etwa 7 Prozent der für den menschlichen Verzehr verwendeten aquatischen Tiere aus Aquakulturen, so beträgt dieser Anteil mittlerweile mehr als 50 Prozent.

Welchen Beitrag zur menschlichen Ernährung könnten Krebse – aus Fischerei und Aquakultur – leisten? An den Küsten der Meere, in Sumpfgebieten und an den Ufern von Süßgewässern haben Krebse wohl schon immer zur Versorgung von Menschen mit tierischem Protein beigetragen. An den Meeresküsten waren es vor allem Krabben, die im flachen Wasser in großer Zahl gesammelt und dann verzehrt wurden. Die Bewohner einiger abgelegener ozeanischer Inseln wie Juan Fernández und Tristan da Cunha scheinen ihren Proteinbedarf lange Zeit sogar hauptsächlich durch den Verzehr von Langusten gedeckt zu haben. Heute werden Hunderte von Krebsarten – wenngleich viele nur in lokalem Rahmen – von Menschen verzehrt. Grundsätzlich scheinen sogar alle Krebse (aber weniger als 1 Prozent der Fischarten) für den menschlichen Konsum geeignet zu sein. Aktiv giftige oder unbekömmliche Arten sind von Kebsen nicht bekannt. Vergiftungserscheinungen, die in seltenen Fällen vor allem im indopazifischen Raum nach dem Verzehr mancher Krabben auftreten, werden durch Toxine verursacht, die von den Tieren mit der Nahrung aufgenommen werden. Durch den Verzehr von rohen Süßwasserkrabben und Flusskrebsen, wie er vor allem in Südostasien verbreitet ist, können Menschen sich mit dem Lungenparasiten *Paragonimus* infizieren (mehr dazu in Kapitel 13). Ansonsten gehen eventuelle gesundheitliche Probleme fast immer auf verdorbenes Krebsfleisch oder eine allergische Reaktion zurück. Im *Codex Alimentarius* der WHO werden Krebs-Proteine zu den acht bedeutendsten Nahrungsallergenen gezählt; bei 1 bis 2 Prozent der Erwachsenen sollen sie Reaktionen von leichtem Hautausschlag bis zu einem lebensbedrohlichen allergischen Schock auslösen.

Krebsfleisch gilt als physiologisch besonders wertvoll: Es besteht aus fast reinem Protein mit einem hohen Anteil an essenziellen Aminosäuren, ist reich an verschiedenen Mikronährstoffen und arm an Fetten und Kohlenhydraten. Ein Nachteil, den Krebse mit Fischen teilen, ist ihre leichte Verderblichkeit. Schneller noch als Fische entwickeln selbst gekochte Krebse einen stechenden Verwesungsgeruch. Die hiervon ausgehende gesundheitliche Gefahr war frühzeitig bekannt; so schrieb etwa Conrad Gessner im Jahr 1558: »*Sponte mortuus cancer prorsus abdicandus est*« (Ein von selbst gestorbener Krebs soll vollständig verworfen werden).[11] Vor der Erfindung der industriellen Eisproduktion und der Tiefkühltechnik waren der Nutzung von Fischen und Krebsen somit enge Grenzen gesetzt. Der Verzehr von frischem Fisch war auf die nähere Umgebung der Fangplätze beschränkt. Allerdings kannte man schon früh Methoden wie das Räuchern, Dörren oder Pökeln, mit denen Fische dauerhaft haltbar gemacht und so auch als Handelsgut über weite Strecken transportiert werden konnten.

Für Krebse gab es solche Methoden nicht. Anders als Fische konnte man sie jedoch nach dem Fang einige Tage ohne größere Verluste am Leben erhalten und so auch transportieren. Allerdings nicht in Wasser, in dem sie (wie Fische) rasch an Sauerstoffmangel zugrunde gehen, sondern in einer mit Wasserdampf gesättigten Atmosphäre zwischen feuchtem Stroh, Gras oder Sägespänen. Während die zarten Kiemenblättchen der Fische außerhalb des Wassers miteinander verkleben und dadurch einen raschen Erstickungstod herbeiführen, behalten diejenigen der Krebse wegen einer gewissen Steifigkeit ihre Position und können – solange sie von einem dünnen Wasserfilm überzogen bleiben – die Atmung aus der Luft aufrechterhalten. So gelang es schon den Römern, die berühmten Langusten der Biskaya, vermutlich mit Schnee oder Eis gekühlt, lebend nach Rom zu bringen. Heute können Krebse dank moderner Kühltechnik und schneller Verkehrsverbindungen in kürzester Zeit von ihren Fangplätzen oder Zuchtanlagen an nahezu jeden Ort geliefert werden, wo sie dann erst unmittelbar vor dem Verzehr getötet werden. Weit über 90 Prozent der gehandelten Krebse gelangen heute aber nicht mehr lebend oder frisch getötet (und danach auf Eis gekühlt) zum Verkauf, sondern kommen schockgefrostet und tiefgefroren auf den Markt. Eine Sonderrolle spielt hier Japan, ein Land, in dem kein Ort mehr als 150 Kilometer von einer Küste entfernt liegt: Hier verlangen die Konsumenten traditionell nach frischen Meeresfrüchten und betrachten Tiefkühlkost als minderwertig.

Die vor allem in tropischen Ländern zur Selbstversorgung gefangenen oder auch in einfachen Anlagen kleinbäuerlicher Betriebe produzierten Krebse fehlen in offiziellen Statistiken, leisten aber wohl in der Summe einen nicht unerheblichen Beitrag zur regionalen Eiweißversorgung. Laut den auf amtlichen Angaben beruhenden jährlichen Statistiken der Welternährungsorganisation FAO zur kommerziellen Produktion von Krebsen betrug 2018 der mengenmäßige Anteil von Krebsen an dem globalen Ertrag aquatischer Tiere (Summe aus Freilandfängen und Aquakulturerzeugnissen) etwa 9 Prozent (etwa 16 von 180 Millionen Tonnen), ihr Anteil am

Handelswert aber fast 25 Prozent (etwa 100 von 400 Milliarden US-Dollar). Auf Garnelen entfielen mengenmäßig etwa 60 Prozent der weltweit gehandelten Krebse, auf Flusskrebse und Süßwasserkrabben 20 Prozent und auf marine Krabben 13 Prozent. Andere Krebse wie Hummer, Langusten, Königskrabben und Furchenkrebse waren mit zusammen nur etwa 7 Prozent quantitativ von geringer Bedeutung. Doch in jedem Fall sind Krebse überdurchschnittlich gut bezahlte Nahrungsmittel. Es überrascht deshalb nicht, dass nicht nur die Fischereirechte für Fische, sondern auch jene für Krebse wiederholt Gegenstand heftiger Auseinandersetzungen zwischen Staaten waren. Beispiele hierfür sind der Streit zwischen Frankreich und Italien um den Fang der Roten Riesengarnelen im Mittelmeer und jener zwischen der EU und Norwegen um den Fang der Schneekrabben im Gebiet um Spitzbergen.

Fast immer, wenn eine Art intensiv befischt wurde, zeigten selbst scheinbar unerschöpfliche Bestände bald Anzeichen einer Überfischung und teils dramatische Einbrüche im Fangergebnis. Dies machte Schutzmaßnahmen notwendig, die bis zu einem zeitweiligen Fangverbot reichten und dennoch nicht immer zu einer Erholung der Bestände führten. Ein eindrucksvolles Beispiel einer solchen Entwicklung bildet die Königskrabben-Fischerei im nördlichen Pazifik und dem Beringmeer. Die begehrte Rote Königskrabbe oder Kamtschatka-Krabbe *(Paralithodes camtchaticus)* mit einer Beinspannweite von bis zu 180 Zentimetern und einer Masse von bis zu dreizehn Kilogramm ist keine »echte« Krabbe (Brachyura), sondern gehört in die Verwandtschaft der Einsiedlerkrebse. Sie wird seit den 1950er-Jahren kommerziell befischt. Dies geschieht durch wagemutige Fischer, die während einer kurzen Fangsaison im stürmischen Winter beköderte Fangkörbe auf dem Meeresboden aussetzen und wieder einholen. Nach einem Aufschwung, der im Jahr 1966 mit angelandeten Tieren von mehr als 70 000 Tonnen ihren Höhepunkt erreichte, brachen die Fangergebnisse in kurzer Zeit auf weniger als ein Zehntel dieses Werts ein. Alle nachfolgenden Maßnahmen haben diese Situation nicht deutlich verbessern können – eine Erfahrung, die auch die Fischerei auf die Antarktische Königskrabbe *Lithodes santolla* im südlichen Südamerika machen musste. Als die Kamtschatka-Krabbe allerdings von russischen Fischereiexperten in der Barentssee bei Murmansk mit der Absicht angesiedelt wurde, eine zusätzliche Fischereiressource im europäischen Eismeer zu etablieren, breitete sie sich als invasive Art nach Osten und Westen aus und wird heute im nördlichen Norwegen und Russland mit jährlichen Erträgen von fast 30 000 Tonnen profitabel befischt. Im nördlichen Pazifik hingegen stützt sich die Krebsfischerei inzwischen hauptsächlich auf die Schneekrabbe *(Chionoecetes opilio)*. Als Folge eines dramatischen Bestandsverlusts im Fanggebiet zwischen 2018 und 2022 musste aber auch für diese Art ein komplettes Fangverbot verhängt werden.

Die ständige Gefahr der Übernutzung ist nicht das einzige Problem der Fischerei. Keine Fangmethode ist absolut selektiv, sodass dem Nahrungssystem mehr oder weniger große Mengen an Tieren unerwünschter Größe und Art als Beifang entnommen werden. Da deren Anlandung oft unprofitabel ist, werden sie meist (irreversibel geschädigt oder bereits tot) im Meer entsorgt. Hinzu kommen die ökologischen »Kollateralschäden« des Prozesses. Während der Fang mit beköderten Körben, mit denen den einzelgängerischen Felsbodenbewohnern wie Langusten, den meisten Hummern und manchen Krabben nachgestellt wird, relativ umweltschonend erfolgt, verursachen Grundschleppnetze gravierende Schäden für die Lebensgemeinschaften der Meeresböden. Zwar gibt es Bemühungen, Beifänge zu reduzieren (oder zumindest in irgendeiner Form zu nutzen) und Schäden an den Meeresböden zu verringern, die grundsätzlichen Probleme bleiben aber ungelöst.

Unter den mehr als hundert kommerziell befischten Krebsarten sind die weitaus meisten im globalen Maßstab als Nahrung eher unbedeutend. Dies gilt etwa für Langusten und Hummer. Die kommerziell bedeutendste Krebsart in Europa ist der schlankscherige Norwegische Hummer *(Nephrops norvegicus)*, die Scampi der Küchensprache, mit jährlichen Anlandungen zwischen 50 000 und 60 000 Tonnen. Als Bewohner sandig-schlammiger Böden werden die Tiere vom Nordkap bis in die Adria mit Grundschleppnetzen gefangen, die einen hohen Anteil an Beifang produzieren. Zudem ist diese Form der Fischerei mit einem immensen Verbrauch an Treibstoffen verbunden; pro Kilogramm angelandeter Scampi werden Treibhausgase im CO_2-Äquivalent von 32 bis 37 Kilogramm freigesetzt.[12]

Etwa 80 Prozent des Fischereiertrags an Krebsen entfallen auf Krabben und Garnelen. Auf den Märkten Südostasiens allgegenwärtig sind verschiedene Arten großer Schwimmkrabben, von denen fast eine Million Tonnen jährlich angelandet werden. Im Vergleich dazu sind die Fangmengen der Krabbenfischereien in Europa und Nordamerika (hier handelt es sich vor allem um verschiedene Arten von Taschenkrebsen und Seespinnen) eher bescheiden. Garnelen werden mit relativ engmaschigen Schleppnetzen gefangen, die eine Beifangquote von manchmal mehr als 80 Prozent aufweisen. Die Garnelenfischerei gilt daher als besonders verschwenderische und ökologisch höchst problematische Form der Fischerei. Eine lange Tradition hat der Fang küstennah lebender, kleiner Garnelen, zu denen auch die an den nordwesteuropäischen Küsten und vor allem in der Nordsee häufige, im Deutschen zoologisch falsch als »Krabbe« bezeichnete Garnele *Crangon crangon* zählt. Von ihr wurden zwischen 2010 und 2019 jährlich etwa 40 000 Tonnen angelandet, davon im Mittel etwa 12 000 Tonnen an der deutschen Küste. Schon auf See werden die Tiere gekocht; danach muss das Fleisch des »Schwanzes« aus dem Panzer herausgelöst werden. Weil es für dieses Schälen (»Pulen«) bisher keine befriedigende maschinelle Lösung gibt, erfolgt die Arbeit immer noch manuell. Die Auslagerung dieser Arbeit in Billiglohnländer ist ein besonders skurriler Aspekt der wirtschaftlichen Globalisierung: Fast die gesamten Anlandungen werden in Kühlfahrzeugen und per Luftfracht auf die Reise von der Nordsee nach Marokko geschickt, von wo die geschälten Tiere dann wieder an ihren Herkunftsort zurückgebracht werden.

Eine intensive Befischung der küstenfern in tieferen Bereichen der Schelfmeere lebenden, deutlich größeren und heute ökonomisch bedeutsamsten Garnelenarten begann erst gegen Ende des 19. Jahrhunderts, als leistungsfähige Schleppnetz-Trawler zur Verfügung standen. Mit Ausnahme der Eismeergarnele *(Pandalus borealis)*, die im nördlichen Atlantik und Pazifik sowie im tieferen Wasser norwegischer Fjorde umfangreiche Schwärme bildet, sind es vor allem verschiedene Warmwasserarten. Diese mehr als dreißig Zentimeter langen »Riesengarnelen« (Penaeidae) sind die einzigen Zehnfußkrebse, deren Weibchen keine Brutpflege betreiben, sondern ihre Eier direkt ins Wasser entlassen. Viele dieser intensiv befischten großen Garnelenarten weisen heute deutliche Anzeichen einer Überfischung auf.

Eine Aquakultur-Produktion von Tieren vermeidet viele der mit der Fischerei verbundenen Probleme: die ständige Gefahr der Überfischung, den unerwünschten Beifang, die durch den Fangprozess verursachten Umweltschäden sowie den hohen Primärenergieeinsatz in Form von Treibstoffen. So wurde dieser Sektor zum Hoffnungsträger, und es wurde während seiner unkontrollierten Expansion lange Zeit verdrängt, dass eine intensive Produktion von Tieren in Aquakultur prinzipiell mit den gleichen Problemen konfrontiert ist wie die Massentierhaltung in der Agrikultur. Wenn Produkte verfüttert werden, die für die menschliche Ernährung auch direkt nutzbar wären, ist dies zumindest in quantitativer Hinsicht ein beträchtliches Verlustgeschäft und damit angesichts des Welternährungsproblems ethisch fragwürdig. Die bei intensiver Produktion zwangsläufig nicht artgerechte Haltung der Tiere (unnatürlich hohe Dichte, eingeschränkte Bewegungsfreiheit und manchmal hygienisch bedenkliche Lebensbedingungen) fördert die Ausbreitung von Krankheiten, die durch ein umweltbelastendes Gesundheitsmanagement mit Medikamenten und anderen Chemikalien kontrolliert werden müssen. Schädliche Auswirkungen auf die Umwelt betreffen weiterhin das aus der Landwirtschaft hinreichend bekannte Problem der organischen Abfälle (Eutrophierung) sowie einen hohen Ressourcenverbrauch (zum Beispiel Wasser, Primärenergie).

Einfache Formen der Aquakultur haben vor allem im Fernen Osten eine mehrtausendjährige Geschichte. Schon früh wurden dort Karpfen gehalten, die keine hohen Anforderungen an die Wasserqualität stellen und sich als Pflanzenfresser von der natürlichen Produktion in ihren Teichen ernähren können. Im alten Rom ließen sich vermögende Bürger an der Küste Austernparks anlegen, in denen man – wie es hieß – »Austern säte wie anderenorts Getreide«. In Teichanlagen europäischer Klöster wurden im Mittelalter Fische und Krebse als Fastenspeise produziert. Einfache traditionelle Formen der Aquakultur, die zu keinen größeren Umweltproblemen führen, sind in der Subsistenzwirtschaft vieler Entwicklungsländer immer noch weit verbreitet. Das Bild der heutigen Aquakultur wird aber im Wesentlichen durch die in vieler Hinsicht kritikwürdigen Bedingungen bestimmt, wie sie in Teilen der Fischzucht und bei Krebsen vor allem in der Garnelenproduktion dominieren.

Wohl alle Krebsarten könnten heute künstlich vermehrt und aufgezogen werden. Eine andere Frage ist, ob eine Art auch dazu geeignet ist, in großen Mengen kommerziell profitabel und zudem nachhaltig produziert zu werden. So haben etwa Warmwasserarten wegen ihrer hohen und saisonunabhängigen Wachstumsleistung sowie ihrer kurzen Generationszeit einen deutlichen Vorteil gegenüber Arten der gemäßigten und kälteren Zonen. Der bedeutendste variable Kostenfaktor einer Aquakultur – und auch ein besonders sensibler Punkt hinsichtlich der Nachhaltigkeit der Produktion – ist die Art und Beschaffung der Futtermittel. Ökonomische wie auch ökologische Gründe sprechen für eine Produktion von Arten, die sich auf möglichst tiefer Stufe des Nahrungssystems (also als Pflanzenfresser oder zumindest Allesfresser) ernähren. Das Futter der meisten Krebse muss jedoch zumindest teilweise aus tierischen Produkten bestehen. Auch manche Eigenschaften im Verhalten und der Entwicklung bilden hohe Hürden für eine erfolgreiche Aquakultur vieler Krebsarten. Gesellige Arten (wie manche Garnelen) sind unter Krebsen eher die Ausnahme; viele sind unverträgliche Einzelgänger mit geringer Toleranz gegenüber hohen Dichten, wie sie in Intensivkulturen angestrebt werden. Da zudem die meisten Krebse am Boden leben, ist (anders als in den meisten Fischzuchten) nicht das Wasservolumen einer Aufzuchtanlage, sondern die Boden- oder Substratfläche der maßgebende Bezugspunkt für die Besatzdichte. Dichtestress führt zu ständigen kämpferischen Auseinandersetzungen mit physischen Beschädigungen bis hin zu Kannibalismus und – trotz ausreichender Nahrung – zu reduziertem Wachstum sowie erhöhter Anfälligkeit gegen Krankheiten. Eine intensive Produktion insbesondere von Hummern, Krabben und Flusskrebsen erfordert daher Einrichtungen, die den Tieren hinreichend Rückzugsmöglichkeiten bieten, oder macht sogar eine extrem kostenträchtige Einzelhaltung notwendig. Schließlich durchlaufen die meisten Krebse eine Metamorphose und stellen als Larven oft sehr spezielle Ansprüche an Nahrung und Umwelt. In einem geschlossenen, von Wildbeständen unabhängigen Produktionszyklus sind daher besondere Aufwendungen für die Aufzucht der Frühstadien erforderlich.

Eine große Zahl von Krebsarten wird heute zwar in Aquakulturen produziert, über 70 Prozent der globalen Produktion entfallen jedoch auf nur zwei Arten, den Flusskrebs *Procambarus clarkii* (19 Prozent) und die Garnele *Litopenaeus vannamei* (53 Prozent). Diese repräsentieren zwei unterschiedliche Produktionsformen, die grob als *extensiv* (Tierhaltung bei geringer Dichte auf großen Flächen, deren natürliche Produktion die Krebse ernährt) und *intensiv* (Tierhaltung auf kleinen Flächen bei hoher Dichte und Fütterung der Krebse mit speziell verfertigten Futtermitteln) bezeichnet werden können.

Als opportunistische Allesfresser mit direkter Entwicklung wären Flusskrebse eigentlich bevorzugte Kandidaten für eine Produktion in Aquakultur. Dem steht jedoch entgegen, dass die Tiere aggressive Einzelgänger sind und als typische Bewohner gemäßigter Zonen nur langsam wachsen. Der bei Weitem bedeutendste Flusskrebs, der in Aquakultur produziert wird, ist bezeichnenderweise eine der wenigen Warmwasserarten dieser Gruppe. Es handelt sich um den Roten Amerikanischen Sumpfkrebs *(Procambarus clarkii)*, der unter optimalen Bedingungen innerhalb eines halben Jahres Marktreife erreicht. Seine Heimat ist das immer wieder überflutete und trockenfallende Sumpf- und Marschland am Unterlauf des Mississippi, wo die Tiere Hitze und Trockenheit überstehen, indem sie sich tief in den Erdboden eingraben. Bis in die Mitte des 20. Jahrhunderts wurden die Krebse im Wesentlichen traditionell befischt und nur im lokalen Bereich vertrieben. Erst nachdem viele Fanggebiete einer fortschreitenden Urbanisierung zum Opfer gefallen waren, begann in den 1930er-Jahren eine systematische Produktion in flachen, grasbewachsenen Erdteichen oder auf eingedeichten Sumpf- und Marschflächen. Eine solche extensive Produktion, bei der sich die Tiere ausschließlich von dem ernähren, was an Pflanzen und Kleintieren vor Ort hervorgebracht wird, erbringt Erträge von bis zu 1000 Kilogramm Krebse pro Hektar und Jahr.

Stark ausgeweitet wurden die Produktionsflächen, als von 1980 an auch Reisfelder mit ihren vorhandenen Dämmen und Bewässerungssystemen für eine integrierte Produktion von Flusskrebsen genutzt wurden. Die heiße Jahreszeit, während der der Reis heranwächst und reift, verbringen die Krebse im Boden; werden die Felder im Herbst nach der Reisernte geflutet, werden die Krebse aktiv und ernähren sich von den verfaulenden Resten der Reispflanzen und den sich darauf entwickelnden Mikroorganismen und Kleintieren. Bald wurden schon mehr Krebse auf Reisfeldern als in Monokultur produziert. In den 1990er-Jahren, als die Produktionsfläche auf etwa 50 000 Hektar angewachsen war, entfielen bis zu 90 Prozent der weltweiten Aquakultur-Produktion an Flusskrebsen auf in Louisiana produzierte *Procambarus clarkii.* 2019 wurden sogar auf etwa 100 000 Hektar Flusskrebse produziert (63 000 Tonnen zum Erstverkaufswert von 200 Millionen US-Dollar)[13], inzwischen aber hatte China in kürzester Zeit Louisiana als führenden Flusskrebsproduzenten weit übertroffen – mit den in Louisiana heimischen Tieren und einer speziell angepassten Form der integrierten Flusskrebs-Reis-Produktion.

Der Süden Chinas zählt zu den zahlreichen warmen Ländern auf allen Kontinenten mit Ausnahme Australiens, in die der Louisiana-Flusskrebs zu unterschiedlichen Zwecken eingeführt oder eingeschleppt wurde und sich invasiv ausgebreitet hat (mehr dazu in Kapitel 4). Nach China gelangte *Procambarus clarkii* auf dem Umweg über Japan. Im Jahr 1918 wurden Exemplare der riesigen Ochsenfrösche aus Louisiana nach Japan geholt, um sie dort als kulinarische Spezialität in Froschteichen zu züchten. Als Nahrung für die Ochsenfrösche führte man Anfang der 1930er-Jahre dann auch den Louisiana-Flusskrebs ein. Nur zwanzig Exemplare der Krebse überlebten die Reise nach Japan und bildeten den Grundstock einer sich in den dortigen Reisfeldern rasch ausbreitenden Population. Den Reisbauern galten die Tiere als Schädlinge; von der Bevölkerung als Nahrung nicht geschätzt, wurden die Tiere jedoch zu beliebten Aquariumstieren. Als solche gelangten sie vermutlich während der japanischen Okkupation von Teilen Chinas im Zweiten Weltkrieg auch in das Land des Kriegsgegners, wo sie bald massenhaft im südöstlichen und zentralen China auftraten.

Mehr als vierzig Jahre lang wurden die Krebse auch in China von den Reisbauern nur als Plage wahrgenommen, was zu der Legende führte, die japanischen Besatzer hätten sie als biologische Waffe eingesetzt, um die chinesische Reisproduktion zu schädigen. In den 1980er-Jahren wurden die Tiere in China aber plötzlich als Nahrung interessant. Die Nachfrage wurde zunächst durch Freilandfänge, dann auch durch eine Produktion in Teichanlagen bedient. Im Jahr 2001 begann schließlich eine speziell angepasste integrierte Kultur auf Reisfeldern, die – angetrieben von einer kaum zu befriedigenden Binnennachfrage – über die Jahre immer stärker ausgeweitet und ökonomisch wie ökologisch optimiert wurde. In scharfen Soßen zubereitete Flusskrebse sind heute vor allem in der jungen Bevölkerung Chinas höchst populär; als *Xialongxia* hat der landesfremde Krebs in kurzer Zeit eine verblüffende Karriere in der chinesischen Gastronomie hingelegt und ist fast zu einer Art Nationalgericht geworden. Im Jahr 2020 wurden insgesamt 2,4 Millionen Tonnen (das ist etwa das Fünfzigfache der Produktion Louisianas) auf einer Fläche von 1,46 Millionen Hektar (das entspricht etwa 15 Prozent der Ackerfläche Deutschlands) produziert, davon mehr als 85 Prozent auf Reisfeldern und der Rest in künstlichen Teichanlagen. Die Flusskrebsproduktion ist heute ein bedeutender Faktor der landwirtschaftlichen Entwicklung Chinas; fast eine Million Menschen sind in der Erzeugung, der Verarbeitung und im Vertrieb der Tiere beschäftigt.

Obgleich mehr als 90 Prozent der Produktion im eigenen Land verzehrt werden, ist China der bedeutendste Exporteur von Flusskrebsen. Vorgekocht und tiefgefroren, entweder komplett oder nur in Form der geschälten »Schwänze«, werden Flusskrebse aus China heute weltweit vertrieben. Von zehn in Europa verzehrten Flusskrebsen stammen neun aus China, und auch die schwedische *Kräftskiva* (siehe Kapitel 4) ist ohne Importe aus China nicht mehr denkbar. Selbst in Louisiana, im Heimatland des Krebses, machen billige chinesische Importe den heimischen Produzenten das Leben schwer, sodass die US-Regierung hohe Einfuhrzölle zu deren Schutz verhängte.

Glaubt man den chinesischen Quellen, so ist die chinesische Form der integrierten Flusskrebs-Reis-Kultur eine nicht nur ökonomische (der Gewinn pro Hektar und Jahr soll den einer traditionellen Reismonokultur um etwa 5000 US-Dollar übersteigen), sondern auch ökologische Erfolgsgeschichte.[14] Grund dafür ist die wechselseitige Förderung der gemeinsam produzierten Arten. Nach einer einmaligen Besatzmaßnahme lebt die Krebspopulation sich selbst erhaltend auf einer großen Fläche weitgehend stressfrei, dazu in sauberem Wasser, das im Boden des Reisfeldes gefiltert und dann recycelt wird. Die Exkremente der Tiere dienen den Pflanzen als Dünger, sodass Nährstoffe weitgehend im System verbleiben. Das nach der Reisernte zurückbleibende faulende Stroh sowie die Pflanzenwurzeln sind nicht nur die Hauptnahrung der Tiere, sondern bilden zugleich das von den heranwachsenden Jungtieren benötigte reich strukturierte Substrat. Schließlich vertilgen die Krebse auch die Masse der Reisschädlinge. Indem somit die Produktion von Flusskrebsen in Reisfeldern ohne zusätzlichen Flächenbedarf auskommt, keine größeren Mengen an Schmutzwasser hinterlässt, kein chemisches Gesundheitsmanagement (Antibiotika u. a.) notwendig macht, keine besonderen Anforderungen an ein spezielles Futtermittel stellt und schließlich eine Reisproduktion bei stark vermindertem Einsatz von anorganischem Dünger und Pestiziden möglich macht, erfüllt sie viele der Forderungen nach einer nachhaltigen und umweltschonenden Tierproduktion.

Ganz anders ist die Situation der Aquakultur von Garnelen, die schon seit Jahren Gegenstand heftiger Kritik ist. Insbesondere die schnellwüchsigen tropischen Riesengarnelen (Penaeiden) sind attraktiv für eine Produktion in Aquakultur: Ihr verwertbarer Fleischanteil ist mit 50 bis 70 Prozent hoch im Vergleich zu meist nur etwa 20 Prozent bei Flusskrebsen. Da Garnelen eher gesellig leben, sind sie zudem relativ tolerant gegenüber den höheren Besatzdichten einer Intensivkultur.

Die extensive Form der Garnelenproduktion in kleinbäuerlichen Betrieben ist schon seit den 1980er-Jahren auf dem Rückzug. Großanlagen, von kapitalkräftigen Gesellschaften errichtet zur Produktionssteigerung durch Intensivierung und Industrialisierung, bestimmen heute das Bild der Garnelenproduktion. Als gut bezahltes Exportgut sind Garnelen von erheblicher wirtschaftlicher Bedeutung für viele tropische Entwicklungsländer in Südostasien und Lateinamerika, deren Bevölkerungen das tierische Protein allerdings selbst viel nötiger hätten als jene der importierenden Länder, an deren Spitze die USA, die EU und Japan stehen. In den USA sind Garnelen heute das begehrteste »Seafood« überhaupt.

Ein eindrucksvolles Bild vom Umfang der Garnelenproduktion bietet sich Reisenden beim Anflug auf Thailands Hauptstadt Bangkok. Das von zahlreichen Kanälen durchzogene fruchtbare Schwemmland im Mündungsgebiet des Chao-Phraya, in dem früher Reis angebaut wurde, wird heute von Garnelenteichen beherrscht, mit denen ein Hektargewinn erwirtschaftet wird, der den von Reisfeldern um das Dreißig- bis Fünfzigfache übersteigt. Auch Satellitenfotos zeigen das riesige Ausmaß der Umgestaltung ganzer Küstenregionen vieler tropischer Länder für die Garnelenproduktion. Errichtet wurden die Zuchtteiche entweder auf Kosten landwirtschaftlicher Nutzflächen, die eigentlich für den Anbau von Grundnahrungsmitteln benötigt würden, oder auf Kosten ökologisch bedeutsamer Feuchtlebensräume wie insbesondere der Mangrovenwälder, die eine wichtige Rolle für den Küstenschutz und als »Kinderstube« vieler Fische und Krebse spielen.

Der entscheidende Durchbruch zu einer hochproduktiven und zuverlässigen Erzeugung von Garnelen in Aquakultur gelang, als die Tiere kontrolliert zur Fortpflanzung gebracht und ihre Larven in Massen aufgezogen werden konnten. Mit der reproduktiven Trennung von Wildbeständen war auch der Weg zu einer Domestikation frei. Diese gelang in den 1990er-Jahren mit der Pazifischen Weißbein-Garnele (*Litopenaeus vannamei*), die an der Pazifikküste des tropischen Lateinamerika heimisch ist.[15] Mit den klassischen Methoden der Züchtung konnte eine domestizierte Form dieser Art erzeugt werden, die frei von den wichtigsten Krankheitserregern ist, geringe Ansprüche an hochwertiges Protein in der Nahrung stellt, schnell wächst, eine große Toleranz gegenüber hohen Bestandsdichten aufweist und auch noch in weiteren Punkten ihrer Wildform wie auch anderen Garnelenarten in der Eignung für eine Aquakultur überlegen ist. Innerhalb weniger Jahre wurde diese domestizierte Garnele zur bevorzugten Form in der Garnelenproduktion. Das starke Wachstum des Aquakultursektors insgesamt während der vergangenen zwei Jahrzehnte und speziell die heutige hohe und verlässliche Produktion von Garnelen beruhen weitgehend auf der Domestikation der Pazifischen Weißbein-Garnele und ihrer fast weltweiten Einführung in die tropischen Produzentenländer. Auf sie allein entfallen heute 83 Prozent der global produzierten Garnelen und 53 Prozent aller überhaupt in Aquakultur produzierten Krebse.

Können Krebse nach all diesen Entwicklungen also einen substanziellen Beitrag zur menschlichen Ernährung leisten? Zurzeit stammen nur etwa 1,5 Prozent des weltweit verzehrten tierischen Proteins aus Krebsen. Der Beitrag aus der Befischung natürlicher Krebsbestände ist kaum noch zu steigern; ein gutes Management könnte im günstigsten Fall für annähernd stabile Erträge auf etwa dem heutigen Niveau sorgen. Alle Hoffnungen auf einen größeren Beitrag von Krebsen zur menschlichen Ernährung beruhen somit auf der Aquakultur.

Doch nach einer frühen Phase der raschen Expansion, deren wirtschaftlicher Erfolg mit erheblichen Umweltschäden und mangelnder Nachhaltigkeit erkauft wurde (hoher Wasserverbrauch, Verschmutzung von Wasser und Böden, Einsatz gesundheitsgefährdender Chemikalien, Habitatzerstörung, nichtnachhaltige Produktion von Futtermitteln), haben viele Länder inzwischen den weiteren Ausbau des Aquakultursektors durch administrative Maßnahmen verlangsamt und etwa Rodungen von Mangrovenwäldern verboten. Der Einsatz fortgeschrittener Technik bietet heute aber Möglichkeiten, frühere Fehler zu vermeiden und Aquakulturen nachhaltiger und umweltfreundlicher zu machen. Ein wesentlicher Schritt dazu besteht in einer weitgehenden Abschottung der Produktion von der Umwelt. In Kreislaufanlagen werden Ressourcen effizient genutzt, Nährstoffe sowie das intern aufbereitete Wasser verbleiben weitestgehend im System. Den Endpunkt einer solchen Entwicklung bilden Indoor-Systeme, in denen die Produktion (sei es als Monokultur oder als Polykultur sich wechselseitig fördernder Arten) unter vollständig künstlichen, technisch überwachten und ganzjährig optimalen Bedingungen erfolgt. Solche Anlagen lassen sich grundsätzlich überall errichten und stehen somit in keiner Konkurrenz zu anderen Formen der Flächennutzung.

Neue gentechnische Verfahren, die die traditionelle Züchtung stark beschleunigen, werden vermutlich auch in der Krebsproduktion eine immer größere Rolle spielen, um die Produktivität, Nachhaltigkeit und Umweltverträglichkeit des Aquakulturbetriebs zu verbessern. Der Erfolg der domestizierten Form der Weißbein-Garnele gibt eine Vorstellung davon, welche Chancen sich hier bieten. Mögliche Zuchtziele sind Resistenzen gegen Krankheitserreger, die Elimination von Allergenen, erhöhte Toleranz gegenüber Stressfaktoren wie Dichte und Sauerstoffmangel, Verringerung der Aggressivität, bessere Verwertung pflanzlicher Proteine, Erhöhung des Fleischanteils am Körpergewicht sowie günstigere Lebensdaten hinsichtlich Wachstum und Fruchtbarkeit.

Über die Nachhaltigkeit einer intensiven Aquakultur entscheidet letztlich aber die Art und Herkunft der Futtermittel. Auch wenn die

Tierproduktion in Aquakulturen heute nicht mehr dem schlichten anfänglichen Prinzip folgt, kleine, geringwertige Fische unter erheblichen Verlusten an wertvollem Protein an größere, begehrtere Fische oder Krebse zu verfüttern, ist sie doch hinsichtlich hochwertiger Proteine und ungesättigter Fettsäuren weiterhin von natürlichen Fischbeständen abhängig. Eine spezielle Form der Fischerei (die »Gammelfischerei«) dient allein dem Fang kleiner Schwarmfische wie Anchovis, Sandaal und Sprotte, die zu hochwertigem Tierfutter (Fischmehl und Fischöl) verarbeitet werden, obgleich sie auch direkt – ohne einen verlustreichen »Veredelungsprozess« – der menschlichen Ernährung dienen könnten. Im Jahr 2018 wurden fast 20 Prozent (18 von 96 Millionen Tonnen) des globalen Fischereiertrags zu Fischmehl verarbeitet.

Die massenhafte Entnahme kleiner Schwarmfische stellt zudem einen empfindlichen Eingriff in das marine Ökosystem dar, da sie den höheren Stufen des Nahrungssystems die notwendige Basis entzieht. Fischmehl wurde lange Zeit in großem Umfang in der Intensivmast von Schweinen und Geflügel verwendet, kann dort aber relativ leicht durch pflanzliche Proteine (zum Beispiel Soja) ersetzt werden, was aus Kostengründen mittlerweile auch weitgehend geschehen ist. Heute ist die Aquakultur der Hauptverbraucher von Fischmehl und Fischöl. Immerhin gibt es zahlreiche Bemühungen, den Anteil an Wildfisch weiter zu reduzieren, etwa durch den Einsatz von nachhaltig produziertem Insektenmehl oder von Pflanzen, die im Hinblick auf Proteinqualität und Gehalt an ungesättigten Fettsäuren genetisch modifiziert wurden. Nur wenn die Wildbestände der kleinen »Futterfische« wie auch die Krillbestände für ihre wichtige Funktion im Nahrungssystem weitgehend unangetastet blieben, trüge der Aquakultursektor wirklich zu einer Entlastung der natürlichen Fischbestände bei und förderte nicht auch noch deren zusätzliche Erschöpfung. Und nur dann könnten Krebse einen größeren Beitrag zur Ernährung der Menschheit leisten.

9 MYTHEN UND LEGENDEN

Krebse haben nicht nur den Appetit, sondern darüber hinaus auch die Fantasie von Menschen angeregt. So begegnen uns die Tiere in Mythen, Legenden und Erzählungen, die Ausdruck eines traditionellen Weltverständnisses sind, das Sinn stiften und Orientierung bieten sollte.

Zur Zeit der Ankunft der Europäer im 16. Jahrhundert bildeten die Chitimacha den mächtigsten indigenen Stamm am Unterlauf des Mississippi. In ihrem mündlich tradierten Schöpfungsmythos heißt es: Alles schuf der Große Geist aus sich selbst heraus. Am Anfang war die Erde noch vollständig von Wasser bedeckt, in dem sich Fische und Krebse tummelten. Um Menschen zu erschaffen, musste zunächst ein trockener Ort zwischen Himmel und Wasser entstehen. Daher befahl der Große Geist den Krebsen, zum Grund des Wassers hinabzutauchen und mit ihren Scheren Schlamm an die Oberfläche zu bringen. Aus diesem schuf er das trockene Land und die Menschen, die er Chitimacha nannte.[1]

Das Land am unteren Mississippi zählt zu den an Flusskrebsen reichsten Regionen der Welt. Insbesondere im Sumpfland Louisianas sind im Schlamm grabende Flusskrebse ein landschaftsgestaltender Teil der lokalen Fauna. Vor diesem Hintergrund überrascht es nicht, Krebsen in einer aktiven Rolle in einem Schöpfungsmythos zu begegnen. Der Mythos vom »Erdtaucher«, der Schlamm vom Grund eines Urmeeres an die Oberfläche brachte, aus dem das trockene Land gebildet wurde, war in den Kosmogonien der indigenen Völker Ostasiens und Nordamerikas weit verbreitet.[2]

Auch für andere indigene Stämme am Mississippi besaßen Flusskrebse eine Bedeutung, die über die Nutzung als Nahrung hinausging. Der Stamm der Chakchiuma (wörtlich: Roter Flusskrebs) hat sich nach den Tieren benannt, und in einer verkürzten Form gilt dies auch für den Stamm der Houma (wörtlich: Rot). Beide führen den Flusskrebs als Totemtier. Anfang des 18. Jahrhunderts gingen die Reste des dezimierten Stamms der Chakchiuma im totemistisch gegliederten Stamm der Choktaw auf, in dem sie seitdem den Flusskrebs-Clan bilden.[3] Die Totemtiere der Clans waren immer mehr als einfache Symbole einer Zugehörigkeit zu einer bestimmten Gruppe, sie brachten vielmehr eine besondere Identifikation mit den jeweiligen Tieren zum Ausdruck, die bis zur Annahme einer realen Abstammung reichen konnte.

In den 1760er-Jahren siedelte sich eine frankofone Volksgruppe am unteren Mississippi an, die sich eine eigene Krebslegende schuf. Französische Auswanderer hatten 1605 in den heutigen kanadischen Seeprovinzen die Kolonie Acadia gegründet. Nach Auseinandersetzungen mit ihren Nachbarn, den puritanischen Neuengländern, und Verwicklungen in die britisch-französischen Kolonialkriege wurden die Acadier im Jahr 1755 auf Anordnung des englischen Königs George II. von einem Tag auf den anderen deportiert. Nach jahrelanger Irrfahrt fand ein Teil von ihnen eine neue Heimat in den sumpfigen Gebieten des südlichen Louisiana. Vertrieben aus einem Land, dessen Küste mit Hummern gesegnet war, und verschlagen in ein Land der Flusskrebse – dieses Schicksal lieferte den Stoff für eine populäre Legende: Danach waren die Hummer den vertriebenen Acadiern aus Anhänglichkeit gefolgt, waren entlang der Atlantikküste nach Süden gezogen und hatten Florida umwandert, um sich im Sumpfland Louisianas wieder den Acadiern anzuschließen. Allerdings hatten die Strapazen der langen Wanderung ihren Tribut gefordert: Von der imposanten Größe der Hummer waren die Tiere auf die von Flusskrebsen geschrumpft.[4]

Der amerikanische Dichter Henry Wadsworth Longfellow (1807–1882) hat sich in seinem Epos *Evangeline. A Tale of Acadie* (1847) mit dem Schicksal der Acadier auseinandergesetzt und so das damals schon fast vergessene Drama weithin bekannt gemacht. Es sollte des Dichters erfolgreichstes Werk werden – in zahlreiche Sprachen übertragen, später wiederholt verfilmt und Thema von Opern, Musicals und Liedern. Im Jahr 2003 hat Königin Elizabeth II. im Namen der britischen Krone für die Deportation der Acadier um Entschuldigung gebeten. Heute bilden deren Nachfahren als Volksgruppe der Cajus (eine Verballhornung des französischen *acadiens*) mit mehr als 800 000 Einwohnern fast ein Fünftel der Bevölkerung des US-Bundesstaats Louisiana. Das jährlich stattfindende Crawfish Festival in Breaux Bridge in der Nähe von Lafayette ist nicht nur eine Feier des Louisiana-Flusskrebses, sondern auch eine große Präsentationsshow der Cajus-Kultur.

In Mittelamerika sind Landkrabben ein kaum zu übersehender Teil der Fauna und haben folglich auch Eingang in die Maya-Mythologie gefunden. In einer frühen Form der Kosmogonie bildete die Krabbe (neben Gürteltier, Schildkröte und Schnecke) einen der vier Himmelsträger. Eine zentrale Rolle im mythologischen Drama der Maya-Völker (aufgezeichnet im Buch *Popul Vuh*) spielten die »Heldenzwillinge« Hunahpú und Xbalanqué, die die letzten Vertreter der Unterwelt-Dynastie der Xibalbá besiegten. Zu diesen gehörte Zipacna, eine herkulische Gestalt, die nachts im Land umherwanderte, dabei ganze Gebirge auf dem Rücken mit sich herumtrug und sich tagsüber von Krabben ernährte. Eine solche Gestalt ließ sich nur mit List besiegen. Die Zwillinge höhlten einen Berg aus und schufen eine große künstliche Krabbe, mit der sie den hungrigen Zipacna in die Höhle lockten. Der Berg stürzte daraufhin in sich zusammen und zerschmetterte ihn.[5]

In Südamerika schuf das Volk der Moche schon vor der Inka-Zeit eine Hochkultur, die ihre Blüte zwischen dem 1. und 6. Jahrhundert n. Chr. erlebte. Ihr Zentrum lag in einem schmalen Küstenstreifen im Norden des heutigen Peru, einer Wüstenlandschaft, durchzogen von Flüssen, die Wasser von den Anden zum Meer führen. Obgleich die Moche einen hoch entwickelten Bewässerungsackerbau und Tierzucht betrieben, waren sie doch auch auf die Früchte des Meeres als Nahrung angewiesen. Die Kultur der Moche war schriftlos; erhalten geblieben sind aber zahlreiche metallurgische Arbeiten und Gefäßkeramiken, die mit feinen Pinselstrichen kunstvoll naturalistisch bemalt wurden. Die dargestellten Objekte und Szenen (darunter viele Meermotive) geben Einblicke in Leben, Gebräuche und mythologische Vorstellungen des Volkes.[6]

Die Götter und Dämonen der Moche waren Mensch-Tier-Mischwesen. Oberster Gott war Ai-Apaec, Herr über Leben und Tod in Menschengestalt, aber mit den Reißzähnen und Krallen eines Raubtiers. Die danach am häufigsten auf Keramiken dargestellte mythologische Figur ist ein rätselhafter Krabbendämon. Er besitzt den aufgerichteten Körper einer Krabbe, deren Extremitäten einschließlich der erhobenen Scheren als Arme fungieren. Diesem Körper sitzt der Kopf eines Menschen auf, und er steht auf menschlichen Beinen (Abb. 15). Der Krabbendämon personifiziert vermutlich das destruktive Prinzip und gilt als Hauptwidersacher Ai-Apaecs. Wesentliche Erkenntnisse über die Moche-Kultur brachte ein spektakulärer Fund im Jahr 1987. Unter einer Stufenpyramide aus Lehmziegeln in der Nähe des Dorfs Sipán konnten unversehrte Grabanlagen freigelegt werden, darunter das Grab eines Moche-Herrschers *(El Señor de Sipán)* mit prächtigen Beigaben. Als Nationalschatz Perus werden die Funde heute in modernen Museen im Norden des Landes präsentiert. Eines der wertvollsten Stücke dieser Sammlung ist ein Krebsdämon – in diesem Fall als Halbplastik gestaltet mit vergoldeten Metallteilen sowie Einlagen aus Muscheln und Edelsteinen.[7]

Gigantische Strudel oder Mahlströme, die heimtückisch Schiffe mitsamt ihren Besatzungen in die Tiefe reißen, sind von alters her eine der Horrorvorstellungen von Seefahrern. In der Kurzgeschichte *A descent into the Maelström* (1841) lässt der amerikanische Autor Edgar Allan Poe einen Fischer, der einem solchen glücklich entkommen ist, von seinem grauenvollen Überlebenskampf erzählen. Der Jesuit und Universalgelehrte Athanasius Kircher (1602–1680) hat die weltumspannenden Meeresströmungen mit einem Mahlstrom am Nordpol erklärt, der jeden mitreiße, der sich ihm nähert. Ungeheure Wassermassen sollen dort in der Tiefe der Erde verschwinden, am Südpol wieder an die Oberfläche treten und dadurch eine starke nordwärts gerichtete Strömung erzeugen, die es Schiffen unmöglich macht, den Südpol zu erreichen.[8] Die Existenz eines antarktischen Kontinents war damals noch unbekannt.

In den Legenden und dem Volksglauben der Anrainer des Südchinesischen Meeres gab es eine ähnliche Vorstellung von einem großen Loch am Boden des Ozeans (malaiisch *Pusat tasek*), das einen tief ins Innere der Erde führenden und Verderben bringenden Strudel erzeugt. Schon chinesische Quellen aus dem 12. und 13. Jahrhundert berichten hiervon, ebenso wie später Antonio Pigafetta, der im Jahr 1522 als einer der wenigen Überlebenden der ersten Weltumseglung unter Ferdinand Magellan nach Portugal zurückkehrte. Nach Angaben von Einheimischen, so heißt es in Pigafettas Reisebericht, liege dieser »Nabel des Meeres« in der Nähe der Insel Borneo und werde durch einen wundersamen riesigen Baum (malaiisch *Pauh janggi*) markiert, der die Welt unter dem Meeresboden mit jener über dem Wasser verbinde.[9] Der Anthropologe Walter William Skeat (1866–1953) hat dem Volkstum der Malaien ein klassisches ethnografisches Werk gewidmet.[10] Danach wurde die Vorstellung des großen Mahlstroms mit der Entstehung der Gezeiten verknüpft. Eine Monsterkrabbe soll am Fuße des Baumes *Pauh janggi* leben und dort den Eingang in die Unterwelt verschließen. Solange dies geschieht, steigt der Meeresspiegel wegen des anhaltenden Wasserzuflusses vom Land, und es herrscht Flut. Zweimal am Tag aber muss die Krabbe zur Nahrungssuche ihren Platz verlassen. Dann stürzen die Wassermassen in das offene Loch, und der Meeresspiegel fällt, bis die Krabbe wieder ihren alten Platz einnimmt und eine neue Flut beginnt. Ein noch druckfrisches Exemplar seines Werks hat Skeat dem britischen Autor Rudyard Kipling geschickt, der sich davon zu seiner Erzählung *Die Krabbe, die mit dem Meer spielte* inspirieren ließ (siehe Kapitel 1).

Eine lange Zeit populäre Krebslegende rankt sich auch um den Mitbegründer des Missionsordens der Jesuiten, den aus baskischem Adel stammenden Francisco de Xavier (1506–1522), im deutschsprachigen Raum bekannt als Franz Xaver. Im Jahr 1542 begann er eine Missionstätigkeit in den portugiesischen Niederlassungen in Indien und Südostasien, die ihn auch nach Japan führte. Als charismatischer Prediger, offensichtlich begnadeter Heiler und jemand, der die religiösen Gebräuche und Riten der Einheimischen respektierte und in die christliche Lehre zu integrieren versuchte, wurde er zu einem der erfolgreichsten christlichen Missionare. Während er darauf wartete, auch im verschlossenen China missionieren zu können, starb er 1552; seine letzte Ruhestätte fand er in der Basílica do Bom Jesus in Goa, Indien.

Schon bald erzählte man sich zahlreiche Wundergeschichten um die Taten des Missionars, befördert von den Ordensbrüdern, die seine Heiligsprechung betrieben. Insbesondere das »Krebswunder« wurde höchst populär und wertgeschätzt über Jahrhunderte. Danach geriet Franz Xaver 1546 auf einer Seefahrt in indonesischen Gewässern in einen schweren Sturm. Um seinen Gebeten Nachdruck zu verleihen, hielt er sein Kruzifix in die sich auftürmenden Wogen, wobei ihm dieses aus der Hand glitt und in der See versank. Am nächsten Tag erreichten Schiff und Menschen glücklich festes

Land. Dort entstieg bald darauf ein Krebs dem Meer, der das verloren gegangene Kruzifix in den erhobenen Scheren trug und es dem Besitzer zurückgab. Unter den Katholiken Indiens und Südostasiens wurde dieses Krebswunder um eine weitere Episode ergänzt: An den Küsten des indopazifischen Ozeans lebt eine große Schwimmkrabbe, deren Rückenpanzer ein auffälliges Muster in Gestalt eines weißen Kreuzes aufweist. Der Legende nach war sie es, die dem Missionar das verlorene Kruzifix zurückbrachte, für diese Tat von ihm gesegnet wurde und seit dieser Zeit das Zeichen des Kreuzes auf ihrem Rücken trägt. Die Tiere werden daher bis heute verehrt, und ihr Rückenpanzer wird als religiöses Schmuckstück oder Talisman gehandelt. Lange Zeit wurde das Tier unter dem Namen *Charybdis cruciata* oder Kruzifix-Krabbe geführt; der heute gültige Name lautet *Charybdis feriatus*.

Die päpstliche Bulle zur Heiligsprechung Franz Xavers (1622) nennt unter den an oder durch ihn bewirkten Wundern auch die Krebsepisode.[11] Ein gewisser Francesco Rodriguez hatte als angeblicher Augenzeuge den Vorgang vor seinen Ordensoberen bestätigt, und ein Bericht darüber wurde dann zu den Akten des Kanonisationsprozesses genommen. Schon 1615 hatten Verehrer Franz Xavers dessen rechten Arm (jenen, mit dem der Missionar die zahllosen Taufen vorgenommen hatte) nach Rom gebracht, wo er seitdem in der Jesuitenkirche Il Gesù als Reliquie ausgestellt wird – mit einer kurzen Unterbrechung im Jahr 2017, als die Catholic Christian Outreach, eine Missionsorganisation kanadischer Studierender, den Arm nach Kanada holte und ihn zur Verehrung durch die Gläubigen auf eine wochenlange Rundreise durch das Land schickte. Das verlorene und auf wundersame Weise von einem Krebs zurückgebrachte Kruzifix soll sich in der Kapelle des Königspalastes in Madrid befinden.

Ende des 16. Jahrhunderts wurden die Jesuiten zur Speerspitze der Gegenreformation. Mit der Förderung religiöser Praktiken wie der

Heiligen- und Reliquienverehrung, die vom Protestantismus abgelehnt wurden, im Volk aber noch tief verwurzelt waren, sowie mit ihrem Engagement für eine Kunst, die mit ihrer üppigen Sinnenfreude in scharfem Kontrast zur protestantischen Nüchternheit stand, trugen die Jesuiten wesentlich dazu bei, insbesondere die habsburgischen Stammlande für den Katholizismus zurückzugewinnen. Eine wesentliche Rolle in der jesuitischen Propaganda spielten die wundersamen Vorgänge um den heiligen Franz Xaver. Insbesondere das Krebsmirakel wurde in Liedern besungen und war Gegenstand unzähliger Andachtsbilder, Gebetsdrucke und Erbauungstraktate. In Dutzenden von barocken Kirchen und Kapellen des bayerischen Voralpenlandes, Österreichs, Sloweniens und Böhmens ist die Krebsepisode als Fresko oder Altargemälde präsent.[12] Wenn binnenländische Künstler mit dem Begriff des Meerkrebses nichts verbinden konnten, ließen sie schlicht einen ihnen bekannten Flusskrebs dem Meer entsteigen – so etwa auf einem Fresko in der Wallfahrtskirche von Vesela Gora, Slowenien, die dem heiligen Franz Xaver gewidmet ist.

In Europa verschwand das Krebswunder im späten 19. Jahrhundert aus dem offiziellen Gedenken an den Heiligen. Eine Zeichnung des deutschen Illustrators und Malers Richard Ernst Kepler (1851–1930) von 1922 dürfte eine der letzten dieser Art gewesen sein (Abb. 16). Den Bemühungen offizieller kirchlicher Stellen, die Lebensgeschichten der Heiligen von Vorkommnissen zu säubern, die kaum noch zu vermitteln waren, ist auch das Krebswunder, über das schon Voltaire gespottet hat, zum Opfer gefallen. Unzählige katholische Einrichtungen tragen zwar heute den Namen des Heiligen als eines der bedeutendsten Missionare der Christenheit, Hinweise auf das Krebswunder wird man hier jedoch kaum noch finden. Überlebt aber hat es in der Volksreligiosität und in den zahlreichen bildlichen Darstellungen in Kirchen und Kapellen des Barock.

Vermutlich in archaischen Schichten des menschlichen Denkens gründet unser seit alters her belegtes Interesse an Verwandlungsgeschichten. In Märchen, Mythen und Traditionen vieler Völker und Stämme sind Verwandlungen ein immer wiederkehrendes Thema. Urvater der »Verwandlungsliteratur« ist der römische Dichter Ovid (43 v. Chr. – 17 n. Chr.). »Von Gestalten zu künden, die in neue Körper verwandelt wurden, treibt mich der Geist« – so beginnt Ovid seine *Metamorphosen*, eine Bearbeitung vor allem der griechischen Sagen mit nahezu endlosen Variationen des Verwandlungsmotivs, das sich durch das gesamte Werk zieht.[13]

Die Macht, sich oder andere in beliebiger Weise zu verwandeln, war bei den Griechen und Römern den Göttern vorbehalten und wurde von diesen ausgiebig genutzt. Wenn Götter selbst sich in Menschen oder Tiere verwandelten, geschah dies nur vorübergehend und rein äußerlich zu Zwecken der Täuschung oder Tarnung, so etwa, wenn Jupiter als Stier Europa entführte oder sich Leda als Schwan näherte. Anders verhielt es sich bei Verwandlungen von Menschen (meist zur Strafe) in Tiere, Pflanzen und unbelebte Objekte – sowie in den seltenen Fällen eines »Upgrading« mit der Erhebung verdienstvoller Sterblicher unter die Götter (Apotheose) oder der Versetzung von Menschen oder Tieren unter die Gestirne an den Himmel wie im Fall des heroischen Krebses der Herakles-Sage (vgl. Kapitel 1 und 16).

Waren diese alle kategorialen Grenzen überspringenden Verwandlungen für Ovid nur Symbole einer Welt, in der alles einem permanenten Wandel unterliegt und es keine festgefügten Identitäten gibt? In einer Welt, in der – wie gerade im Rom der Kaiserzeit – eine beispiellose Wundergläubigkeit herrschte, mussten solche Verwandlungen vielen Menschen jedenfalls wohl als real mögliche Vorgänge gelten. Gibt es nicht, so fragt Ovid (15. Buch, Verse 631 ff.), unter »erwiesenen Dingen« mindestens ebenso wundersame Wandlungsprozesse? Aus verwesenden Körpern von Pferden oder Stieren gehen andere Tiere wie Bienen und Hornissen hervor, und tote Krebse verwandeln sich in Skorpione: »Nimmst du dem Strandkrebs die krummen Scheren und legst den Rest unter die Erde, so wird aus dem bestatteten Teil ein Skorpion hervorgehen und dich mit dem gebogenen Schwanz bedrohen.« Über mehr als anderthalb Jahrtausende sollten diese und ähnliche Geschichten unzählige Male in naturgeschichtlichen Werken und Enzyklopädien wiederholt werden.

Mit einem besonders verführerischen Argument setzt Ovid seine Warnung fort, die reale Möglichkeit der von ihm beschriebenen Metamorphosen zu leugnen: Wer glaubte, wenn er es nicht aus eigener Erfahrung wüsste, dass aus einem formlosen Eidotter ein Vogel, aus den fuß- und flügellosen Maden in den Waben eines Bienenstocks die so völlig anders gestalteten Bienen, aus Raupen Schmetterlinge sowie aus Kaulquappen Frösche hervorgehen können? Heute könnten wir auch die Verwandlungen der erst sehr viel später entdeckten Larven vieler Meerestiere anführen, die in Bau und Lebensweise so völlig von den ausgewachsenen Tieren abweichen, dass sie lange Zeit als eigene Arten galten. Ovid kannte noch nicht den grundsätzlichen Unterschied zwischen der Verwandlung etwa eines Menschen in eine Spinne und den Metamorphosen im heutigen Verständnis, nämlich jenen tiefgreifenden Veränderungen in Form und Funktion, die Organismen in ihrer Individualentwicklung regelmäßig durchlaufen, wobei nacheinander unterschiedliche Erscheinungsformen (Phänotypen) desselben genetischen Programms realisiert werden.

Eine der wunderlichsten Verwandlungsgeschichten, die der Antike noch unbekannt war, verbindet drei so unterschiedliche Organismen wie einen Baum, einen Krebs und einen Vogel miteinander (Abb. 17). Vom 11. bis ins 18. Jahrhundert galt diese Geschichte, in der einen oder anderen Variante, der großen Mehrzahl der Autoren, Naturforscher und Enzyklopädisten als Tatsache, bewiesen durch eigenes Zeugnis oder zumindest durch Augenzeugenberichte angeblich vertrauenswürdiger Personen. Im Zentrum dieser Geschichte steht die Ringelgans (englisch *barnacle goose*), die als Wintergast vom Herbst bis in das Frühjahr an den Küsten Nordwesteuropas auftritt. Die Fortpflanzung dieser Tiere war lange ein Rätsel, denn niemand hatte sie jemals Eier legen und brüten gesehen. So entstand die Überzeugung, Ringelgänse entstünden auf eine Weise, die von der aller anderen Vögel abweicht. Hier kamen nun die weiteren Protagonisten des Verwandlungsmythos ins Spiel: ein Krebs, der heute aufgrund seiner Verwicklung in diese Geschichte als Entenmuschel (englisch *goose barnacle*) bezeichnet wird, und ein an der Küste wachsender Baum, der mythische »Gänsebaum«.[14]

Entenmuscheln galten bis ins 19. Jahrhundert wegen ihrer festsitzenden Lebensweise sowie schützender Kalkschalen fälschlich als Muscheln (vgl. Kapitel 10). Die in Nordwesteuropa im Gebiet häufigste Art *(Lepas anatifera)* wächst in oft großer Zahl an im Meer treibendem Holz. An den Küsten werden die Tiere auffällig, wenn bei Stürmen größere Mengen von Treibholz angeschwemmt werden, was vorwiegend zu der Zeit geschieht, wenn sich auch die Ringelgänse im Gebiet einfinden.

Was die Idee des »Gänsebaums« betrifft, so muss daran erinnert werden, dass die strikte Trennung von Pflanzen und Tieren im Bereich der vielzelligen Organismen bis ins 19. Jahrhundert alles andere als selbstverständlich war. Es gab einerseits eine Reihe von Lebewesen (»Zoophyten« oder »Blumentiere«) wie die Schwämme, Seerosen und Korallen, die sich einer eindeutigen Zuordnung verweigerten, und auf der anderen Seite Berichte über Verwandlungen von Pflanzen (oder Pflanzenteilen) in Tiere. Forschungsreisende berichteten von Pflanzen, deren Blüten sich ablösten und als Schmetterlinge davonflogen. Antonio Pigafetta sah Bäume, deren Blätter auf Beinen davonliefen – es handelte sich um das »Wandelnde Blatt«, ein Insekt, das sich perfekt als Blatt tarnt. Erzählungen von Tieren, die auf Bäumen wachsen, waren schon in der Antike von Asien nach Europa vorgedrungen. Von nachhaltigem Einfluss war der Bericht des Franziskaners Odorich von Pordenone (ca. 1265–1331), der zwischen 1314 und 1330 Asien bereist hatte.[15] Zu den zahlreichen dort beschriebenen »Wundern des Ostens« gehört auch ein Baum, der melonenähnliche Früchte hervorbringt; wenn diese bei der Reife aufplatzen, zeige sich in ihrem Innern ein Tier, das einem kleinen Schaf ähnele. Die Vorstellung des »tartarischen Pflanzenlamms« war in verschiedenen Variationen über viele Jahrhunderte in Europa verbreitet, und noch im frühen 18. Jahrhundert suchten europäische Asienreisende nach diesem Naturwunder. Realer Hintergrund dieser Legende war möglicherweise die in Indien heimische Baumwollpflanze, deren aufplatzende Kapseln zwar keine jungen Lämmer freisetzen, mit der weißen Wolle aber doch ein Produkt, das mit diesen Tieren in Zusammenhang gebracht werden konnte.[16] Die Behauptung, Ringelgänse gingen aus Baumfrüchten oder »Muscheln« hervor, musste jedenfalls im Rahmen der mittelalterlichen und frühneuzeitlichen Vorstellungswelt nicht von vornherein als völlig absurd gelten.

Eines der frühesten schriftlichen Zeugnisse zur Entstehung von Ringelgänsen stammt von dem walisischen Kleriker und Historiografen Giraldus Cambrensis (ca. 1146–1223).[17] An der Küste Irlands wollte er im Bewuchs eines angeschwemmten, verrottenden Baumstamms unzählige, von schützenden Schalen umgebene Miniaturgänse erkannt haben, die alles für ihre Entwicklung Notwendige aus dem Holz oder dem Meer beziehen. Es war wohl vor allem die oberflächliche Ähnlichkeit der zarten Rankenfüße, mit denen Entenmuscheln ihre Nahrung aus dem umgebenden Wasser filtrieren, mit den feuchten Federn junger Vögel, die dazu verführte, junge Ringelgänse in den Schalen von Entenmuscheln heranwachsen zu sehen. Mehr als sechs Jahrhunderte wurde diese Erzählung in verschiedenen Variationen wieder und wieder kolportiert und selbst von angesehenen Forschern durch eigenen Augenschein bestätigt. Zu diesen gehörte auch Sir Robert Moray (1608–1673), erster Präsident der 1620 gegründeten Royal Society und in dieser Funktion einer der Vorgänger Isaac Newtons: Perfekt ausgebildete Jungvögel mit Schnabel, Augen, Kopf, Hals, Brust, Flügeln und Beinen wollte Moray in den »Muschelschalen« an einem morschen Treibholzstamm auf den Hebriden erkannt haben. Da seine Objekte bereits eingetrocknet waren, hat er die Tiere selbst zwar nicht lebend, geschweige denn davonfliegen gesehen, dafür aber gab es – wie üblich – »glaubwürdige Zeugen«.[18]

Nahezu zeitgleich mit dem Entenmuschel-Mythos entstand auch eine alternative Vorstellung zur Entstehung der Ringelgänse. Danach sollten diese aus den Früchten von Bäumen hervorgehen, die am Meeresufer wachsen. Eine der ersten Quellen hierzu findet man in den um 1210 verfassten *Otia imperalia* des englischen Gelehrten Gervasius von Tilbury (ca. 1150 – ca. 1235).[19] Illustrationen von »Gänsebäumen« begegnet man zahlreich in der Literatur insbesondere des 15. und 16. Jahrhunderts. Dabei wurde auch versucht, die beiden unterschiedlichen Vorstellungen von der Herkunft der Ringelgänse miteinander zu einer einzigen Verwandlungsgeschichte zu verbinden. Die Früchte des Gänsebaums nahmen nun die Gestalt von Entenmuscheln an; wenn solche Bäume, von Stürmen entwurzelt, ins Meer gelangten, sollte sich im »Muschel«-Aufwuchs des treibenden Holzes die Entwicklung der Gänse vollenden. Der englische Botaniker John Gerarde (1545–1612) pries diese Verwandlung als das *»wonder of England, for which god's name be ever honoured and praised«*.[20]

Ob Ringelgänse nun aus Baumfrüchten, aus Entenmuscheln (also »Fischen« im weitesten Sinne) oder auch direkt aus dem Meer entstanden – ihre offensichtlich »nichtfleischliche« Herkunft bot Menschen, die im Mittelalter von ausufernden kirchlich verordneten Fastenzeiten geplagt wurden, einen willkommenen Anlass, die Liste der erlaubten Fastenspeisen um eine besonders schmack- und nahrhafte Zutat zu ergänzen. Der Pariser Philosoph und Theologe

Petrus Abaelardus (1079–1142) lieferte das passende Argument, um diese Sichtweise ganz allgemein auf Gänse und Enten zu erweitern. Er empfahl, sich in der Frage, was erlaubt oder verboten ist, an den Fortbewegungsorganen der Tiere zu orientieren: Da Gänse und Enten keine Füße, sondern Flossen besäßen, seien sie den Fischen gleichgestellt. Vor allem in den zahlreichen Klöstern Nordwesteuropas scheint man dem »Gänsefasten« in einer Weise zugesprochen zu haben, die einen kirchlichen Skandal provozierte. Im Jahr 1215 verfügte Papst Innozenz III. schließlich ein Verbot. Da es im Mittelmeerraum keine Ringelgänse gibt, konnte ein solches Verbot dort leichthin und ohne Konsequenzen ausgesprochen werden, im fernen Nordwesten Europas scheint man es kaum beachtet zu haben. Der dänische Reichsarchivar Ole Worm (1588–1654) berichtete, dass zur österlichen Fastenzeit in Paris große Mengen an Gänsen als »Fisch« verkauft würden und dass die Theologen der Sorbonne diese Praxis gebilligt hätten, da die Tiere Fische und keine Vögel seien.[21] In Irland und dem nördlichen Frankreich wurde die Ringelgans noch bis in das 20. Jahrhundert hinein kirchenoffiziell zu den erlaubten Fastenspeisen gezählt.

Aber schon in Zeiten, in denen Aussagen von Autoritäten meist unhinterfragt blieben und die meisten Wissenschaftler sich mehr mit Büchern beschäftigten als damit, die Dinge selbst in Augenschein zu nehmen, meldeten sich vereinzelte Zweifler. Zu ihnen gehörte der Staufer-Kaiser Friedrich II. (1194–1250). Umfassend gebildet und naturgeschichtlich interessiert, schrieb er ein gerühmtes Werk über Vogelkunde. Weil er an den Darstellungen zur Entstehung der Ringelgänse zweifelte, ließ sich der Kaiser von den Küsten Nordeuropas Treibholz mit Entenmuschelbewuchs beschaffen. Vogelähnliche Gestalten konnten aber nicht gefunden werden. Der Kaiser weigerte sich, die Geschichte zu glauben, solange wirkliche Belege fehlten.[22] Nicht nur in seiner kritischen Einstellung zu »Augenzeugenberichten«, sondern auch in seiner Ansicht über den Ursprung des Mythos (er vermutete, die Gänse brüteten in weit entfernten, noch unbekannten Gegenden) sollte der Kaiser recht behalten.

An Treibholz wachsende Entenmuscheln waren an den nördlichen Küsten grundsätzlich allgemein zugänglich, sodass jeder durch eine gründliche Untersuchung die Wahrheit hätte herausfinden können. Anders war die Situation hinsichtlich des Gänsebaums, der als mythisches Wesen der Nachprüfbarkeit entzogen war. Im Jahr 1468 besuchte der Humanist (und spätere Papst Pius II.) Enea Silvio Piccolomini (1405–1464) Schottland und war neugierig, den wundersamen Gänsebaum mit eigenen Augen zu sehen. Enttäuscht musste er feststellen, dass niemand ihm einen solchen zeigen konnte. Das scheue Wunder, das zunächst im südlichen England und an der Irischen See angesiedelt worden war, hatte sich über die Hebriden immer weiter in den rauen Norden zurückgezogen und sollte nun nach Aussagen der schottischen Gastgeber auf den nebelverhangenen Orkney-Inseln zu finden sein. Wie viele vor und nach ihm, die wundersamen Naturdingen nachspürten, musste auch Piccolomini erfahren, dass diese sich vor denen, die nach ihnen suchen, stets auf der Flucht befinden. Schon immer war es ratsam, wundersame Gestalten und Vorgänge in möglichst entfernten und schwer zugänglichen Regionen der Welt anzusiedeln. Von der Antike bis in die Neuzeit waren dies die nördlichen Länder, der Ferne Osten oder die Tiefen des Meeres; heute ist als letztes Refugium das Weltall verblieben.

Gegen Ende des 16. Jahrhunderts wurde die wundersame Entstehung von Ringelgänsen endgültig als Mythos entlarvt. Holländische Seefahrer unter Kapitän Willem Barents hatten auf drei Fahrten in arktischen Gewässern vergeblich eine Passage in den Fernen Osten gesucht. Als Teilnehmer hat Gerrit de Veer (ca. 1570–1598) Tagebuch geführt.[23] Danach wurden auf der dritten Reise 1596 im hohen Norden bei etwa 80° nördlicher Breite auf kleinen arktischen Inseln genau jene Gänse beim sommerlichen Brutgeschäft beobachtet, die den Reisenden aus ihrer Heimat als Wintergäste gut bekannt waren. Und der italienische Botaniker Fabio Colonna (1567–1640) hatte nicht nur im Mittelmeer bei Neapel, also fern jener Region, in der das Wunder angesiedelt war, Entenmuscheln gefunden, sondern sich auch – ganz offensichtlich als Erster – um eine genaue Untersuchung der Tiere bemüht. Danach war klar, dass sie keine wie auch immer geartete Beziehung zu Gänsen aufweisen.[24]

All dessen ungeachtet hielt sich der Mythos noch lange hartnäckig im Schatten der alten Autoritäten und der andauernden Faszination durch das Wunderbare, das oft nur widerstrebend zugunsten einer »profanen« Erklärung aufgegeben wird. Um den aufkommenden Zweifeln zu begegnen, wurde der Mythos mit kuriosen Hilfskonstruktionen verteidigt. Der schon in Zusammenhang mit dem Mahlstrom erwähnte und für seine ausschweifende Fantasie bekannte Universalgelehrte Athanasius Kircher akzeptierte nun zwar, dass Ringelgänse im hohen Norden Eier legen, behauptete aber, diese zerfielen mit der Eisschmelze in Einzelteile, die zu den Orkney-Inseln verdriftet würden, sich dort an Treibholz festsetzten und so über Entenmuscheln schließlich die Gänse hervorbrächten.[25]

Gegen Mitte des 17. Jahrhunderts war die Vorstellung von Ringelgänsen, die aus Bäumen oder Krebsen hervorgehen, endgültig in die Welt der Mythen verbannt, wie es zuvor schon Einhörnern, Basilisken, Drachen und so manchen anderen Lebewesen widerfahren war, die ebenfalls lange Zeit als reale Kreaturen gegolten hatten. Im Volksglauben von Küstenbewohnern aber blieb die wundersame Geschichte bis ins 20. Jahrhundert lebendig. Und im Namen »Entenmuschel« hat nicht nur die frühere fälschliche Zuordnung dieser Krebse zu den Muscheln, sondern auch ihre mythische Rolle als Erzeuger der Ringelgans (im deutschen Sprachkreis zur Ente mutiert) überlebt. Im wissenschaftlichen Artnamen der in Nordwesteuropa häufigsten Entenmuschel *(Lepas anatifera)* hat Carl von Linné 1758 den Mythos verewigt: *anatifera* bedeutet »Gänsebringer«. Und wenn heute von einer Falschmeldung als »Ente« die Rede ist (im Französischen wird *canard* in ähnlichem Sinne verwendet), tritt der alte Mythos auch umgangssprachlich noch einmal hervor.

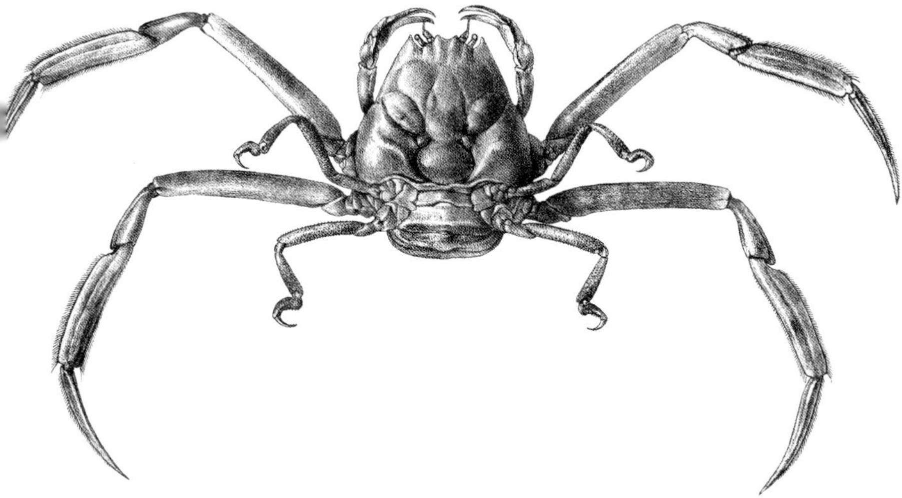

Abb. 1 Weibliche Samurai-Krabbe *Heikeopsis japonica* (von Siebold, 1824).

Abb. 2 Tafel der *Meerwunder und seltzame Thier wie sie in den mitnächtigen Ländern im Meer und auff dem Landt gefunden werden* mit einem monströsen Krebs (Mitte links), der »einen schwimmenden Mann fangen und erwürgen kann«. Aus: Sebastian Münster: *Cosmographia*. Basel 1614.

Abb. 3 Krebsreiter-Darstellung aus: Sebastian Brant: *Das Narrenschiff*. Erstausgabe Basel 1494. Holzschnitt Nr. 57, vermutlich von Albrecht Dürer.

Abb. 4 Krebs mit der Weltkugel auf dem Rücken. »Welch Wunder, dass die Welt auf dem Rücken eines Krebses ruht! So aber ist heute der Lauf der Welt!« Aus: Gabriel Rollenhagen: *Selectorum Emblematum Centuria Secunda*. Arnheim 1613, Tafel 61.

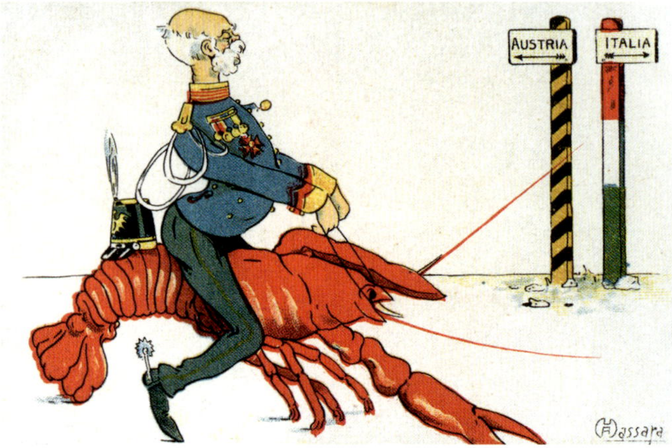

Abb. 5 Italienische Propaganda-Postkarte aus dem Kriegsjahr 1915 mit dem österreichischen Kaiser Franz Joseph I. als Krebsreiter.

Abb. 6 *Hitlers Vormarsch*. Adolf Hitler als Krebsreiter, aus: *Vorwärts*, 28. April 1931.

Abb. 7 *Krebskanon* von M. C. Escher, ca. 1965.

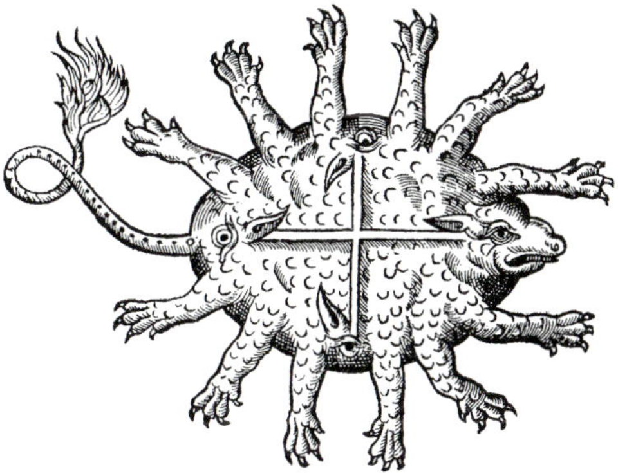

Abb. 8 Afrikanisches Fabeltier aus Ambroise Paré: *Des monstres et prodiges*. Erstausgabe 1573.

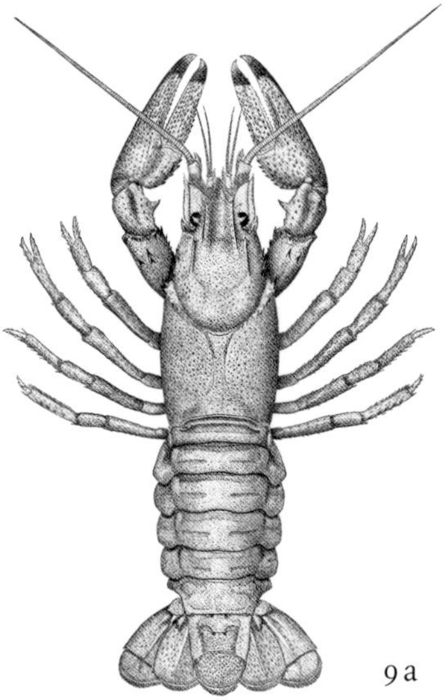

9 a

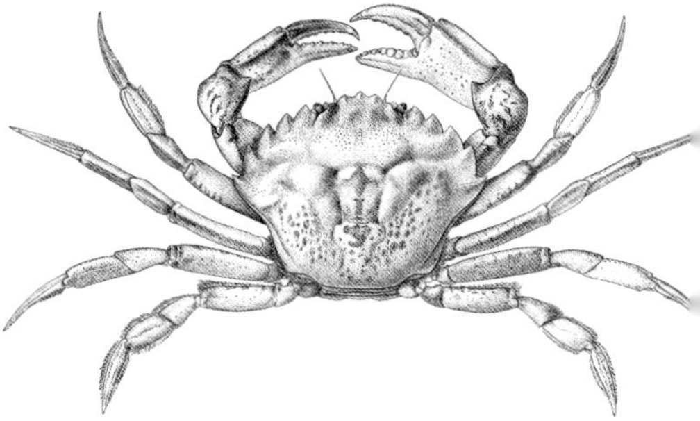

9 b

Abb. 9 a, b Die beiden wichtigsten Habitus-Typen der Zehnfußkrebse (Decapoda): links ein Vertreter der »langschwänzigen» Krebse vom Flusskrebs bzw. Hummertyp, rechts ein Vertreter der »kurzschwänzigen» Krebse vom Krabbentyp. Letztere haben den nicht von Extremitäten unterstützten hinteren Körperabschnitt (Pleon) stark reduziert und unter den vorderen Körperabschnitt (Cephalothorax) geklappt.

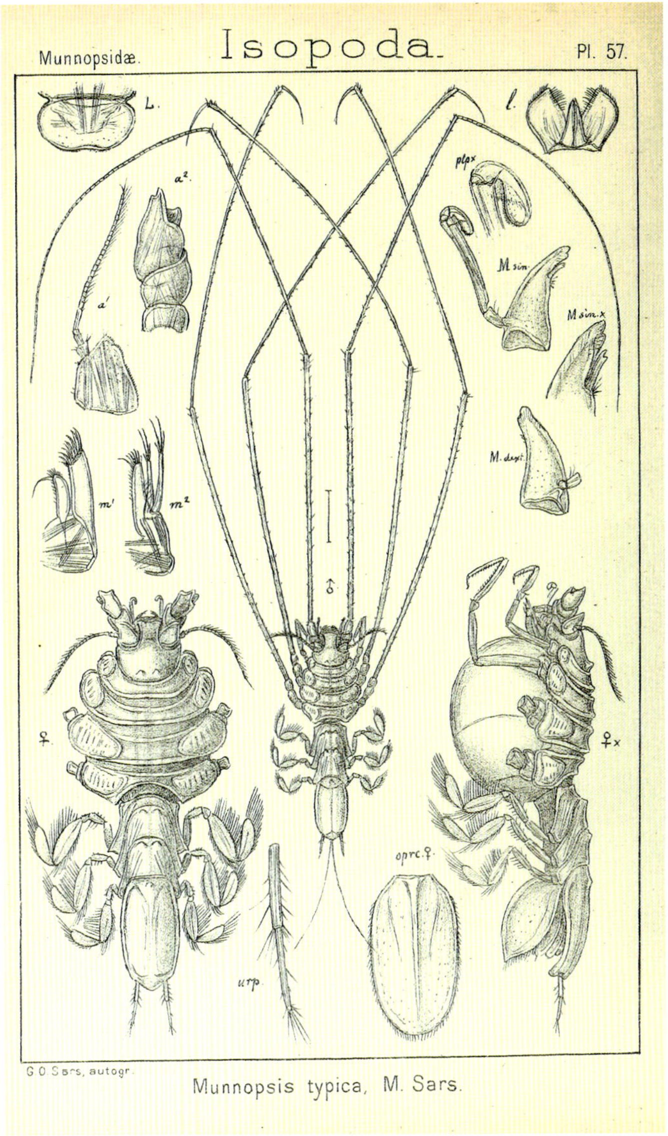

Abb. 10 Assel der Familie Munnopsidae. Ein Tiefseebewohner mit sekundär erworbener Fähigkeit zum Schwimmen, bei dem das stromlinienförmig gestaltete Hinterende (in der Abbildung unten) vorangeht.

Abb. 11 Abendmahl Jesu (Ultima Cena); Fresco in der Chiesa di Santo Stefano in der Ortschaft Carisolo, Trentino; vermutlich gemalt von Antonio Baschenis im Jahr 1461.

Abb. 12 Krebsfang in der Drau an der Lienzer Klause in Osttirol. Illustration aus dem *Tiroler Fischereibuch* von 1504, hergestellt von Wolfgang Hohenleiter für Kaiser Maximilian I.

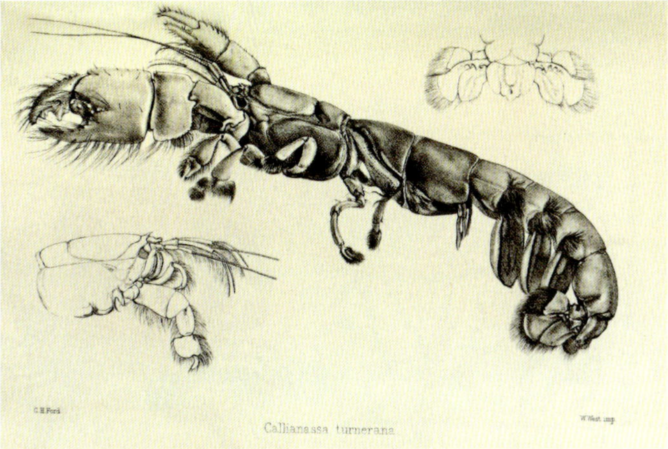

Abb. 13 Der Krebs, der Kamerun den Namen gab:
Der Maulwurfskrebs *Lepidophthalmus turneranus* (White, 1861).

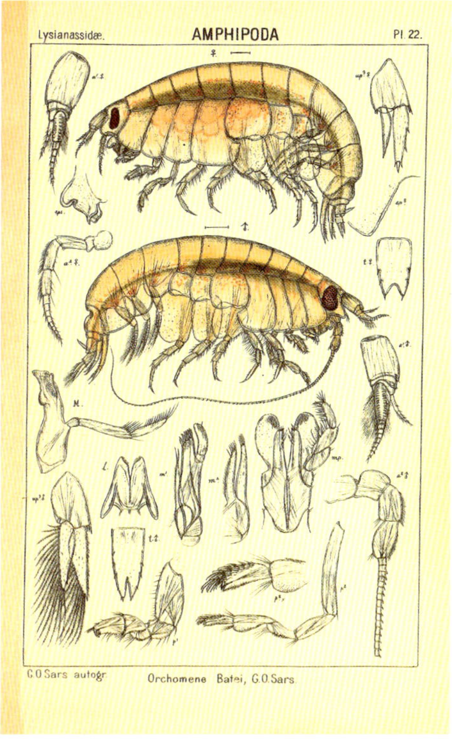

Abb. 14 Beispiel eines in kalten Meeresteilen oft massenhaft auftretenden aasfressenden Flohkrebses (Amphipoda): Weibchen (oben) und Männchen (unten) von *Orchomene humilis* (Costa, 1853).

Abb. 15 Der Krabbendämon.
Zeichnungen auf Tongefäßen der Moche-Kultur im nördlichen Peru (1. bis 6. Jahrhundert n. Chr.). Auffälligster Unterschied zwischen den im Grundsatz ähnlichen Darstellungen ist die Zahl der Extremitäten: Nur das Exemplar oben links trägt die typischen fünf Paar einer Krabbe; die anderen Dämonen zeigen zwischen der ersten (scherentragenden) und der letzten (nach Art menschlicher Beine gestalteten) Extremität eine unterschiedliche Anzahl überzähliger Beinpaare.

Abb. 16 Das Krebswunder des Franziskus Xaverius. Illustration von R. E. Kepler, erschienen 1922 als Postkarte *Das Kruzifix*.

A

B

Abb. 17 Die Legende der Bernikel- oder Ringelgans.
A: »Gänsebaum« am Meere
ufer mit Früchten in Gestal
von Entenmuscheln;
B: Entenmuscheln an einer
Stück Treibholz;
C: angebliche Stadien der Verwandlung von Entenmuscheln in Ringelgänse.

C

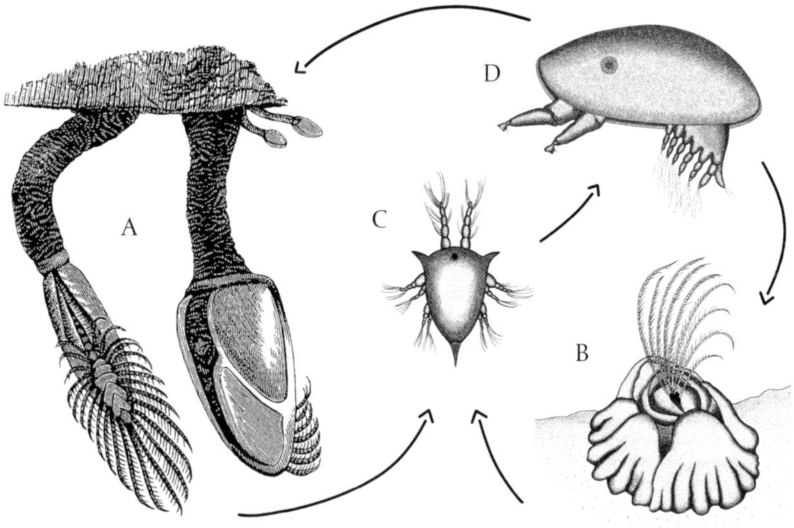

Abb. 18 Schematische Darstellung von Entenmuscheln, die an einem Stück Treibholz siedeln (A), einer Seepocke auf Felsboden (B) sowie ihrer freischwimmenden Larven: Nauplius (C) als erstes Larvenstadium (Rückenansicht: mit unpaarem, einfachem Naupliusauge und drei Beinpaaren für Lokomotion und Nahrungsfiltration) und Cypris (D) als zweites Larvenstadium (Seitenansicht: mit einem Paar Komplexaugen, einem Paar Antennen als Anheftungsorganen und sechs Paar Ruderbeinen; Komplexaugen und Ruderbeine sind nur für eine Seite dargestellt). Die Larven (C, D) sind im Vergleich zu den erwachsenen Stadien (A, B) etwa um den Faktor 50 vergrößert.

Abb. 19 Krebsessen im 14. Jahrhundert. Aus der Handschrift *Tacuinum sanitatis* (Das Hausbuch der Ceruti), Codex Vindobonensis Series nova 2644 der Österreichischen Nationalbibliothek, S. 169.

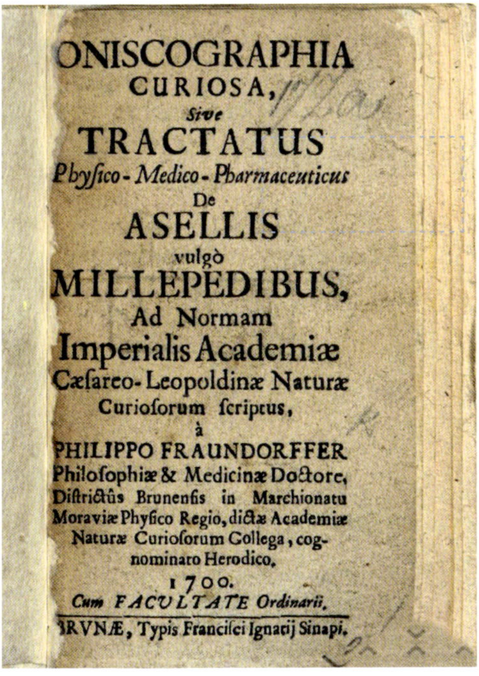
ONISCOGRAPHIA
CURIOSA,
Sive
TRACTATUS
Physico-Medico-Pharmaceuticus
De
ASELLIS
vulgò
MILLEPEDIBUS,
Ad Normam
Imperialis Academiæ
Cæsareo-Leopoldinæ Naturæ
Curiosorum scriptus,
à
PHILIPPO FRAUNDORFFER
Philosophiæ & Medicinæ Doctore,
Districtûs Brunensis in Marchionatu
Moraviæ Physico Regio, dictæ Academiæ
Naturæ Curiosorum Collega, cognominato Herodico.
1700.
Cum FACULTATE Ordinarii.
BRUNÆ, Typis Francisci Ignatij Sinapi.

Abb. 20
Frontispiz und Titelblatt der *Oniscographia Curiosa* von Philipp Fraundorffer, 1700.

Abb. 21 *Hemisphaerii borealis coeli et terrae sphaerica scenographia.* Tafel 25 aus der *Harmonia macrocosmica* von Andreas Cellarius (1660); mit Cancer und Cancer minor (Mitte links).

22 a

Abb. 22 a, b, c Darstellungen des Sternbildes Krebs auf den Sternkarten von Albrecht Dürer (a), Johannes Honter (b) und John Flamsteed (c). Dürer wie auch Cellarius (Abb. 21) haben die Sternbilder wie auf einem Himmelsglobus in Sicht von außen (und damit aus Erdensicht seitenverkehrt) dargestellt. Seit Honter werden die Sternbilder aber meist so dargestellt, wie wir sie von der Erde aus am Himmel sehen.

Imagines conſtellationum Borealium.

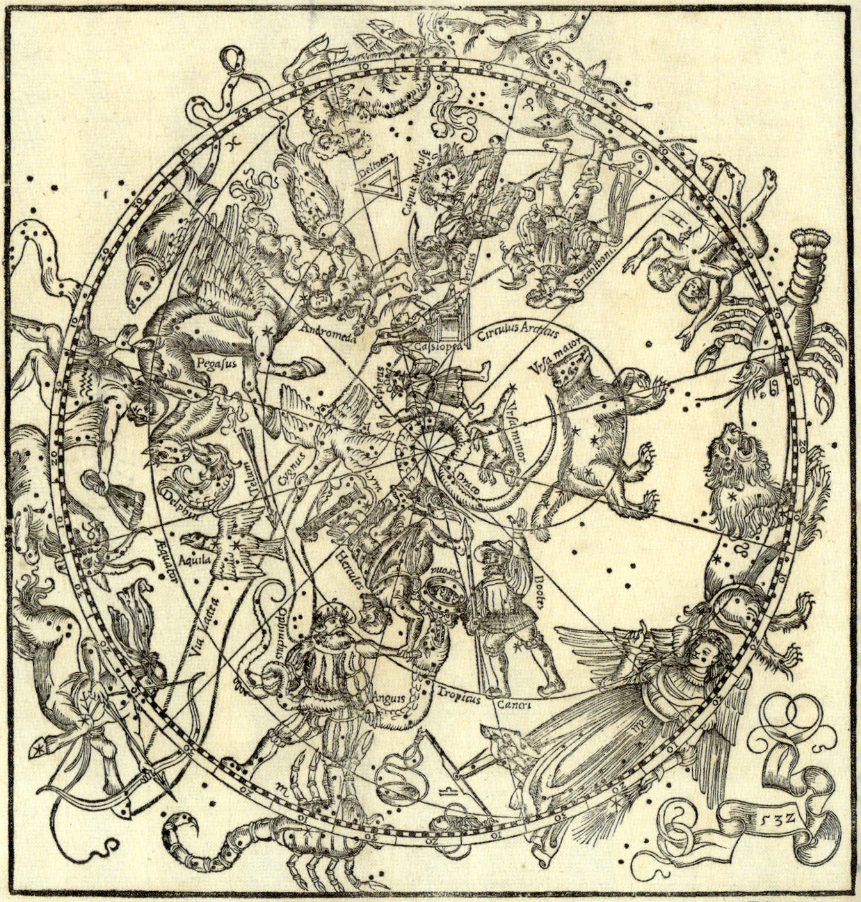

1 Tabula

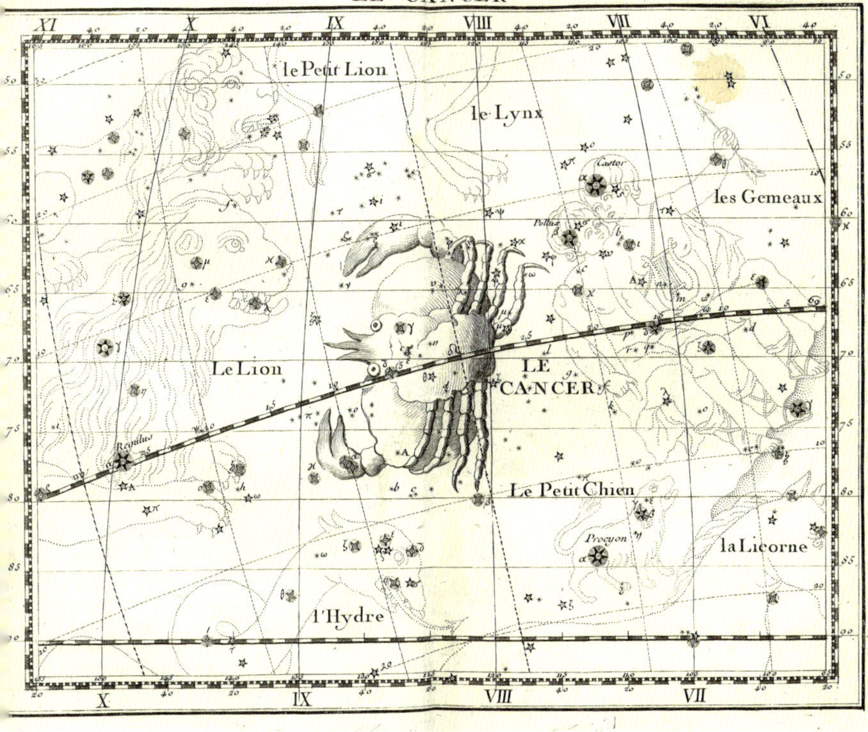
le Petit Lion
le Lynx
les Gemeaux
Castor
Pollux
Le Lion
LE CANCER
Regulus
Le Petit Chien
Procyon
la Licorne
l'Hydre
XI
X
IX
VIII
VII
VI

Abb. 23 Das Sternbild Krebs ohne die figürlichen Ausschmückungen der Sternkarten des 15. bis 18. Jahrhunderts.

(Abb. 24, Ausschnitt)

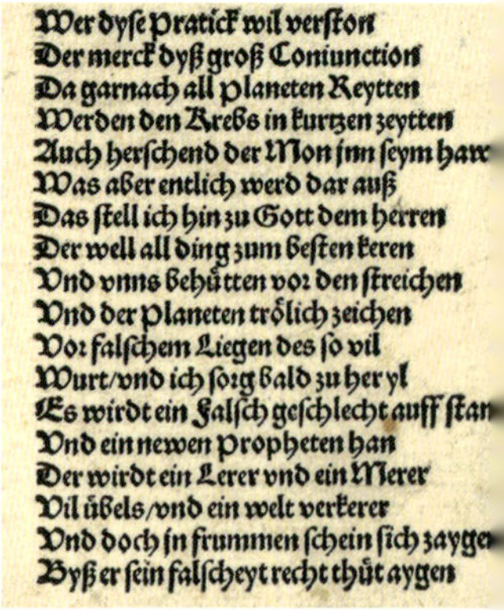

Wer dyſe Pratick wil verſton
Der merck dyß groß Coniunction
Da garnach all planeten Reytten
Werden den Krebs in kurtzen zeytten
Auch herſchend der Mon jnn ſeym haw
Was aber entlich werd dar auß
Das ſtell ich hin zu Gott dem herren
Der well all ding zum beſten keren
Vnd vnns behütten vor den ſtreichen
Vnd der planeten trölich zeichen
Vor falſchem Liegen des ſo vil
Wurt/vnd ich ſorg bald zu her yl
Es wirdt ein Falſch geſchlecht auff ſtan
Vnd ein newen Propheten han
Der wirdt ein Lerer vnd ein Merer
Vil übels/vnd ein welt verkerer
Vnd doch jn frummen ſchein ſich zayge
Byß er ſein falſcheyt recht thůt aygen

Von den Wunderlichen zamefugung der öbersten Planeten.

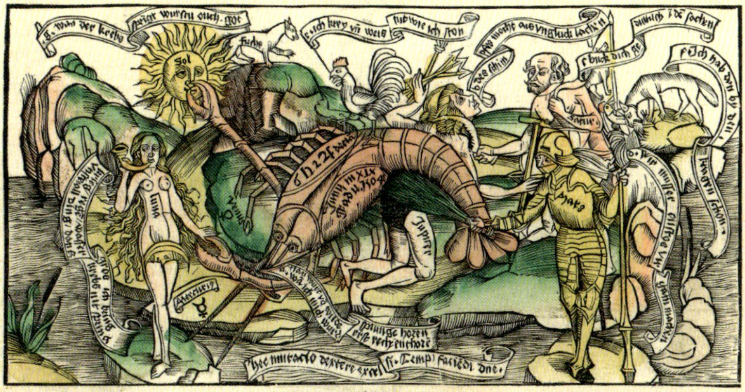

Wer dyse Pratick wil verston
Der merck dyß groß Coniunction
Da garnach all planeten Reytten
Werden den Krebs in kurtzen zeytten
Auch herschend der Mon jnn seym hawß
Was aber entlich werd dar auß
Das stell ich hin zu Gott dem herren
Der well all ding zum besten keren
Vnd vnns behütten vor den streichen
Vnd der planeten trölich zeichen
Vor falschen Liegen des so vil
Wurt/vnd ich sorg bald zu her yl
Es wirdt ein Falsch geschlecht auff stan
Vnd ein newen Propheten han
Der wirdt ein Lerer vnd ein Merer
Vil übels/vnd ein welt verkerer
Vnd doch jn frummen schein sich zaygen
Byß er sein falscheyt recht thůt aygen

Der Krebs wirdt ettlich bald abschutten
Die lang zeit habent sanfft geritten
Vil vnstet wesen wirt er machen
Groß vngefell in kryegs sachen
Jn lannden die ich nit will nennen
Jn kurtzer zeyt wirdt man sye kennen
Dern einfluß der Krebs vnd der Mon
Mit Jrer macht handt vnderthon
Die werden leyden groß vnseld
Bewar Got was da wechßt Jm feld
Das dem nit Reg noch wassers flůt
Bring etwas das da nit sey gut
Vom andern ways ich nit zeschreiben
Was die Planeten möchten treyben
Wo Got jn nit Jr würckung nem
Vnd mit sein gnaden das furkem
Got wendt des gestirnes krafft zu zeyten
Aber nach gemeinem lauffs bedeüten

So wirdt Jupiter zu schul gefurt
Der von jm selbs het studiert
Wann er nit wer verplent so gar
Des leyd er was jm widerfar
Saturne wer hat dir erlawbt
O Mars wie bist so gar ertaubt
Das ir auff heben strefflich hend
Jr wellen eylend zu dem end
Dar zu hilfft euch der vnstet Mon
Dannz naher Krebs das schiff wil gan
Wann man spricht wer het das gemeint
Lacht mancher gleich als ob er wayndt
Wer vil hat der wirdt sich beklagen
Wer nit hat wirdt den sack heym tragen
Got geb vnns frid in vnnsern tagen

Anno.M CCCCC.vnd viere.
Quarto Kalendas Januarij.

S. Brant.

Abb. 24 Einblatt-Druck des Sebastian Brant mit düsteren Prognosen und Warnungen hinsichtlich einer für das Jahr 1504 erwarteten »Zusammenkunft von Planeten« im Zeichen des Krebses.

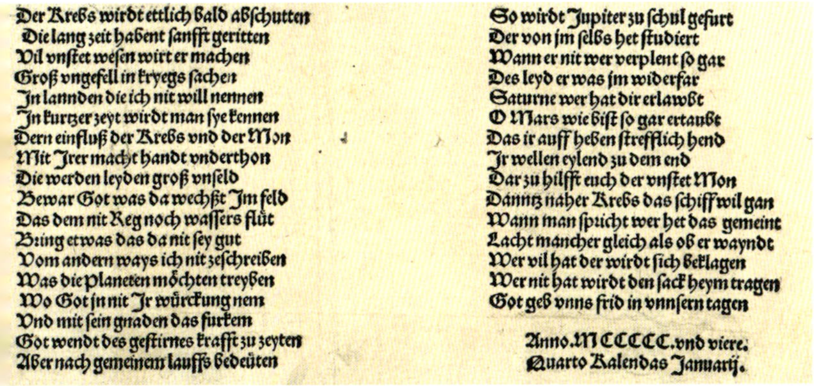

Der Krebs wirdt ettlich bald abschutten
Die lang zeit habent sanfft geritten
Vil vnstet wesen wirt er machen
Groß vngefell in kryegs sachen
Jn lannden die ich nit will nennen
Jn kurtzer zeyt wirdt man sye kennen
Dern einfluß der Krebs vnd der Mon
Mit Jrer macht handt vnderthon
Die werden leyden groß vnseld
Bewar Got was da wechßt Jm feld
Das dem nit Reg noch wassers flůt
Bring etwas das da nit sey gut
Vom andern ways ich nit zeschreiben
Was die Planeten möchten treyben
Wo Got jn nit Jr würckung nem
Vnd mit sein gnaden das furkem
Got wendt des gestirnes krafft zu zeyten
Aber nach gemeinem lauffs bedeüten

So wirdt Jupiter zu schul gefurt
Der von jm selbs het studiert
Wann er nit wer verplent so gar
Des leyd er was jm widerfar
Saturne wer hat dir erlawbt
O Mars wie bist so gar ertaubt
Das ir auff heben strefflich hend
Jr wellen eylend zu dem end
Dar zu hilfft euch der vnstet Mon
Dannz naher Krebs das schiff wil gan
Wann man spricht wer het das gemeint
Lacht mancher gleich als ob er wayndt
Wer vil hat der wirdt sich beklagen
Wer nit hat wirdt den sack heym tragen
Got geb vnns frid in vnnsern tagen

Anno.M CCCCC.vnd viere.
Quarto Kalendas Januarij.

Abb. 25 Albrecht Dürer: *Hummer*, 1495.

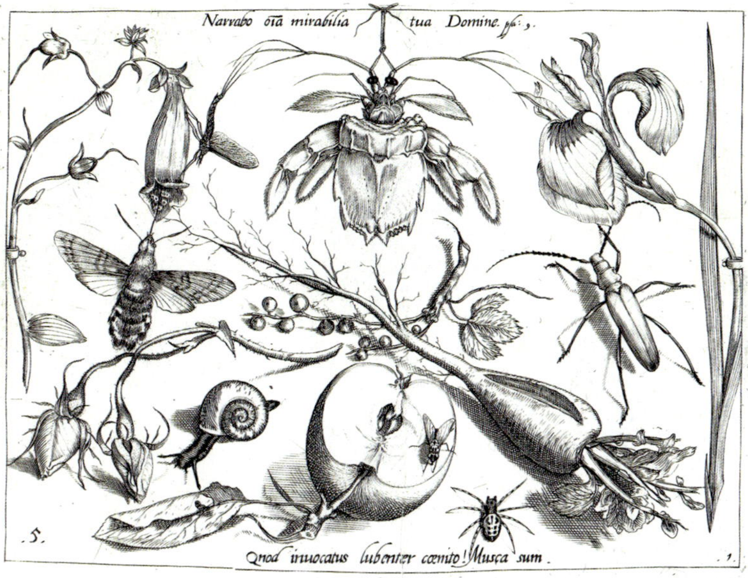

26 a

26 b

Abb. 26 a, b
Georg Hoefnagels Darstellung eines »Krebses«, der aus den beiden Enden des Fangschreckenkrebses *Squilla mantis* zusammengesetzt ist (Mitte, oben).
Zum Vergleich ist unten der komplette Krebs abgebildet. Die mächtigen Fangbeine des Tieres sind in der hier dargestellten Ruheposition unter dem Körper zusammengeklappt und in Aufsicht nicht zu erkennen.

27 a

27 b

Abb. 27 a, b Darstellungen von Krebsen in der japanischen Kunst.

Links: Katsushika Hokusai (1760–1849), *Krabbe und Blumen*, Farbholzschnittdruck.

Oben: Katsushika Hokusai, *Krebse* (Kami-Zukushi), Tuschezeichnung auf Seide. Die Zeichnung zeigt außer verschiedenen Arten von Krabben (Brachyuren) auch einen Bärenkrebs sowie einen nicht zu den Krebsen, sondern in die Verwandtschaft der Spinnentiere gehörenden Pfeilschwanzkrebs (rechts unten).

Abb. 28 Alexander Coosemans: *Stillleben mit Früchteschale, Hummer, Pokal und Kanne* (auch *Früchtestillleben mit Hummer und Brot*), ca. 1660.

Abb. 29 Anne Vallayer-Coster: *Stillleben mit Hummer*, 1781.

Abb. 30 Paul Klee: *Assjel im Gehege*, 1940.

Abb. 31 Pablo Picasso: *Chat et homard*, 1965.

Abb. 32 *The Lobster Quadrille* (Hummerballett). Illustration von John Tenniel aus Lewis Carroll: *Alice's Adventures in Wonderland*. London 1865.

33 a

Abb. 33 a, b
Salvador Dalí: *Minotaurus*, 1936,
und *Hummer-Telefon*
(Téléphone aphrodisiaque), 1936.

33 b

Abb. 34 Jeff Koons: *Lobster,* 2003, ausgestellt 2008/2009 im Salon de Mars des Schlosses von Versailles

10 DARWIN, RANKENFUSSKREBSE UND DIE EVOLUTIONSLEHRE

Kein Wissenschaftler hat neben seinen wissenschaftlichen Publikationen eine solche Fülle schriftlicher Zeugnisse seines Lebens hinterlassen wie Charles Darwin (1809–1882). Die umfangreiche Korrespondenz, Tage- und Notizbücher und selbst Manuskriptentwürfe sowie Randbemerkungen in Büchern und Schriften sind heute allgemein zugänglich.[1] Hinzu kommt eine immense Literatur zu praktisch allen Aspekten seines Lebens und seiner Persönlichkeit.[2] Und dennoch bleiben offene Fragen wie die nach dem Grund und der Bedeutung seiner langjährigen Arbeit über die Rankenfußkrebse (Cirripedia), also die Entenmuscheln und Seepocken (engl. *barnacles*). »One of the unexplained mysteries of Darwin's life is the fact that he took up the study of barnacles«, wie M. T. Ghiselin schreibt.[3]

Januar 1835: Die HMS *Beagle* kreuzt vor der chilenischen Küste. Das von der britischen Admiralität zu Vermessungsarbeiten ausgesandte Schiff befindet sich schon gut drei Jahre auf Weltreise. Als Naturforscher an Bord ist der junge Charles Darwin, der jede Gelegenheit zu Beobachtungen und zum Sammeln von Naturalien nutzt. An der Küste wecken leere Schneckenschalen, die mit Hunderten feiner Bohrlöcher übersät sind, Darwins Interesse. In jedem der untersuchten Bohrlöcher findet er ein winziges, kaum stecknadelkopfgroßes Tier, das am Grund des Bohrgangs festgewachsen ist. Die Tiere erinnern Darwin entfernt an Rankenfußkrebse, weichen aber in wesentlichen Merkmalen von jenen Vertretern dieser Gruppe ab, die er von den heimatlichen Küsten kennt. Er skizziert die Tiere, konserviert sie und fügt sie seiner Sammlung hinzu. Sie sind nur eines von unzähligen Objekten, die Darwin von der *Beagle*-Reise mit nach England bringt, doch die rätselhaften Tiere sollten ihn nicht mehr loslassen. Als er gut zehn Jahre später auf sie zurückkommt, ist dies der Beginn einer ausufernden Arbeit, die schließlich die gesamte Gruppe der Rankenfüßer umfassen, sein Leben über acht Jahre hin nahezu vollständig beherrschen und erheblichen Einfluss auf die Entwicklung der Evolutionstheorie nehmen sollte.

Die Rankenfüßer bilden die wohl außergewöhnlichste Gruppe der Krebse. Mit dem Kopf an einer harten Oberfläche festgewachsen, sind die Tiere unfähig zu aktiver Ortsveränderung. Der Körper liegt in einer von einer Hautfalte (Mantel) gebildeten wassergefüllten Höhle; Kalkplatten auf der Außenseite des Mantels bieten mechanischen Schutz. Mit dem Wechsel zu dieser sessilen Lebensweise wurden Sinnesorgane sowie Nervensystem reduziert und ehemalige Fortbewegungsorgane für den Nahrungserwerb umgebildet: Lange, vielgliedrige und fein behaarte Anhänge (die Rankenfüße) filtern feinstes Plankton aus dem Wasser. Sessile Tiere wie Schwämme oder Korallen geben ihre Geschlechtszellen einfach ins Wasser ab; bei Rankenfüßern findet hingegen wie bei ihren mobilen Vorfahren eine Begattung statt, die in ihrem Fall notwendigerweise auf Partner beschränkt ist, die innerhalb der Reichweite des Begattungsorgans siedeln. Die Tendenz der Tiere, in enger Nachbarschaft zu siedeln, erleichtert die Partnerfindung. Zudem besitzen die Tiere Begattungsorgane, die bis auf das Zehnfache der Körperlänge ausgestreckt werden können – es handelt sich um die relativ zur Körpergröße längsten Penes im Tierreich; und schließlich sind Rankenfüßer im Unterschied zu fast allen anderen Krebsen Zwitter, sodass jedes (und nicht nur im Mittel jedes zweite) erreichbare Individuum auch potenzieller Partner ist.

Entenmuscheln und Seepocken bilden die beiden Hauptgruppen der Rankenfüßer (Abb. 18). Bei Entenmuscheln ist die Anheftungsregion zu einem langen, fleischigen und kontraktilen Stiel ausgezogen. Manche siedeln bevorzugt auf Treibgut aller Art, andere auf Felsböden. Seepocken sitzen ihrem Substrat hingegen mit einer flachen Scheibe auf; ihre Kalkplatten bilden kleine kegelförmige Gebilde, in denen die Tiere wie in einer Festung geschützt sind. Bekannt sind sie vor allem wegen ihres massenhaften Vorkommens in der Gezeitenzone felsiger Küsten. Entenmuscheln und Seepocken treten auch als blinde Passagiere an Schiffsrümpfen auf und siedeln als Epizoen auf anderen Tieren.

Die Stellung der Rankenfüßer im System der Tiere war lange Zeit rätselhaft. Der deutsche Name Entenmuschel konserviert einen zweifachen historischen Irrtum. Der mit dem Begriff »Ente« verbundene Irrtum wurde bereits in Kapitel 9 aufgelöst. Dem Irrtum hinsichtlich des Begriffs »Muschel« unterlagen lange Zeit selbst die bedeutendsten Vertreter der Wissenschaft, indem sie Entenmuscheln und Seepocken ihrer Kalkschalen wegen zu den Mollusken zählten. Anlass zu einer Neubewertung gab die im frühen 19. Jahrhundert aufblühende Planktonforschung. Viele der merkwürdigen Kleinlebewesen des Planktons, die man zuvor für eigenständige Arten gehalten hatte, erwiesen sich als Jugendstadien (Larven) völlig andersartiger Meerestiere. Solche umfassenden Veränderungen von Bau und Lebensweise im Lebenszyklus (Metamorphosen) waren bis dahin nur von Insekten bekannt. Der britische Naturforscher John Vaughan Thompson entdeckte die Metamorphose der Krebse, als er die Umwandlung eines zuvor unter dem Namen Zoëa beschriebenen Plankton-Lebewesens zu einer bodenlebenden Krabbe beobachtete. Auch für die sessilen Rankenfüßer konnte Thompson 1830 zeigen, dass diese sich über frei schwimmende Larven entwickeln. Diese Entwicklung beginnt mit einer einfachen und (wie sich später zeigen sollte) unter Krebsen weitverbreiteten und für sie typischen kleinen Schwimmlarve, dem Nauplius. Er wächst unter wiederholten Häutungen heran und verwandelt sich schließlich in einen zweiten, völlig andersartigen Larventyp. Diese Cypris-Larve nimmt keine Nahrung mehr auf, sucht nach einem geeigneten Ort, um sich dort mit ihren Antennen unumkehrbar festzuheften und danach in eine Seepocke oder Entenmuschel zu verwandeln, die auf den ersten Blick wenig mit Krebsen gemeinsam hat.

Während der ersten zehn Jahre nach der Rückkehr von der *Beagle*-Reise im Dezember 1836 bearbeitete und veröffentlichte Darwin die Ergebnisse der Expedition. Sein Reisebericht wurde ein großer Erfolg, und mit Arbeiten über Fossilien, vulkanische Inseln sowie Korallenriffe begründete er seine Reputation als Geologe. Die Bearbeitung des zoologischen und botanischen Materials überließ er hingegen Experten und beschränkte sich auf die Tätigkeit eines Herausgebers. Darwin hatte aber nicht nur wertvolles Sammlungsmaterial von seiner Reise mitgebracht, sondern auch eine Fülle von Fragen. Seine geheimen Tagebücher belegen, dass er schon früh begann, ein wissenschaftliches Doppelleben zu führen. Unter dem Eindruck fossiler Dokumente war mittlerweile zwar allgemein akzeptiert, dass in der Erdgeschichte Arten ausgestorben und neue Arten aufgetreten waren. Letztere galten aber als Neuschöpfungen, und so blieb das Dogma von der Konstanz der Arten unangetastet. Schon 1837 gelangte Darwin jedoch zu der Überzeugung, dass Arten sich verändern und ihre Zahl sich durch Aufspaltung existierender Arten vermehrt. So entstand die Vorstellung einer realen Verwandtschaft aller Lebewesen – die Vorstellung eines »Lebensbaums«, aus dessen Basis (dem allen gemeinsamen Urahn) durch Verästelung der Abstammungslinien alle ausgestorbenen sowie lebenden Arten hervorgegangen sind.

Die Idee einer organismischen Evolution war seit der Antike wiederholt vertreten worden – zuletzt auch von Charles Darwins Großvater Erasmus Darwin (1731–1802) und dem bekanntesten Evolutionisten des frühen 19. Jahrhunderts, dem Franzosen Jean-Baptiste de Lamarck (1744–1829). All diese Vorstellungen blieben aber weitgehend folgenlos, da sie leichthin als metaphysische Spekulation abgetan werden konnten. Eine Evolutionstheorie, die diesem Schicksal entgehen wollte, musste nicht nur mit eindrucksvollen Belegen für den historischen Prozess aufwarten, sondern vor allem auch einen plausiblen Mechanismus der Veränderung präsentieren. Darwin entwickelte immer neue Ideen hierzu und verwarf sie, bis ihn dies 1839 zur Entdeckung des Prinzips der natürlichen Auslese führte. Die in einer Population zufällig und nach allen Richtungen hin auftretenden Abweichungen von einem »Idealtypus« sind, wie Darwin erkannte, keine bedeutungslosen »Verirrungen«, sondern das Rohmaterial des Wandels. Alle Arten produzieren Nachkommen im Überschuss, während ihr Bestand infolge begrenzter Ressourcen über die Generationen hin mehr oder weniger stabil bleibt. Unter der Voraussetzung, dass die Unterschiede zwischen Individuen deren Lebenstauglichkeit beeinflussen und erblich sind, sollten jene Varianten, die in einer bestimmten Situation bzw. für eine bestimmte Aufgabe besser geeignet sind als andere, in der nächsten Generation auch mit größerem Anteil vertreten sein. Dies ist der so einfache und – sofern die Voraussetzungen erfüllt sind – logisch zwangsläufige Prozess der natürlichen Auslese, der durch eine Kumulation kleinster Schritte über viele Generationen und lange Zeiträume hinweg Arten verändert, in andere umwandelt und an eine bestimmte Lebensweise und Umwelt anpasst. Die von Züchtern betriebene künstliche Auslese, durch die – ausgehend von geringsten Unterschieden zwischen den Individuen einer Wildform – je nach Zuchtziel höchst unterschiedliche neue Sorten erzeugt werden können, diente Darwin als Modell der natürlichen Auslese.

1842 und (in einer erweiterten Version) 1844 fasste Darwin seine Belege für die Evolution als historischen Vorgang sowie seine Theorie der natürlichen Auslese in einem längeren Essay zusammen, der im Fall seines Todes veröffentlicht werden sollte. Nach sechs Jahren Geheimhaltung weihte er auch seine engsten Freunde, den Geologen Charles Lyell (1797–1875) und den Botaniker Joseph Dalton Hooker (1817–1911), in seine Ideen ein. »Mir ist, als gestände ich einen Mord«[4], schrieb er an Hooker. Als 1846 die Ergebnisse der *Beagle*-Expedition publiziert waren, hätte Darwin sich ganz seiner Evolutionstheorie widmen können. Dreizehn weitere Jahre sollten jedoch vergehen (darunter zunächst acht Jahre, die den Rankenfußkrebsen galten), bis Darwin mit seiner Evolutionstheorie ans Licht der Öffentlichkeit trat, und auch dann geschah dies nur, weil ein anderer Autor dabei war, ganz ähnliche Vorstellungen zu entwickeln.

Es ist viel über die Gründe für Darwins langes Zögern, seine »Abschweifung« zu den Rankenfußkrebsen und die Bedeutung dieser Arbeit spekuliert worden. Darwin war sich der gesellschaftlichen Brisanz seiner Theorie bewusst. Die Evolution als Faktum und viel mehr noch die Theorie der natürlichen Auslese waren ein frontaler Angriff auf die von der anglikanischen Staatskirche beherrschte Gesellschaftsordnung. Zu deren Dogmen gehörte der Schöpfungsglaube, wie er von dem Theologen und Naturforscher William Paley (1743–1805) in seinem weitverbreiteten (und auch vom jungen Darwin bewunderten) Werk *Natural Theology* vertreten wurde. Danach waren alle Arten in einer unveränderlichen, nur innerhalb enger Grenzen variierenden Gestalt erschaffen und von ihrem Schöpfer in vollkommener Weise für ihre besonderen Bedürfnisse ausgestattet worden. Gerade diese wunderbare Zweckmäßigkeit galt als unbezweifelbarer Beweis für das Wirken eines allmächtigen und gütigen Schöpfergottes. Die Theorie der natürlichen Auslese bot nun aber erstmals einen plausiblen Mechanismus, durch den sinnvolle Ordnung und Zweckmäßigkeit ohne einen planenden Geist, allein auf der Grundlage allgemeiner Gesetze entstehen konnten.

Während seines Theologiestudiums in Cambridge hatte Darwin erlebt, wie jene, die die Doktrinen der Staatskirche infrage stellten, wissenschaftlich und sozial ausgegrenzt wurden. Dank seines familiären Hintergrundes war er zwar wirtschaftlich unabhängig, da ihm aber jeglicher Streit verhasst war, geriet er in einen kaum lösbaren Konflikt zwischen seinen wissenschaftlichen Überzeugungen und den Folgen, die deren Veröffentlichung mit sich gebracht hätte. Der Evolutionsbiologe Ernst Mayr (1904–2005) hat Darwins Arbeit über die Rankenfüßer als eine Flucht aus diesem inneren Konflikt gedeutet.[5] Andere haben in dem Konflikt sogar die Ursache der Krankheitsschübe gesehen, die Darwin immer wieder für längere Phasen seines Lebens arbeitsunfähig machten.

Bedeutender als eine mögliche Angst vor Ablehnung, Streit und Ausgrenzung war für Darwins Zögern aber wohl etwas anderes: Es war die Befürchtung, seine Theorie könnte noch nicht hinreichend überzeugend sein und wie frühere evolutionistische Vorstellungen als reine Spekulation abgetan werden. Unablässig bemühte er sich, mehr und mehr Indizien anzuhäufen, die Argumentation zu schärfen und möglichen Einwänden schon im Vorfeld entgegenzutreten. Und an solchen Einwänden hätte es nicht gefehlt: Die Mechanismen der Vererbung waren noch gänzlich unbekannt. Fossile Belege für die Evolution waren noch sehr lückenhaft; hochkomplexe Tiergruppen schienen ohne einfachere Vorläufer wie aus dem Nichts aufzutreten. Auch die Wahl der künstlichen Auslese als Modell für die natürliche Auslese war nicht wirklich überzeugend. So verschieden die aus einer Stammform hervorgegangenen Zuchtrassen (zum Beispiel bei Hunden oder Tauben) auch sein mochten, niemals war dabei die Artgrenze überschritten worden. Zudem war bei der künstlichen Auslese in Gestalt des Züchters und des von ihm verfolgten Zuchtziels gerade jene planerische Intelligenz am Werk, die durch das Prinzip der natürlichen Auslese aus dem Evolutionsvorgang eliminiert wurde. Schließlich wäre es auch um Darwins Kompetenz gegangen. Mit der Bearbeitung des *Beagle*-Materials hatte Darwin sich zwar einen Namen als Geologe gemacht, die Biologie aber, die

Beschreibung und Unterscheidung neuer Arten, hatte er anderen überlassen. Eine Kritik Hookers an Autoren, die das Artenproblem behandelten, musste Darwin auch auf sich selbst beziehen: »Wie schmerzlich wahr ist für mich doch Ihre Bemerkung, dass niemand ein Recht habe, das Problem der Arten zu behandeln, der nicht viele davon genau beschrieben hat.«[6]

In dieser Situation scheint Darwin sich an jenen bizarren Rankenfußkrebs aus Chile und dessen ungeklärte Beziehung zu den typischen Vertretern dieser Gruppe erinnert zu haben. Was nun im Oktober 1846 als ein auf nur wenige Monate veranschlagter Abstecher gedacht war, um sich mit der Beschreibung einer zuvor unbekannten Art auch auf diesem Gebiet zu profilieren, sollte sich zu einer nahezu endlosen Arbeit ausweiten. Die verschiedenen Arten der Rankenfüßer hatte man bis dahin allein nach Schalenmerkmalen unterschieden; niemand schien aber den weichen Körper genauer untersucht zu haben – alles hier war wissenschaftliches Neuland. Um die mikroskopisch kleinen inneren Organe freizulegen, war großes Präparationsgeschick notwendig. Darwin beschaffte sich die besten damals verfügbaren Präparationsmikroskope, trotzdem war das ständige Sezieren eine für Augen und Handgelenke extrem ermüdende Tätigkeit. Bald zeigte sich, dass eine Klärung des sonderbaren Baus der Tiere und dessen Beziehungen zu demjenigen anderer Krebse unmöglich war, ohne weitere Arten zum Vergleich heranzuziehen. Darwin bemühte sich um Leihgaben von Museen sowie privaten Sammlern und bat Kollegen weltweit um Zusendung von lokal vorkommenden Rankenfüßern. Bald sah er sich einer immensen Vielfalt unterschiedlichster Formen gegenüber; Schritt für Schritt weitete sich die Arbeit auf praktisch alle bekannten lebenden und fossilen Arten der Rankenfüßer aus.

Darwins Arbeit über die Rankenfüßer stand schon völlig unter dem Einfluss seiner Evolutionstheorie, obgleich er direkte Hinweise darauf vermied. Die unterschiedlichen Formen der Rankenfüßer mussten danach in einem stetigen Prozess der Veränderung durch natürliche Auslese über sich verzweigende Abstammungslinien aus einer gemeinsamen Ahnform hervorgegangen sein, die ihrerseits Teil des Stammbaums der Krebse ist. Auch wenn die Übergangsformen ausgestorben (und höchstens fossil vertreten) waren, sollten sich Spuren solcher Übergänge auch im Vergleich lebender Arten finden lassen. Vor diesem Hintergrund entwickelte sich die Arbeit zu einem umfassenden Test auf die Widerspruchsfreiheit der Grundprinzipien der Evolutionsidee und der Theorie der natürlichen Auslese.[7] Darwin gelangen dabei Entdeckungen, die er (wie von ihm selbst betont) niemals gemacht hätte, wäre nicht die Evolutionsidee sein ständiger Begleiter gewesen. Bei seiner Beschreibung der Arten wurde Darwin mit den praktischen Problemen von deren Abgrenzung konfrontiert. Die beobachtete große individuelle Variabilität verführte Darwin sogar zu der falschen Annahme, Arten seien rein willkürlich für praktische Zwecke definierte Einheiten.[8] In einem stetigen Prozess der reinen Veränderung von Arten in aufeinanderfolgenden Generationen gibt es tatsächlich keine eigentliche Neubildung von Arten; eine solche müsste willkürlich definiert werden. Anders ist die Situation jedoch bei der Aufspaltung von Arten. Auch diese ist zwar ein stetiger Prozess, führt aber über eine Unterbrechung des Genflusses zu distinkten (und nicht willkürlich definierten) Einheiten. Als eine reale oder potenzielle Fortpflanzungsgemeinschaft, die von anderen solchen Gemeinschaften genetisch isoliert ist, bildet die Art die Grundeinheit der Klassifikation von Tieren und Pflanzen.

Mit Darwins Rankenfüßer-Arbeit begann auch eine neue Phase für die Systematik und Klassifikation von Lebewesen. Die Beschäftigung mit den Rankenfüßern war es, die Darwin die besondere Bedeutung der Frühentwicklung für die Evolutionslehre und die Stammbaumrekonstruktion erkennen ließ. Viele Vorgänge in der Individualentwicklung bleiben rätselhaft, sofern sie nicht als Teil eines stammesgeschichtlichen Erbes betrachtet werden. Durch das Auftreten krebstypischer Larven in ihrer Entwicklung waren die Rankenfüßer für Darwin eindeutig als (wenn auch in Hinblick auf ihre spätere Lebensweise stark modifizierte) Krebse ausgewiesen. Diese Ansicht war zu Darwins Zeiten aber nicht unumstritten. Richard Owen (1804–1892), der bedeutendste Anatom und Paläontologe seiner Zeit, hatte sich zwar nach langem Widerstand zum Evolutionisten gewandelt, blieb aber schärfster Kritiker der Theorie der natürlichen Auslese. Owen glaubte an eine göttlich gelenkte, auf bestimmte »höhere« Ziele hin gerichtete Evolution. Ziel einer solchen konnte es nicht sein, hoch entwickelte Krebse zu »degenerierten« Rankenfüßern umzubilden. Die ausgewachsenen Rankenfüßer standen für Owen wegen ihrer Sessilität und Zwittrigkeit nicht auf der hohen Entwicklungsstufe von Krebsen und wurden diesen folglich nicht zugerechnet. Anders ihre Larven: Diese repräsentierten angeblich jenen Fortschritt, durch den die Rankenfüßer in einer aufstrebenden Linie Anschluss an die Krebse gewannen. So wurde der Verlauf der Evolution auf den Kopf gestellt und die Rankenfüßer zu Vorgängern der Krebse.[9] Owens Vorstellung zeigt, welch kuriose Konsequenzen es haben kann, wenn sich eine Klassifikation nicht an der Genealogie, sondern an anderen Kategorien wie etwa an einer postulierten »Entwicklungshöhe« orientiert.

Für eine vollständige Rekonstruktion des Stammbaums der Rankenfüßer fehlten Darwin noch wesentliche Elemente.[10] In einem Brief an Thomas Henry Huxley zeigte sich Darwin jedoch optimistisch, dass einmal genaue Stammbäume für alle Organismen erstellt werden könnten.[11] Mit den modernen molekulargenetischen Methoden der Verwandtschaftsanalyse, die sich unmittelbar an den Genen orientieren, verfügen wir heute über ein Instrumentarium, diese Vorhersage zu erfüllen. Darwin erkannte darüber hinaus klarsichtig, dass solche Stammbäume die Möglichkeit bieten, die ständigen Auseinandersetzungen um ein »natürliches System« zu beenden.[12] Eine Klassifikation, die sich strikt an der Genealogie orientiert, eliminiert alle subjektiven Entscheidungen über den Wert von Merkmalen sowie den Grad der Verschiedenheit und macht dadurch die Systematik überhaupt erst zu einer Wissenschaft. Darwins Anregungen blieben lange Zeit weitgehend folgenlos, bis in den 1950er-Jahren insbesondere der deutsche Entomologe Willi Hennig (1913–1976) die theoretische Basis sowie strikte methodische Regeln für die Rekonstruktion von Stammbäumen und deren Überführung in ein klassifikatorisches System erstellte. Nach langen, scharfen Kontroversen darüber, wie weitgehend sich ein System an der Genealogie orientieren sollte, ist die konsequent daran ausgerichtete phylogenetische Systematik (Kladistik) heute als einziges in sich logisches System der Klassifikation weitestgehend akzeptiert.

»Ich bin inzwischen ein Mann, der nur einen Gedanken kennt: Cirripedien von morgens bis abends«[13], schrieb Darwin 1853 an Huxley. Über den geregelten Tagesablauf während dieser Zeit heißt es in der Darwin-Biografie von Desmond und Moore: »… ein Tag glich dem nächsten. Ein frühes Frühstück, dann Rankenfüßer bis zum Eintreffen der Post; anschließend weitere Rankenfüßer, ein rascher Spaziergang und Mittagessen; der Nachmittag zur Erholung mit Lektüre, Korrespondenz und einem Mittagsschläfchen; dann ein weiterer Schwung Rankenfüßer bis zum Abendbrot, gefolgt von Backgammon; schließlich Bettruhe.«[14] Während der Jahre der Arbeit an den Rankenfüßern wuchsen Darwins Kinder heran, denen diese Beschäftigung als die übliche Tätigkeit eines erwachsenen Mannes und Vaters vorgekommen sein muss. Bei einem Besuch im Haus eines Spielkameraden soll eines der Kinder Darwins gefragt haben: *»Where does your daddy do his barnacles?«*

Mit den Rankenfüßern verband Darwin bald eine regelrechte Hassliebe. Da waren zwar die wiederholten Klagen gegenüber seinen Briefpartnern über eine nicht enden wollende Plackerei und gelegentlich aufkommende Zweifel am Wert der Arbeit. So ganz ernst gemeint scheinen diese Klagen aber nicht immer gewesen zu sein, waren die Tiere für ihn doch auch immer wieder seine »geliebten Rankenfüßer«, denen er aufregende Entdeckerfreuden verdanke. Im Oktober 1854 waren die Arbeiten endlich abgeschlossen. Eine umfassende Monografie der Gruppe aus je zwei voluminösen Bänden über lebende und fossile Entenmuscheln und Seepocken waren die Frucht einer Tätigkeit, die sich über ganze acht Jahre hingezogen hatte. Durch die beispiellos gründliche Bearbeitung der Rankenfüßer ist diese Gruppe heute so eng mit dem Namen Darwins verbunden wie keine andere Tiergruppe mit dem Namen eines einzelnen Wissenschaftlers.[15]

Mag Darwins ausdauernde Hingabe an die Rankenfüßer-Arbeit schon bei einigen seiner Freunde und Kollegen auf leichtes Unverständnis gestoßen sein, so galt dies umso mehr für Außenstehende. Edward Bulwer-Lytton (1803–1873), ein englischer Politiker und seinerzeit erfolgreicher Romanautor, ließ in seinem Roman *Was wird er damit machen?* die leicht als Karikatur Darwins zu erkennende Figur des Professors Long auftreten, der zwei dicke Bände über »Napfmuscheln« geschrieben hat, was (so die richtige Vermutung des Autors) nur einem unabhängigen, vermögenden Mann möglich gewesen sei.[16] Ironisch wird bedauert, dass Napfmuscheln nicht lesen können, da das Werk sonst sicher interessierte Leser gefunden hätte und nicht bis »zum Donner des Jüngsten Gerichtes« unaufgeschnitten liegen bleiben müsste. Da aber der Mensch nicht zu den Schalentieren gehöre, sei die Geschichte der Napfmuscheln für ihn das, was für die Napfmuscheln die Geschichte des Menschen sei. Unter den Lesern Bulwer-Lyttons mag dies für Heiterkeit gesorgt haben – ein erwachsener Mann, der Jahre seines Lebens der Erforschung absurder Randexistenzen widmet –, in Kreisen der Wissenschaft wurde dies letztlich doch anders gewertet: Im Jahr 1853 wurde Darwin von der Royal Society die Royal Medal, die höchste wissenschaftliche Auszeichnung des Landes, für seine Rankenfüßer-Arbeit verliehen.

Darwin arbeitete nun endlich konzentriert an seinem »Artenbuch«. Er war davon überzeugt, nur mit einem umfassenden, mehrbändigen Werk, für das er einige weitere Jahre Arbeit veranschlagte, seine Theorie erfolgreich vertreten zu können. Seine Vertrauten drängen ihn erfolglos, zunächst wenigstens eine Kurzfassung zu veröffentlichen, um sich die Priorität an der Theorie der natürlichen Auslese zu sichern. Denn es gab erste Hinweise, dass ein gewisser Alfred Russel Wallace (1823–1913), der als Autodidakt zur Naturkunde gekommen war und in tropischen Ländern seinen Lebensunterhalt mit dem Fang und Verkauf exotischer Tiere verdiente, dabei war, aus seinen umfangreichen biogeografischen Untersuchungen ähnliche Vorstellungen wie Darwin zur Veränderlichkeit der Arten (»grenzenlose Modifizierbarkeit«) zu entwickeln. Am 18. Juni 1858 erhielt der konsternierte Darwin ein kurzes, zur Veröffentlichung gedachtes Manuskript von Wallace aus dem Malaiischen Archipel, in dem dieser ebenfalls das Prinzip der natürlichen Selektion skizzierte. Darwins einflussreichen Freunden Lyell und Hooker gelang es, ein Arrangement zu finden, um Darwin und Wallace als unabhängige Entdecker der natürlichen Auslese zu präsentieren. Auf einer Sitzung der Linnean Society in London am 1. Juli 1858 wurden, in Abwesenheit der beiden Autoren, der Text von Wallace sowie Darwins Entwurf von 1844 verlesen; eine auszugsweise Publikation folgte bereits am 20. August 1858.[17]

Unter Zeitdruck stellte Darwin nun eine Version seiner Evolutionstheorie zusammen, die im November 1859 unter dem Titel *On the origin of species by means of natural selection, or the preservation of favoured races in the struggle for life* erschien und das wohl einflussreichste wissenschaftliche Werk aller Zeiten darstellt. Es war immer noch nicht das von Darwin geplante Opus magnum (ein solches ist niemals erschienen), aber doch weit mehr als eine Kurzfassung. Die Erstauflage von 1250 Exemplaren war schon am Tag des Erscheinens vergriffen; Neuauflagen und Übersetzungen folgten rasch. Während das Werk enthusiastische Zustimmung unter jüngeren Wissenschaftlern, aber auch (zu Darwins Missfallen) in antiklerikalen und politisch-revolutionären Kreisen fand, stieß es im anglikanischen und wissenschaftlichen Establishment auf entschiedene Ablehnung. Aus den nun folgenden heftigen Disputen hielt Darwin selbst sich heraus; er hatte mittlerweile engagierte Verteidiger, Männer, die im wissenschaftlichen Streit erprobt waren. In England war dies insbesondere Thomas Henry Huxley, seiner kämpferischen Natur wegen als *Darwin's bulldog* bezeichnet. In Deutschland erwies sich vor allem Ernst Haeckel (1834–1919), »der deutsche Darwin«, als eifriger Vertreter der Evolutionslehre. Er rief aber auch entschiedenen Widerstand in manchen Kreisen dadurch hervor, dass er das Evolutionsprinzip rein spekulativ (wie es Darwin ein Gräuel war) über den biologischen Bereich hinaus auf nahezu sämtliche Vorgänge des menschlichen Zusammenlebens ausweitete. In Frankreich, wo sich zunächst kein bedeutender Verteidiger und Popularisierer der Darwin'schen Theorie fand, sollte sich deren Akzeptanz deutlich verzögern.

Zwei besonders sensible Punkte hatte Darwin in seinem Werk zunächst vermieden: Das war zum einen die Frage nach der Entstehung der ersten Lebensform, dem hypothetischen gemeinsamen Urahnen aller lebenden und fossilen Arten. Und zum anderen war es die Frage nach dem Menschen als Teil des Stammbaums der Tiere. Diese wurde von Darwin mit einem der berühmtesten Understatements der Wissenschaftsgeschichte nur angedeutet: *»Light will be thrown on the origin of man and its history.«*[18] Dennoch konzentrierte sich die öffentliche Diskussion rasch auf die Frage nach der Stellung des Menschen. Die Vorstellung vom Menschen als eines nahen realen Verwandten der heutigen Affen führte zu emotional stark aufgeladenen Reaktionen, da sie für viele einer Entwürdigung des Menschen gleichkam.

Wegen der Fülle voneinander unabhängiger Belege aus ganz verschiedenen Disziplinen sowie der Klarheit der Argumentation wurde die Evolution als historisches Geschehen innerhalb eines Jahrzehnts von nahezu der ganzen wissenschaftlichen Welt als Faktum akzeptiert. Wo sich noch Widerstand zeigte, war dieser religiös-ideologisch motiviert. Die reine Anhäufung oft verwirrender, beziehungsloser und unerklärlicher Fakten, aus denen die Biologie zuvor bestanden hatte, wurde durch die Evolutionslehre zu einem schlüssigen Gesamtbild zusammengefügt. Der Genetiker Theodosius Dobzhansky (1900–1975) hat dies so formuliert: »*Nothing in biology makes sense except in the light of evolution.*«[19] Neue Fossilfunde füllten schon zu Darwins Lebzeiten nach und nach die Lücken in der geologischen Beweisführung. 1863 wurde im fränkischen Solnhofen ein Fossil (der »Urvogel« *Archaeopteryx*) aus der Zeit der Dinosaurier entdeckt, das Reptilien- mit Vogelmerkmalen verband. Und 1864 wurde der Neandertaler als erster fossiler Vertreter der Gattung *Homo* beschrieben.

Ganz anders das Schicksal der Theorie der natürlichen Auslese. Wegen der logischen Zwangsläufigkeit konnte es zwar niemals darum gehen, *ob* eine natürliche Auslese stattfindet, sondern allein darum, welche Bedeutung ihr für den evolutionären Wandel zukommt. Anders als heute gab es zu Darwins Zeiten aber noch keine direkten Beweise für das Wirken der natürlichen Auslese. Da die meisten damaligen Schätzungen von einem nicht allzu hohen Alter der Erde ausgingen, galt es zudem lange als zweifelhaft, ob ein Mechanismus, der sich auf zufällig und richtungslos entstehende Varianten als Material der Auslese stützt, den evolutiven Wandel während der verfügbaren Zeit hervorbringen konnte. Die Gesetze der Vererbung waren Darwin noch unbekannt, auch fehlten noch klare Vorstellungen von vielen zentralen Begriffen (Mutation, Population, Art, Isolation). Erst mit der modernen (»synthetischen«) Evolutionstheorie der 1940er-Jahre wurde die natürliche Auslese als wichtigste treibende Kraft des evolutionären Wandels allgemein akzeptiert. Auch wenn die Theorie der natürlichen Auslese lange umstritten blieb, war sie doch von großer Bedeutung für die rasche Akzeptanz der Evolution als historischer Vorgang, da sie zum ersten Mal einen Mechanismus aufzeigte, durch den Arten sich zumindest prinzipiell auf rein natürlichem Weg verändern und anpassen können.

Im Rückblick war es gerade Darwins Verzicht auf eine vorschnelle Publikation seiner Ideen, die es ihm erlaubte, jene Fülle von Material anzuhäufen, die der Evolutionstheorie zu einem raschen Durchbruch verhalf. Durch die Beschäftigung mit den praktischen und theoretischen Problemen der umfassenden Rankenfüßer-Monografie konnte Darwin auch auf dem Gebiet der Systematik Autorität beanspruchen. Manche Aspekte seiner Theorie waren Darwin überhaupt erst während dieser Arbeit klar geworden, sodass er seine Argumente schärfen konnte. Am Modell der Rankenfüßer hatte die Evolutionstheorie also einen praktischen Test bestanden; in gestärktem Vertrauen auf deren Richtigkeit konnte Darwin seine Theorie nun weiter ausarbeiten.

Als diese endlich publiziert wurde, hatte er einen großen Kreis einflussreicher Freunde, die ihn unterstützten, auch wenn sie nicht in allem seiner Meinung waren. Dabei mag Darwin zugutegekommen sein, dass er als wirtschaftlich unabhängiger Mann niemals in das akademische Ränkespiel um Posten und Einfluss verwickelt war. Auch auf eine wachsende Schar junger Zoologen und Botaniker konnte Darwin zählen. Niemand konnte ihm leichtfertige Spekulationen vorwerfen; sorgfältig waren alle Argumente abgewogen worden. Sicher hätte sich die Idee der Evolution und der natürlichen Auslese als ihre Haupttriebkraft auch ohne Darwins »Ausflug« zu den Rankenfußkrebsen durchgesetzt; zu ihrem raschen Triumph dürfte seine Arbeit über diese sonderbare Gruppe der Krebse aber einen nicht unwesentlichen Beitrag geleistet haben.

11 ASSELN – EHRENRETTUNG EINES »UNGEZIEFERS«

Umgangssprachliche und volkstümliche Bezeichnungen für Tiere führen nicht selten in die Irre. So haben auch manche »Krebse« mit denen des zoologischen Systems nichts zu tun. Die urtümlichen Pfeilschwanzkrebse (oder Hufeisenkrabben) gehören in den Verwandtschaftskreis der Spinnentiere, und Baumhummer sind große, flugunfähige Insekten aus der Gruppe der Gespenstschrecken. Auch »de bös' Krewt«, der fliegende böse Krebs, der nach altem mecklenburgischem Volksglauben vor allem in der Johannisnacht auf Höfen und in Gärten vielfältige Schäden anrichten und Menschen tödliche Stiche versetzen soll, ist kein Krebs, sondern die Maulwurfsgrille.[1]

Umgekehrt werden manche Krebse, obgleich sie enge Begleiter des Menschen sind, von den wenigsten als solche erkannt. In den feuchten, dunklen Ecken unserer Keller, in Garagen, Geräteschuppen und Gartenlauben muss man nicht lange nach Krebsen suchen; unter freiem Himmel genügt es, im morschen Holz von Baumstrünken, im Falllaub oder in einem Komposthaufen herumzustochern, einen größeren Stein umzudrehen, einen Blumenkübel zur Seite zu rücken oder einen feuchten Schacht aufzudecken. Meist gleich scharenweise werden dabei die lichtscheuen Tiere aufgeschreckt und fliehen hektisch in alle Richtungen auf der Suche nach einem neuen Versteck. Es handelt sich um Asseln (Isopoden), genauer um jenen Teil dieser Krebsgruppe, der die Landasseln (Oniscidea) bildet. Ihre häufigsten heimischen Vertreter sind die Mauer- und die Kellerassel sowie die sich bei Bedrohung einrollende Kugelassel. Diese Tiere haben das geschafft, woran der Krebs in der äsopischen Fabel gescheitert ist. Dort heißt es: Der Krebs stieg aus dem Wasser und ließ sich an einer Küste nieder. Als der Fuchs seiner ansichtig wurde, lief er herbei und fing ihn. Da meinte der Krebs, als er gerade verspeist werden sollte: Es geschah mir schon recht; denn wozu wollte ich, der ich ein Meeresbewohner bin, auf dem Lande leben?[2]

Von der Allgegenwart und Bekanntheit der Tiere zeugt eine Vielzahl volkstümlicher und oft geradezu zärtlich-liebevoller Namen, die heute vergessen sind: Eselchen, Kelleresel, Kellerwurm, Schäfchen, Holzwentel, Ohrenmückel und viele andere. Der Name Assel hat seinen Ursprung im lateinischen *asellus* (kleiner Esel), vermutlich wegen der aschgrauen Rückenseite vieler Arten. Unter der Bezeichnung Millipedes (oder Aselli) wurden die Tiere bis in das 19. Jahrhundert in Apotheken als Heilmittel vertrieben (vgl. Kapitel 12). Heute würden die meisten Menschen die Tiere wohl als Insekten ansprechen oder sie schlicht als »Ungeziefer« abtun: ein lichtscheues Gesindel, das in Dreck und Fäulnis ein abgeschiedenes Leben fristet und keiner genaueren Ansprache wert ist.

Wer sein angestammtes Lebensumfeld verlässt, gerät in Schwierigkeiten. Der Krebs der Fabel, der dem Meer entsteigt, begegnet auf dem Land einem Feind, dem er nicht gewachsen ist. Die reichlich moralinsaure Fabel mahnt uns: Verlege dich nicht auf Dinge, die nicht zu dir passen! Ein überlegener Feind wäre aber nicht das einzige Problem, dem sich der unternehmungslustige Krebs gegenübersähe. Er drohte auszutrocknen und zu ersticken; er litte unter ungewohnten Temperaturen; seine Beine müssten ohne die Auftriebskraft des Wassers eine Last tragen, für die sie nicht gebaut sind; und er wäre einer energiereichen Strahlung ausgesetzt, vor der er im Wasser geschützt war. Dies wären nur die größten der vielen Probleme, die jedem Tier zu schaffen machten, das von seinem angestammten Lebensraum im Wasser auf das Land vorzudringen versuchte.

Dennoch hat das Leben auf unserem Planeten nicht nur alle Lebensräume des Meeres bis in die Tiefseegräben, sondern auch jene der Süßgewässer und des festen Landes einschließlich des Luftraums erobert. Im Evolutionsprozess werden Veränderungen belohnt, die neue Ressourcen erschließen und den Druck lästiger Konkurrenten und Feinde verringern. Von einer hypothetischen, allen irdischen Lebewesen gemeinsamen Urform aus wurde so durch eine fortgesetzte Aufspaltung von Arten und deren genetische Anpassung an unterschiedliche Lebensräume und Lebensweisen die gesamte Kruste des Planeten (die Biosphäre) mit Millionen unterschiedlicher Lebensformen gefüllt. Die Eroberung des festen Landes war der ökologisch folgenreichste Milieuwechsel und ein Schlüsselereignis im Evolutionsepos auf der Erde. Sie erfolgte unabhängig voneinander in verschiedenen Gruppen von Organismen und zu verschiedenen erdgeschichtlichen Zeiten. Immer aber war sie ein langer, sich über Millionen von Jahren und unzählige kleine Schritte erstreckender Prozess, der mit grundlegenden genetischen Veränderungen von Körperbau, Körperfunktionen und Verhalten verbunden war.

Am 21. Juli 1969 fieberte die halbe Welt vor Radio- und Fernsehgeräten mit, als zum ersten Mal Menschen einen anderen Himmelskörper betraten. Auf einer Pressekonferenz vor dem Start der Apollo-11-Mission zum Mond zog der Ingenieur und Projektleiter Wernher von Braun (1912–1977) einen bemerkenswerten Vergleich: »Ich halte dieses Ereignis für ebenso wichtig für die Menschheitsentwicklung wie jenen Augenblick, in dem das Leben aus dem Meer auf das feste Land kroch.«[3] Ob sich der Schritt in den Weltraum wirklich als ähnlich bedeutsam erweisen wird wie jener vom Meer zum Land, kann nur die Zukunft zeigen; *wie* diese Schritte gegangen wurden, hätte jedoch unterschiedlicher nicht sein können: Als sich der moderne *Homo sapiens* von Ostafrika aus über alle Klimazonen des festen Landes ausbreitete und schließlich begann, auch die Meere, den Luftraum und das Weltall zu erobern, geschah dies *ohne* grundlegende genetische Veränderungen oder gar eine Aufspaltung in getrennte Arten, und es geschah zudem in einem Zeitraum, der – verglichen mit jenem der biologischen Evolution – einem Wimpernschlag gleichkommt. Es waren kulturelle und technisch-wissenschaftliche Innovationen, die es dem Menschen erlaubten, auch unter Bedingungen zu existieren, unter denen ihm dies von seiner biologischen Natur her unmöglich wäre.

Als Landlebewesen erscheint uns das Leben auf dem Land gleichsam als natürliche Form der Existenz. Das Leben auf unserem Planeten ist aber nicht nur vor etwa 3,6 Milliarden Jahren im Meer entstanden, es war auch während der längsten Zeit seiner Geschichte auf diesen Lebensraum beschränkt. Und die Mehrzahl der großen Tierstämme, die sich schon früh entwickelten, hat das Meer niemals verlassen. Das feste Land bietet dem Leben zwar vielfältige Chancen, erfordert aber auch die Lösung zahlreicher Probleme, die sich im Meer nicht stellen. Die ökologisch bedeutsamsten Landbesiedlungen durch Tiere erfolgten aus den Gruppen der Gliederfüßer und der Wirbeltiere heraus, nachdem Einzeller und Pflanzen ihnen den Weg bereitet hatten. Aus der Vielzahl der Gliederfüßer, die schon die kambrischen Meere besiedelten (vor 542–485 Millionen Jahren), haben im Ordovizium (vor 485–444 Millionen Jahren) und Silur (vor 444–419 Millionen Jahren) unabhängig voneinander Spinnentiere, Tausendfüßer und schließlich – als eine Seitenlinie der Krebse (siehe Einleitung) – die Insekten das trockene Land erobert.[4] Im Oberen Devon (vor etwa 385 Millionen Jahren) folgten auch die Wirbeltiere in Gestalt urtümlicher Amphibien. Ob diese Landgänge direkt vom Meer aus oder auf dem Umweg über das Süßwasser erfolgt sind, wird immer noch kontrovers diskutiert.

Aus der Reihe der Krebse hat es später weitere Landbesiedlungen gegeben, denen aber kein auch nur annähernd ähnlicher Erfolg beschieden war. Grund dafür war wohl schlicht und einfach der überragende Erfolg der frühen Landbesiedlung in Gestalt der Insekten: Mit einer kaum überschaubaren Fülle unterschiedlich spezialisierter Arten hatten diese bald das feste Land mit den sich dort bietenden Möglichkeiten der Existenz unter sich aufgeteilt und standen danach weiteren potenziellen Landeroberern aus ihrem Verwandtschaftskreis als überlegene Konkurrenten gegenüber. 95 Prozent der heutigen Krebsarten im traditionellen Sinne (das heißt der Krebse unter Ausschluss der Insekten) leben im Meer oder im Süßwasser.

Als Landtiere im engeren Sinne bezeichnen wir Tiere, die in ihrem gesamten Entwicklungszyklus von aquatischen Lebensräumen unabhängig sind. Solche Landlebewesen haben die Krebse nach der frühen Abspaltung der Insekten nur noch ein einziges Mal in größerem Umfang hervorgebracht – und zwar innerhalb der Asseln. Asseln bilden heute die ökologisch vielfältigste Gruppe der Krebse; mit zahlreichen Arten sind sie in fast allen marinen Lebensräumen sowie allen Arten von Süßgewässern vertreten und haben zudem echte Landtiere in ihren Reihen. Auch wenn manche Arten der Landasseln erst durch den Menschen weltweit verschleppt wurden, so waren die Tiere doch auch schon lange vor dessen Auftreten global verbreitet. Ihr Ursprung reicht also offensichtlich zurück in die Zeit des Superkontinents Pangäa, in dem alle Landmassen noch vereinigt waren, bis er vor etwa 200 Millionen Jahren in auseinanderdriftende Kontinente zerfiel.[5]

Der Landgang der Asseln wurde durch eine Besonderheit begünstigt, die schon ihre stammesgeschichtlichen Ahnen auszeichnete, als eine Landeroberung noch in ferner Zukunft lag. Die meisten Krebse verteilen ihre elterlichen Ressourcen auf eine große Zahl potenzieller Nachkommen, indem sie zahlreiche, aber damit zwangsläufig kleine Eier produzieren. Die Entwicklung im Ei endet in solchen Fällen mangels Nährstoffen auf einem sehr frühen Stadium. Winzige Schwimmlarven, die sich in Bau und Verhalten noch deutlich von den ausgewachsenen Tieren unterscheiden, verlassen die Eihülle und sind damit frühzeitig auf sich allein gestellt. Die ursprüngliche, für Krebse typische Larve ist der Nauplius, ausgestattet (nach Zyklopenart) mit einem unpaaren Auge sowie mit drei Paar Schwimmbeinen, die neben der Fortbewegung auch dem Nahrungserwerb dienen (Abb. 18). Die Nauplien durchlaufen eine lange, gefahrvolle Larvalphase mit nur geringen Aussichten, die Metamorphose zum fertigen Krebs zu erreichen. Eine Alternative besteht darin, weniger, aber dafür größere, nährstoffreichere Eier zu produzieren. So kann ein längerer Abschnitt der Entwicklung innerhalb der schützenden Eihülle durchlaufen, die Larvalphase verkürzt und damit die individuelle Überlebenschance erhöht werden. Im Extrem führt diese Tendenz zu einem kompletten Ausfall eines Larvenstadiums: Bei einer solchen *direkten* Entwicklung gleichen die Tiere beim Verlassen des Eies bereits weitgehend in Bau und Lebensweise den Erwachsenen. Obgleich alle Formen der Verteilung elterlicher Ressourcen grundsätzlich gleichwertig sind, kann doch je nach Lebensumständen die eine oder die andere Form erfolgreicher sein.

Asseln entwickeln sich direkt; zudem werden die relativ wenigen, dotterreichen Eier nicht frei, sondern in einen Brutraum (Marsupium) auf der Bauchseite des Muttertiers abgelegt. In diesem entwickeln sich die Embryonen wie in einer Art Miniaturaquarium, vor Austrocknung sowie Infektionen geschützt und von der Mutter mit Sauerstoff, Salzen und in manchen Fällen auch mit zusätzlichen Nährstoffen versorgt. Wenn die jungen Asseln den Brutraum schließlich verlassen, sind sie gut gerüstet für ein eigenständiges Leben. Eine direkte Entwicklung in einem Marsupium zeigen neben Asseln auch einige andere Krebsgruppen wie die Glaskrebse (Mysidaea) und die Flohkrebse (Amphipoda). Sie alle haben diese Eigenschaft von gemeinsamen Vorfahren übernommen und werden zur Gruppe der Ranzenkrebse (Peracarida) zusammengefasst.

Die Bedeutung einer direkten Entwicklung in einem schützenden Brutraum für eine Landeroberung zeigt sich bei einem Blick auf jene Versuche einer Landbesiedlung, die mehrfach unabhängig voneinander von Zehnfußkrebsen an tropischen Küsten ausgegangen sind. Es handelt sich um die stammesgeschichtlich jüngsten dieser Versuche, und sie betreffen verschiedene Krabben sowie Einsiedlerkrebse, unter denen sich auch der Palmendieb befindet. So gut die ausgewachsenen Tiere auch an ein Landleben angepasst sind – manche atmen ausschließlich atmosphärische Luft und ertrinken im Wasser –, ihre Frühentwicklung erfolgt weiterhin nach Art ihrer Vorfahren über aquatische Larven im Meer. Das Vorkommen der Tiere ist daher (anders als das der Landasseln) auf den küstennahen Bereich beschränkt, und Arten, die sich etwas weiter davon entfernen, wie etwa die Rote Landkrabbe der Weihnachtsinsel, sind zu kilometerlangen Laichwanderungen gezwungen.

Landasseln leben auf allen Kontinenten und in allen Klimazonen mit Ausnahme der ständig von Eis bedeckten Gebiete. In der kleinräumigen Verteilung zeigt sich aber eine bedeutende Einschränkung: Landasseln besiedeln Kleinlebensräume, die eine hohe relative Luftfeuchtigkeit aufweisen. Sie führen ein verstecktes Leben in der Bodenstreu, unter Steinen oder anderen Gegenständen, wo sie sich von verrottenden pflanzlichen Substanzen ernähren. Falls sie diese Kleinlebensräume überhaupt verlassen, so geschieht dies nachts, wenn mit sinkender Temperatur die relative Luftfeuchtigkeit steigt. Anders als Insekten, Tausendfüßer und Spinnen besitzen Asseln keinen effektiven Verdunstungsschutz und trocknen daher insbesondere bei höheren Temperaturen schnell aus. Außerdem haben die meisten Landasseln zwar lungenähnliche Organe entwickelt, mit denen sie atmosphärische Luft atmen können, haben aber auch die ursprüngliche Atmung über Kiemen beibehalten, deren Oberfläche ständig feucht gehalten werden muss.

Sind Landasseln also nur unvollkommen an das Landleben angepasst, gleichsam Übergangsformen, die auf dem Weg zum Landleben auf halber Strecke stecken geblieben sind? Evolutionsprozesse haben keine speziellen Ziele; ihr Erfolg bemisst sich allein am Überleben. Alle heutigen Organismen sind die Überlebenden eines Evolutionsgeschehens, in dem sie über eine ununterbrochene Generationenfolge mit dem Urahn aller irdischen Lebensformen verbunden sind, während Millionen anderer Entwicklungslinien ohne Nachkommen in der heutigen Welt geblieben sind. Zu »Gewinnern« wurden die Arten der heutigen Fauna und Flora zwar auch durch glückliche Umstände, vor allem aber dadurch, dass sie sich erfolgreich bestimmten Lebensumständen anpassen konnten. Landasseln, die in bis zu fünfzig Millionen Jahre altem Bernstein gefunden wurden, gleichen bereits weitgehend den modernen Formen. Als Spezialisten für das Leben in feuchten Lebensräumen waren sie offensichtlich schon vor langer Zeit so gut ausgestattet, dass kaum noch Veränderungen notwendig waren, um zu überleben. Für eine solche Lebensweise sind der fehlende Verdunstungsschutz und die fortdauernde Abhängigkeit von der Kiemenatmung alles andere als ein Makel. Die fehlende Wasserdampfsperre in der Haut bringt zwar die Gefahr einer raschen Austrocknung mit sich, ermöglicht aber andererseits auch eine direkte Wasseraufnahme aus der feuchten Atmosphäre. Ein im Tierreich einzigartiges Wasserleitungssystem in der Körperoberfläche erlaubt es zudem, selbst winzigste Mengen flüssigen Wassers aus der Umgebung aufzunehmen und an die Kiemen weiterzuleiten.

Ihrer typischen Aufenthaltsorte wegen erfreuen sich Landasseln heute nicht gerade besonderer Wertschätzung. Schon eine Erwähnung der Tiere erzeugt bei vielen Menschen fast reflexhaft Assoziationen an dunkle, feuchte Orte der Verwesung, an Moder, Verfall, Verwahrlosung und Dreck, in dem ein lichtscheues Getier in Abgeschiedenheit seinen obskuren Tätigkeiten nachgeht. Autoren haben hiervon immer wieder Gebrauch gemacht, um bei Lesenden entsprechende Vorstellungen hervorzurufen.[6] »Dicke geschäftige Kellerasseln von Krämern« nannte der Kulturphilosoph Egon Friedell (1878–1938) den Menschentyp des Börsenzeitalters, wie er Mitte des 19. Jahrhunderts zur vorherrschenden Erscheinung in den europäischen Metropolen wurde.[7] Wenn die Tiere ausnahmsweise als Objekt künstlerischer Darstellungen gewürdigt wurden, standen sie als Zeichen für den Verfall und nahenden Tod des Künstlers (vgl. Kapitel 18).

Werden schon die deutsche Bezeichnung (Keller-)Assel und ihre englische Entsprechung oft in abwertendem Sinn verwendet – der irische Satiriker Jonathan Swift (1667–1745) schmähte die Engländer als *woodlice* –, so gilt dies mehr noch für das französische Äquivalent *cloporte* (Türschließer), das vermutlich auf das früher häufige Vorkommen der Tiere unter Türschwellen zurückgeht. *Vivre comme un cloporte* bedeutet, ein selbstbezogenes, abgesondertes Leben zu führen wie (angeblich) eine Assel. In dem humoristisch-philosophischen Roman *Die Bratküche der Königin Pedauque* (1893) des französischen Literaten Anatole France (1844–1924) heißt es über jene Theologen und Philosophen, die Ziel und Zweck der Schöpfung im Menschen sehen, sie argumentierten wie die Asseln von Versailles, die sich zu den feuchten, dunklen Kellergewölben hingezogen fühlen und den Rest des Schlosses für unbewohnbar erklären.[8] Als *cloportisme* (Kellerasselkunst) schmähte Joris-Karl Huysmans (1848–1907) die angeblich armselig-engstirnige literarische Schule des Naturalismus.[9]

Eine besondere Verunglimpfung ist Asseln jedoch erspart geblieben: *Histoire des deux cloportes* (Geschichte zweier Kellerasseln) sollte Gustave Flauberts (1821–1880) letzter Roman ursprünglich heißen, der dann aber doch unter den Namen der beiden Protagonisten *(Bouvard et Pécuchet)* erschien. Zwei alleinstehende Pariser Kleinbürger kommen durch eine Erbschaft zu Vermögen, geben ihre Tätigkeit als Büroangestellte auf und ziehen aufs Land, um sich dort im

Selbststudium nach und nach eifrig fast jeder der damaligen Wissenschaften zu widmen. Eine groteske Selbstüberschätzung resultiert regelmäßig in kleineren oder größeren Katastrophen, worauf die »Helden« unverzüglich zum nächsten Fachgebiet wechseln. Flaubert, der offensichtlich geplant hatte, seine dilettierenden Protagonisten als typische Vertreter menschlicher Dummheit vorzuführen, scheint im Fortgang des Romans aber doch eine gewisse Sympathie für seine Geschöpfe entwickelt zu haben, was auch die späte Änderung des Titels erklären könnte. Nach dem von Flaubert hinterlassenen Plan für den Schluss des unvollendet gebliebenen Romans sollten Bouvard und Pécuchet sich ihrer Einfalt und Lächerlichkeit bewusst werden und ernüchtert zu ihrer ursprünglichen Tätigkeit zurückkehren.[10]

Franz Kafkas (1883–1924) bedeutendste Erzählung *Die Verwandlung* (1915) beginnt mit dem wohl berühmtesten Eingangssatz der literarischen Moderne: »Als Gregor Samsa eines Morgens aus unruhigen Träumen erwachte, fand er sich in seinem Bett zu einem ungeheuren Ungeziefer verwandelt.«[11] Kaum zählbar sind die Interpretationen, die das kleine Werk erfahren hat. Kafkas Text weist den verwandelten Gregor zwar eindeutig als Gliederfüßer aus, lässt dessen genauen zoologischen Status aber wohl bewusst im Vagen, sodass sich Lesende ihr eigenes Bild des »Ungeziefers« machen können. Dem drängenden Wunsch seines Verlegers, das Buch illustrieren zu lassen, hat Kafka sich jedenfalls verweigert. Es spricht einiges dafür, sich Gregor als Käfer vorzustellen; so hat es der Schriftsteller und Schmetterlingsforscher Vladimir Nabokov (1899–1977) getan.[12] Allerdings gibt der Text keinerlei Hinweise auf Flügel, wie sie die meisten Käfer besitzen. Auch darüber hinaus gibt es Gründe, eher an eine monströse Assel zu denken: Die Vielbeinigkeit des Ungeziefers, von der Kafka schreibt, trifft mehr noch auf Asseln (sieben Paar Laufbeine) als auf Käfer oder andere Insekten (drei Paar Laufbeine) zu. Zudem zieht es Gregor nach typischer Art der Asseln in die Dunkelheit und zu faulender Nahrung; und während Käfer doch eher Sympathieträger sind, wird der verwandelte Gregor von seinen Mitbewohnern als eklig empfunden.

Nach all den Herabwürdigungen und Schmähungen, mit denen man Asseln bedacht hat, sind wir den Tieren einen unvoreingenommenen Blick auf ihre Existenz schuldig. Mit ihrer zurückgezogenen Lebensweise und meist unscheinbaren Färbung machen sie wenig von sich her und sind zudem fast immer harmlose Kreaturen. Ein gelegentliches massiertes Auftreten an bestimmten Stellen in Gebäuden mag uns unangenehm sein, ist aber eigentlich nur ein Hinweis auf Feuchtigkeitsprobleme. Werden diese behoben, verschwinden auch die Tiere. Sie verbreiten keine Krankheiten und schädigen kein gesundes Holz. Nur bereits faulendes Holz können sie massenhaft besiedeln und zersetzen, worauf sich ihr englischer Name *woodlice* bezieht.

Auch wenn Landasseln dem Menschen nicht direkt nützlich sind, so sind sie es doch indirekt durch ihre bedeutende Rolle im Naturhaushalt. Als Primärzersetzer, die große Mengen abgestorbener pflanzlicher Substanz, insbesondere frisches Falllaub und morsches Holz, verzehren, bringen Landasseln die Humusbildung in Gang, beschleunigen die Rückführung der Nährstoffe in den Stoffkreislauf des Ökosystems und fördern damit letztlich die Bodenfruchtbarkeit. Der weitaus größte Teil des Kohlenstoffs, den Landpflanzen durch die Fotosynthese der Atmosphäre entziehen, wird in Form von Lignocellulose fixiert, einem komplexen chemischen Gebilde aus verschiedenen Zuckern und dem Holzstoff Lignin. Die Mobilisierung der Zucker aus diesem nur schwer angreifbaren Molekül erfordert ein fein aufeinander abgestimmtes System hochspezifischer Enzyme, die teilweise von den Landasseln selbst, überwiegend aber von symbiontischen Mikroorganismen im Darm der Tiere bereitgestellt werden.[13] Trotz allem enthält der in Massen anfallende

Kot der Landasseln noch erhebliche Mengen an Nährstoffen. Er wird daher von den Asseln oft erneut gefressen, danach von noch kleineren Tieren wie etwa Springschwänzen (Collembolen) weiter zerkleinert, bis Pilze und Bakterien schließlich die Feinarbeit verrichten können.

Eine ähnlich bedeutende Rolle als Zersetzer, wie Landasseln sie in terrestrischen Lebensräumen spielen, kommt ihren wasserlebenden Verwandten in Binnengewässern zu. Süßwasserasseln tragen im ufernahen Bereich stehender und langsam fließender Gewässer entscheidend zum Abbau von eingetragenem Laub und damit zum Nährstoffkreislauf bei. Von kaum zu überschätzender Bedeutung ist die ökologische Rolle von Asseln schließlich in der Tiefsee. Hier bilden sie zusammen mit Flohkrebsen die auffälligste Tiergruppe. Alles, was in der lichtdurchfluteten Oberflächenzone der Meere an pflanzlicher Biomasse produziert und nicht von Tieren gefressen wird, dazu die Leichen und der Kot von Tieren, rieseln unaufhörlich wie ein nie endender Dauerregen in die Tiefe. Die oberen Wasserschichten verlieren auf diese Weise ständig große Mengen an Nährstoffen, sodass ihre Fruchtbarkeit rasch abnähme, würden diese Verluste nicht kontinuierlich ersetzt. Organisches Material, das noch in partikulärer Form den Meeresboden erreicht, wird dort von Asseln und anderen Kleinkrebsen verzehrt, bevor ein kompletter bakterieller Abbau erfolgt. Vertikale Meeresströmungen in den Auftriebsgebieten an den Kontinentalrändern und in subpolaren Zonen führen die freigesetzten Nährstoffe dann zurück in die oberen Schichten der Meere und garantieren so deren fortdauernde Produktivität.

Wegen ihrer großen Rolle für die Bodenökologie haben Landasseln in den letzten Jahren als Test- und Indikatororganismen in der Umweltforschung Bedeutung gewonnen. So sollen mögliche negative Effekte von Substanzen frühzeitig erkannt und lokale Kontaminationen von Böden mit Schadstoffen beurteilt und verfolgt werden (Biomonitoring).[14] Bedeutender noch ist ein anderer Aspekt, der einer Indikatorfunktion eigentlich eher entgegensteht: Viele Asseln zeigen erstaunliche Fähigkeiten, mit Umweltgiften aller Art im Boden und in der aufgenommenen Nahrung zurechtzukommen – sei es, dass sie diese auch in hohen Dosen tolerieren oder auf irgendeine Weise unschädlich machen. Dies gilt für Schwermetalle, Rückstände von Pestiziden und Medikamenten, aber auch für eine Kontamination mit langlebigen Radionukliden. In den Gebieten, die seit den Reaktorunfällen von Tschernobyl (1986) und Fukushima (2011) stark mit Radionukliden belastet sind, zeigten sich bei den dort lebenden Asseln keine von der Strahlungsbelastung abhängigen Missbildungen und Veränderungen der Fruchtbarkeit.[15] Schließlich sind Landasseln in besonderem Maße immun gegenüber Infektionen – eine Eigenschaft, die angesichts der typischen Lebensweise der Tiere inmitten faulender organischer Substanz wohl eine wichtige Voraussetzung ihrer Existenz bildet. Erkenntnisse über die Ursachen der Toleranz von Asseln gegenüber Umweltschadstoffen und radioaktiver Strahlung sowie über die Mechanismen von Entgiftungsreaktionen und Infektionsabwehr könnten auch einmal für den Menschen bedeutsam sein.

Natürlich gibt es auch eine andere Seite, wenn es darum geht, Nutzen und Schaden von Asseln für den Menschen vorurteilsfrei darzustellen. Unsere Landasseln ernähren sich zwar ganz überwiegend von verwesender pflanzlicher Substanz, können aber dort, wo der Mensch ihnen dazu Gelegenheit bietet, auch lebende Gewebe schädigen. In Obst-, Gemüse- und Pilzkulturen – sei es in Gewächshäusern oder im Freiland – sowie in Vorratslagern für Kartoffeln und andere landwirtschaftliche Produkte kann es zu einer Massenvermehrung der Tiere kommen, die Bekämpfungsmaßnahmen notwendig macht.

Auch an einem anderen Ort sind Asseln (in diesem Fall Süßwasserasseln) ausgesprochen unerwünscht, aber weit verbreitet. Es handelt sich um unsere Systeme der Trinkwasserversorgung. Grundsätzlich geht es dabei weniger um eine konkrete Gefahr für die menschliche Gesundheit als vielmehr um eine Frage der Ästhetik.[16] Eine Kontamination des Leitungssystems mit Asseln lässt sich kaum vermeiden. Gegen verschiedene physikalisch-chemische Behandlungen (UV-Bestrahlung, Ultraschall, Chlor, Ozon) haben sich die Tiere als erstaunlich widerstandsfähig erwiesen. Zudem können sie sich an geringsten Unebenheiten der Rohrwände so festkrallen, dass selbst Hochdruckspülungen ihnen wenig anhaben können. Bei einem massenhaften Auftreten der Tiere besteht der aus dem Wasserhahn kommende (oft euphemistisch als »Rostablagerung« angesprochene) Mulm hauptsächlich aus dem Kot von Asseln. Die örtlichen Wasserversorger müssen dann mit heftigen Reaktionen ihrer Kunden und entsprechenden Schlagzeilen in der Lokalpresse rechnen, gilt Trinkwasser doch als Lebensmittel, dessen hohe Qualität durch den Gesetzgeber EU-weit vorgeschrieben wird. Die effizienteste Methode, dem Problem seitens der Wasserwerke zu begegnen, besteht darin, die Tiere auszuhungern, indem möglichst wenig organische Schwebstoffe eingetragen werden. Diese bilden die Nahrungsgrundlage von Bakterien und Pilzen, die an den Rohrwänden einen sogenannten Biofilm ausbilden, der wiederum den Asseln als Nahrung dient. Aber selbst durch eine Ultrafiltration lässt sich der Eintrag feinster organischer Partikel nicht vollständig unterbinden. Das gilt insbesondere dann, wenn das Trinkwasser nicht aus Grund- oder Quellwasser gewonnen wird, sondern aus dem organisch stärker belasteten Oberflächenwasser von Talsperren oder Flüssen.

Im marinen Lebensraum schließlich lebt eine kleine Gruppe von Asseln, die nicht unerhebliche ökonomische Schäden verursachen können. Es sind die Bohrasseln (Limnoriidae), wegen ihrer zerstörerischen Tätigkeit in Holz auch »Termiten des Meeres« genannt. Holz wird zwar nur von Landpflanzen produziert, über die Flüsse gelangen aber ständig größere Mengen als Treibgut auch in die Meere. Daneben gibt es die umfangreichen Bestände von Mangrovenbäumen in der Gezeitenzone tropischer Küsten. Einige wenige marine Tiere haben hier eine Nische gefunden, indem sie die Fähigkeit entwickelten, sich nicht nur zu ihrem Schutz in Holz hineinzufressen, sondern die hierbei anfallenden Holzspäne auch zu verdauen und davon ihr Leben zu bestreiten.

Die wichtigsten dieser Spezialisten sind die Schiffsbohrwürmer (wurmförmige Muscheln, die ihre Schalenklappen zu einem Bohrapparat umgebildet haben) und die erwähnten Bohrasseln. Zu »Schädlingen« wurden die Tiere erst, als der Mensch damit begann, Holzkonstruktionen in die marine Umwelt einzubringen. Dies gilt für Boote und Schiffe, die bis vor nicht allzu langer Zeit fast ausschließlich aus Holz gebaut wurden, sowie für hölzerne Hafenanlagen und Küstenschutzeinrichtungen wie die Pfahlwerke von Anlegestellen und Brücken, Rammschutzbalken, Buhnen und Dalben. Vom Meerwasser umgebene hölzerne Teile werden rasch befallen, wobei die weniger als fünf Millimeter langen Bohrasseln durch Massenbefall (bis etwa zwanzig Tiere pro Kubikmeter) Schäden produzieren können, die in keinem Verhältnis zu ihrer Körpergröße stehen. Von außen nach innen fortschreitend, können die sich rasch vermehrenden Tiere pro Jahr eine mehrere Zentimeter starke Holzschicht zersetzen.

Schäden durch Bohrasseln etwa an hölzernen Schiffsplanken sind äußerlich leicht zu erkennen. Ein probates Mittel, das Zersetzungswerk zu unterbrechen, bestand früher darin, mit Schiffen regelmäßig Süßwasserhäfen anzulaufen, in deren Wasser die Asseln zugrunde gehen. Ein Befall durch Schiffsbohrwürmer ist hingegen äußerlich oft schwer zu erkennen, und auch ein kurzer Aufenthalt von Schiffen im Süßwasser kann diesen Tieren wenig anhaben. So wurden Schiffsbohrwürmer von der Antike bis in die Neuzeit zum Albtraum der Seefahrer und zur Ursache unzähliger Schiffsverluste, wenn eine äußerlich noch intakt scheinende, aber im Innern schon weitgehend zerstörte hölzerne Beplankung im Sturm (oder manchmal auch schon ohne besondere äußere Einwirkung) zerbrach. Da Holz heute kaum noch als Baustoff für Schiffsrümpfe verwendet wird, spielen Schäden durch holzbohrende Tiere in der Schifffahrt praktisch keine Rolle mehr. Anders in der Unterwasserarchäologie: Kulturhistorisch bedeutsame Objekte wie Schiffswracks, versunkene Siedlungen und hölzerne Artefakte jeder Art, die nicht rasch und dauerhaft von Sedimenten bedeckt werden, werden im Meer schnell zersetzt und gehen so unwiederbringlich verloren.

Die Entdeckung der Bohrasseln und ihrer Zersetzungstätigkeit ist eng mit dem Namen des schottischen Ingenieurs und Leuchtturmbauers Robert Stevenson (1772–1850), dem Großvater des Schriftstellers und Autors von *Die Schatzinsel* Robert Louis Stevenson, verbunden. Das erste von sechzehn Großprojekten Stevensons an den schottischen Küsten war der Bau des Bell Rock Lighthouse, errichtet auf einem jeweils nur wenige Stunden bei Ebbe frei liegenden Felsen in der Nordsee, etwa zwölf Seemeilen vor der Mündung des Tay. Ein hölzerner Vorgänger war 1799 in einem Sturm zusammengebrochen. Für die Dauer des Baus an dem neuen, 35 Meter hohen steinernen Turm (fertiggestellt 1811) wurde ein Signalfeuer auf einer provisorischen Holzkonstruktion in Betrieb genommen. Stevenson beobachtete die rasche Zerstörung dieser Konstruktion unterhalb der Hochwasserlinie, identifizierte winzige »Insekten« als deren Ursache und sandte diese Tiere 1810 zusammen mit von ihnen zersetzten Holzteilen an den Zoologen William Leach am Britischen Museum in London, der die Tiere als eine neue Art der Asseln beschrieb. In anschließenden langjährigen Experimenten fand Stevenson heraus, dass auch härteste Tropenhölzer von den Bohrasseln zersetzt werden und selbst eine Imprägnierung mit Steinkohlenteer (Kreosot), die Eisenbahnschwellen zuverlässig vor Fäulnis schützt, eine Zersetzung nicht dauerhaft verhindern kann.

Bohrasseln sind die einzigen bekannten Tiere, die Holz verdauen können, ohne dabei auf eine komplexe Gemeinschaft symbiontischer Mikroorganismen angewiesen zu sein. Der Mechanismus dieser Verdauung konnte in den letzten Jahren aufgeklärt werden und bietet ein vielversprechendes Modell für eine effektive biotechnologische Umwandlung von Holz in Biotreibstoffe, Futtermittel, Textilien oder Chemikalien.[17] Kraftstoffe aus Biomasse sind ökologisch, aber auch ökonomisch und ethisch hochumstritten – unter anderem deshalb, weil sie überwiegend aus Nutzpflanzen hergestellt werden, für deren Anbau Flächen bereitgestellt werden müssen, die dadurch der Nahrungsmittelproduktion verloren gehen. Eine Verwendung des nachwachsenden Rohstoffs Holz könnte die Bilanz von Biokraftstoffen zumindest in dieser Hinsicht deutlich verbessern. Hierfür müssen zunächst die wertvollen Zucker, die etwa 70 Prozent der Holzmasse bilden, aus ihrer stabilen Verbindung mit dem Holzstoff Lignin freigesetzt werden. Eine industrielle Raffinierung von Holz ist ein extrem energieaufwendiger Prozess; wie dies auch ohne größeren Energieaufwand erfolgen kann, zeigen die Bohrasseln. Das kupferhaltige Protein Hämocyanin, das in der Körperflüssigkeit von Krebsen und Insekten für den Sauerstofftransport zuständig ist (analog dem eisenhaltigen Farbstoff Hämoglobin in unserem Blut), scheint eine Schlüsselrolle für die Holzverdauung zu spielen. Indem es das Lignin oxydiert, macht es den Weg zur Freisetzung von Zuckern frei, die dann in einem weiteren Schritt durch Hefen oder Bakterien zu Alkohol vergoren werden können. Eine erfolgreiche Übertragung dieses Prozesses auf technologische Verfahren wäre ein weiterer der zahlreichen Fälle, in denen Problemlösungen, die von teilweise sehr unscheinbaren Organismen in einer langen Evolutionsgeschichte entwickelt wurden, von Menschen nutzbringend übernommen wurden.

Auch wenn letztlich ein kleiner Wermutstropfen auf die Ehrenrettung einer zu Unrecht übel beleumundeten Gruppe der Krebse fällt, kann es also keinen Zweifel daran geben, zu welcher Seite eine Waage ausschlüge, auf der Kosten und Nutzen von Asseln aus menschlicher Sicht gegeneinander abgewogen werden. Werfen wir zum Schluss noch einen kurzen Blick auf die ästhetische Seite: Über Schönheit, die bekanntlich mehr im Auge des Betrachters liegt, mag man streiten; im Punkt Sauberkeit zumindest lassen sich Landasseln kaum übertreffen – und dies trotz des Umstands, dass sie ihr Leben in Mulm und Abfällen aller Art fristen. Mit einer selbstreinigenden Oberfläche, auf der nichts zu haften scheint, treten uns die Tiere stets untadelig gepflegt gegenüber.

12 HEIL- UND ALLHEILMITTEL

Die naiv-anthropozentrische Vorstellung, die Welt und alles in ihr existiere allein zum Wohle und Nutzen des Menschen, ist nicht nur Teil der traditionellen jüdisch-christlich-islamischen Weltsicht, sondern war auch der heidnischen Antike nicht fremd. In seiner vielbändigen Naturgeschichte schrieb Caius Plinius Secundus der Ältere (23/24–79 n. Chr.): »Mit Recht müssen wir mit dem Menschen den Anfang machen, um deswillen die Natur alles andere erschaffen zu haben scheint.«[1] Tiere und Pflanzen hatten uns mit Nahrung und Heilmitteln zu versorgen, zu kleiden oder ihre Arbeitskraft zur Verfügung zu stellen. Wenn ihnen kein materieller Nutzen abzugewinnen war, konnten sie immer noch durch ihre Schönheit und Zweckmäßigkeit den Menschen erfreuen und so von Macht und Weisheit des Schöpfers künden, oder sie konnten der moralischen Belehrung dienen, wie sie im spätantiken *Physiologus* und den mittelalterlichen Bestiarien erteilt wurde.

Seit uralten Zeiten werden Tieren, Pflanzen und selbst Steinen heilende Wirkungen zugeschrieben. Nach einer verbreiteten Vorstellung haben wahlweise Gott, die Götter oder »die Natur« zwar gegen jede Krankheit auch ein Heilmittel bereitgestellt *(ubi malum, ibi remedium)*, haben es in ihrem rätselhaften Wesen aber dem Menschen überlassen, herauszufinden, welches Mittel gegen welche Krankheit wirksam ist. Orientierung bot dabei die Signaturenlehre des Paracelsus (ca. 1493–1541), nach der jedes Geschöpf mit entsprechenden

Zeichen *(signa naturae)* versehen ist. Somit lehrt nicht die Erfahrung, welches Mittel eine bestimmte Krankheit heilt, sondern eine Offenbarung, die jenen zuteilwird, die diese Zeichen zu deuten verstehen. Wichtigste Zeichen sind Ähnlichkeiten (Analogien) etwa in der Form, Farbe oder auch einer weniger offenkundigen Eigenschaft zwischen einem Heilmittel und der Krankheit, die von ihm geheilt wird. Grundlage dieser Idee war die Überzeugung, dass ähnliche Dinge eine »mitfühlende« (sympathetische) Wirkung aufeinander ausüben. So sollten etwa Disteln gegen Seitenstechen, der gelbe Milchsaft des Schöllkrauts gegen Gelbsucht und Blutweiderich gegen Blutungen helfen.

Nach der Grundidee der Signaturenlehre und dem Simile-Prinzip (Gleiches mit Gleichem abzuwehren oder herbeizuführen), das sich später auch im Gewand der Homöopathie präsentierte, haben Menschen schon lange vor Paracelsus gehandelt. Allerdings wurde dieses Prinzip auch schon früh verspottet. Im Jahr 158 n. Chr. musste sich der römische Autor des Romans *Der goldene Esel,* Apuleius von Madaurus, in einem Magie-Prozess verantworten. Er hatte Muscheln gekauft, die in Gestalt und Namen Ähnlichkeiten mit den menschlichen Geschlechtsorganen aufwiesen und daher als prädestiniert für einen Liebeszauber galten, durch den er versucht haben soll, sich eine reiche Erbin hörig zu machen und Mitbewerber um deren Gunst auszustechen. Es handelte sich dabei um die Bohrmuschel *Pholas* und die Kammmuschel *Pecten,* die als Symbole der äußeren männlichen bzw. weiblichen Geschlechtsorgane galten. Apuleius verteidigte sich, indem er ironisch auf die absurden Konsequenzen verwies, orientierte man sich beim Gebrauch von Dingen an deren Form oder Namen: Müssten dann nicht Kammmuscheln zum Kämmen und Krebse gegen Krebsgeschwüre verwendet werden?[2]

Und tatsächlich: Über fast zwei Jahrtausende hinweg ist eine Verwendung von Krebsen als Heilmittel gegen den Krebs als Krankheit dokumentiert. Bei Plinius etwa heißt es: »Krebsgeschwüre bei Frauen sollen durch einen weiblichen Krebs aufs kräftigste geheilt werden, wenn man ihn nach dem Vollmonde mit Salzblüthe quetscht und mit Wasser auflegt.«[3] Und im 16. Jahrhundert beschrieb Paracelsus, wie Krebskranken geholfen wurde: »Sie haben [den Krebsen] die Scheren verbunden, und über den Ort auch gebunden, da sich der Cancer hat angerötet, haben ihn auch darauf sterben lassen, so ist zu gleicher Weise der andere auch gestorben und vergangen.«[4] In der Volksmedizin insbesondere der osteuropäischen Länder ist dieser magische Therapieansatz auch heute noch verbreitet.

Von den Arbeiten des Aristoteles abgesehen, war die Beschäftigung mit der Pflanzen- und Tierwelt von der Antike bis in die frühe Neuzeit zu großen Teilen deren heilenden Kräften gewidmet. So wird in der *Naturgeschichte* des Plinius diesem Thema nahezu der gleiche Raum gegeben wie allen anderen Aspekten der Zoologie und Botanik zusammengenommen. In Tausenden von Medikationen hat der Autor zusammengetragen, wie Pflanzen, Tiere und aus ihnen hergestellte Produkte gegen Krankheiten verwendet wurden. Das Rom der Kaiserzeit bildete einen riesigen Markt für medizinische Dienstleistungen, auf dem griechische Ärzte in der Tradition des Hippokrates mit persischen, ägyptischen, keltischen und anderen Magiern sowie volksmedizinischen Vorstellungen aus allen Teilen des Imperiums miteinander konkurrierten. Über die wirklichen Ursachen von Erkrankungen war damals kaum etwas bekannt; erzürnte Götter, böse Dämonen oder Schadenzauber missgünstiger Mitmenschen wurden für Krankheiten verantwortlich gemacht. Mit wenigen Ausnahmen waren insbesondere die angebotenen Heilverfahren mit tierischen Mitteln pharmazeutisch ohne Wert und Ausdruck kruden, oft mit magischen Praktiken verbundenen Aberglaubens.

Wie für viele andere Tiere führte Plinius auch für Krebse eine verwirrende Vielfalt von Wirkungen an.[5] Als Heilmittel wurden sowohl frische Krebse verwendet, die gegessen oder dem Körper aufgelegt wurden, als auch aus ihnen hergestellte Produkte: Extrakte, Brühen, das Pulver gedörrter Krebse, die Asche verbrannter Krebse, jeweils für eine innere oder äußere Anwendung, entweder in reiner Form oder mit diversen Substanzen kombiniert und zu Salben, Tinkturen oder anderen Arzneiformen verarbeitet. Viele dieser aus der Antike stammenden Rezepturen und Heilungsversprechen wurden über mehr als anderthalb Jahrtausende in unzähligen Arzneibüchern, Enzyklopädien und anderen Schriften unkritisch rekapituliert und durch weitere, ähnlich abenteuerliche Medikationen mit immer umfassenderen Anwendungsbereichen ergänzt.

Krebse galten etwa als probates Antidot nach Stichen und Bissen giftiger Tiere sowie tollwütiger Hunde. Schweinen und Hirschen soll dies schon vor dem Menschen bekannt gewesen sein; von Spinnen oder Schlangen gebissen, kurierten sie sich selbst, indem sie Krebse fraßen. Nichts sollte Schlangen deshalb mehr Qual bereiten als Krebse. Dazu bedurfte es nicht einmal deren physischer Anwesenheit; es genügte, dass die Sonne »im Zeichen des Krebses« stand.[6] Der Mensch konnte Krebse als Heilmittel gegen nahezu sämtliche Probleme der Haut, der Zähne, Augen und Ohren einsetzen. Krebse sollten als Abführ-, Entwurmungs- und Schlafmittel sowie gegen Krebsgeschwüre, Geschlechtskrankheiten, Epilepsie, Pest, Tuberkulose, Skorbut, Blasensteine, Haarausfall und alle Probleme in Zusammenhang mit Schwangerschaft und Geburt wirken; harntreibende, blutungs- und schmerzstillende, entzündungshemmende und fiebersenkende Wirkungen wurden ihnen zugeschrieben. Kurz: Gegen praktisch jedes gesundheitliche Übel gab es auch aus Krebsen hergestellte Produkte, denen nachgesagt wurde, dieses zu lindern oder sogar zu heilen.

In einem solchen Spektrum konnten auch Wirkungen auf die sexuelle Appetenz nicht fehlen. Das Fleisch insbesondere der Langusten und des Fangschreckenkrebses *Squilla mantis* sollte Menschen zur »Unkeuschheit« reizen, das Fleisch der Garnelen hingegen bei

Frauen eine »sonderliche tugendhafte Kraft«[7] entwickeln, so Conrad Gessner. Auch die wohl älteste mittelalterliche Darstellung eines Krebsessens nimmt hierauf Bezug. Sie ist Teil prachtvoll bebilderter Handschriften, die im 14. Jahrhundert in der Lombardei unter dem Titel *Theatrum* oder *Tacuinum sanitatis* entstanden und als eine Art Gesundheitsratgeber alle Lebensbereiche in eine »ganzheitliche« Gesundheitsvorsorge einbezogen. Auf einer der Illustrationen sitzt ein Paar an einer gedeckten Tafel mit Flusskrebsen, von denen es im Text heißt, sie förderten den geschlechtlichen Verkehr (Abb. 19).

Den an der Spitze beweglicher Stiele sitzenden Augen der Krebse wurden magische Wirkungen nachgesagt. Am Hals getragen, sollten sie entzündete Augen heilen oder auch Müdigkeit vertreiben. Noch im Jahr 1987 wurde in dem in den USA seit 1792 jährlich erscheinenden *Old Farmer's Almanac* das Rauchen von Krebsaugen in einer Pfeife als Mittel gegen Zahnschmerz empfohlen, und zwar des rechten Auges bei Schmerzen auf der linken und des linken Auges bei Schmerzen auf der rechten Seite.[8]

Die Krebssteine *(Lapides cancrorum)*, die wegen ihrer äußerlichen Ähnlichkeit mit Augen irreführenderweise auch als Krebsaugen *(Oculi cancrorum)* bezeichnet wurden, waren in der Antike noch unbekannt. Vom späten Mittelalter an aber wurde ihnen eine bedeutende Rolle als Heilmittel zugeschrieben. Besondere Aufmerksamkeit zogen diese merkwürdigen, zunächst fälschlich im Kopf von Krebsen lokalisierten Steine auf sich, als Mönche begannen, Flusskrebse als Fastenspeise in Teichanlagen zu züchten. Erstmals als Heilmittel erwähnt – und zwar als Mittel gegen Herzbeschwerden – wurden die Steine in der Enzyklopädie *Liber de natura rerum* von Thomas von Cantimpré (ca. 1201 – ca. 1270). Frühzeitig dürfte auch aufgefallen sein, dass die Bildung der Steine mit der Häutung der Tiere in Zusammenhang steht. Absonderlichste Vorstellungen rankten sich lange um ihre Funktion; so sollten sie etwa die Tiere ernähren, wenn diese zur Zeit der Häutung keine Nahrung aufnehmen können. Noch Ende des 18. Jahrhunderts notierte der Dichter Jean Paul (1763–1825) in seinen Exzerptheften: »Der Krebs lebt 27 Tage von nichts als seinem alten Magen und den sich auflösenden Krebsaugen.«[9]

Die genauen Umstände der Bildung der Steine und ihre Funktion konnten erst im 19. Jahrhundert durch den Naturforscher Karl Ernst von Baer (1792–1876) aufgeklärt werden.[10] Die Krebssteine bilden sich paarweise in der Wand des vorderen Magenabschnitts (Kaumagen) und werden daher auch als Magensteine (Gastrolithen) bezeichnet. Es handelt sich um weißliche, etwa linsenförmige, aber einseitig eingedellte Steinchen von bis zu acht Millimeter Durchmesser. Das mineralische Material (hauptsächlich Kalziumkarbonat) wird schichtweise in ein zartes Gerüst aus organischer Substanz abgelagert. Bevor sich ein Krebs häutet, wird seinem alten Panzer ein Teil des darin enthaltenen Kalks entzogen und in Form der Krebssteine zwischengelagert. Wenn der alte Panzer schließlich abgeworfen wird, haben die Steine ihre maximale Größe erreicht, lösen sich danach aber sofort wieder auf und setzen so das Material für eine rasche Verkalkung des neuen Panzers frei.

Die im christlichen Europa vom 6. bis ins 12. Jahrhundert dominierende Klostermedizin stützte sich im Gegensatz zur Medizin der griechisch-römischen Antike fast ausschließlich auf pflanzliche Heilmittel. Erst vom späten Mittelalter und der Renaissance an erregten zunehmend auch wieder Tiere, insbesondere Krebse und aus ihnen hergestellte Produkte, medizinisches Interesse.[11] Das Werk über Krebse (*Gammarologia*) des Breslauer Arztes Philipp Jakob Sachs von Löwenheim (1627–1672), eine monumentale Sammlung von (in heutiger Sicht) skurrilen Details, behandelt auf fast einem Drittel seines Umfangs pharmazeutische Anwendungen der Tiere.[12]

Wirkungen, die in den Enzyklopädien von Conrad Gessner (1516–1565) und Ulisse Aldrovandi (1522–1605) noch Krebsen allgemein zugeschrieben wurden, brachte man später mehr und mehr speziell mit den Krebssteinen in Verbindung, mit denen schließlich fast jede Krankheit behandelt werden konnte. Die Beobachtungen von Johan Baptista van Helmont (1579–1644) hatten hierfür den Weg bereitet. Nach dem Universalgelehrten hat die sensitive Seele des Menschen (die »Allwirkerin« des Lebens) ihren Sitz in der Magenwand (bei seinem Vorgänger Paracelsus waren es noch die Nieren); und in der Magenwand der Krebse konnte van Helmont erstmals auch den Bildungsort der Krebssteine korrekt lokalisieren. Die Apathie, die Krebse vor einer Häutung befällt, wenn die Tiere das Fressen einstellen, ihre Mobilität verlieren und sich in Verstecke zurückziehen, wurde als Krankheit gedeutet – und zwar als eine Krankheit, von der sich die Tiere durch eine (auch den Magen einbeziehende) Häutung gleichsam selbst kurierten. Für diesen »Heilungsprozess« wurden die Krebssteine ursächlich verantwortlich gemacht; ihre Bildung kurz vor der Häutung sollte den Abwurf des alten, ihre darauffolgende Auflösung die Bildung des neuen Panzers (eventuell sogar unter Ersatz verloren gegangener Extremitäten) herbeiführen. Die Krebssteine wurden damit ganz generell zu einem »Erneuerungsmittel«, wie es am deutlichsten in Johann Schröders (1600–1664) *Artzney-Schatz*, dem maßgeblichen medizinisch-pharmazeutischen Werk des 17. Jahrhunderts, ausgedrückt wurde: »[Der Krebsstein] zeuget im Krebse neue Schalen und machet, dass die Alten herunter fallen, daher er ein Erneuerungs-Mittel kann genannt werden, indem er neue Glieder zeuget …«[13] Damit war der Schritt zu einem Allheilmittel vorgezeichnet, da doch letztlich jede Heilung als eine Erneuerung aufgefasst werden konnte.

Krebssteine (meist unter der Bezeichnung Krebsaugen) wurden folglich seit dem frühen 16. Jahrhundert gegen immer mehr Beschwerden verwendet. Wir finden sie in unzähligen Hausmittelrezepten, in den Rezepten der »Hexenbücher« und selbstverständlich auch bei den vagabundierenden Quacksalbern. Als der heruntergekommene Held in Hans Jakob Christoffel von Grimmelshausens

(1621–1676) Roman *Der abenteuerliche Simplicissimus Teutsch* aus der Not heraus beschloss, sich als »Arzt« sein Brot zu verdienen, gehörten auch Krebsaugen zu den »Materialia«, aus denen er seine marktschreierisch angepriesenen Wundermittel bereitete. Wie früher schon den echten Augen wurden nun auch den Krebssteinen, als Amulett am Hals getragen, magische Wirkungen zugeschrieben. Ein solches Amulett mit Krebssteinen in einer Silberfassung ist etwa Teil des Pfreimder Schatzes, einer Sammlung kulturhistorisch bedeutsamer Gegenstände, die vermutlich von ihrem Besitzer während des Dreißigjährigen Kriegs versteckt wurden, erst Anfang des 20. Jahrhunderts beim Abriss eines Hauses wiederauftauchten und sich inzwischen im Besitz des Museums für Kunst und Gewerbe Hamburg befinden.

Museumsapotheken vermitteln uns heute ein Bild jener Zeit, als fast alle Arzneien noch aufwendig vor Ort aus natürlichen Bestandteilen hergestellt werden mussten und eine Vielfalt an Roharzneien pflanzlicher, tierischer oder mineralischer Herkunft vorrätig gehalten wurde. Darunter befanden sich zahlreiche Kuriosa wie Pulver menschlicher Mumien, Walpenisse, Eberzähne, Hasenhaare, Vipernfleisch oder die Zusammenballungen (Bezoare) unverdauter Materialien aus dem Magen von Wiederkäuern. Als vielfach nachgefragtes und hohen Gewinn bringendes Medikament hatten alle Apotheken Krebsaugen (und in geringerem Umfang auch Krebsscheren oder andere Teile von Krebspanzern) auf Lager. Auch lebende Krebse wurden oft über Apotheken bezogen.

Obwohl Krebssteine von ihrer wesentlichen Substanz her problemlos durch andere Formen von Kalk wie Kreide oder Muschelschalen hätten ersetzt werden können, blieb ihr besonderer Nimbus über Jahrhunderte ungebrochen. Allein der Steine wegen wurden insbesondere im 18. und 19. Jahrhundert unfassbare Mengen an Flusskrebsen gefangen und vernichtet. Aus heimischen Beständen konnte die Nachfrage schon frühzeitig nicht mehr gedeckt werden.

In den weitläufigen, an Krebsen reichen Sumpflandschaften Osteuropas wurden die gefangenen Tiere zu riesigen Haufen aufgetürmt oder in ausgehobene Gruben geworfen, wo man sie schlicht verrotten ließ. Die zurückgebliebenen Krebssteine wurden ausgesiebt, gereinigt und für den Export in Fässer und Säcke abgefüllt. Für die lokale Bevölkerung bildete diese Tätigkeit lange Zeit eine wesentliche Einnahmequelle. Über die Ostsee-Hafenstädte Königsberg und Danzig wurde fast ganz Europa mit den Steinen aus Polen, der Ukraine und Russland beliefert. In Deutschland war ihr Import, wie *Meyers Konversationslexikon* von 1888/89 hervorhebt, »zollfrei«.

Wenn sich mit einem Produkt leicht Geld verdienen lässt, kommen auch Fälschungen auf den Markt. Kreide, zerstoßene Eierschalen oder andere Kalke wurden zu einer weichen Masse verarbeitet, in eine entsprechende Form gebracht und nach Trocknung als Krebssteine angeboten. Nur unerfahrene Käufer konnten allerdings so getäuscht werden. Den Fälschungen fehlt der auch mit bloßem Auge erkennbare Schichtenbau der echten Steine. Eindeutige Gewissheit liefert ein Säuretest: Während die Fälschungen sich vollständig in Säuren auflösen, bleibt im Fall der echten Steine jene blättrige, gallertige Masse zurück, in der die aufgelösten Kalkschichten eingebettet waren.

Zur Vereinfachung und Vereinheitlichung des unübersichtlichen Arzneimittelwesens entstanden im 17. Jahrhundert in den deutschen Ländern amtliche Arzneibücher (Landes-Pharmakopöen), mit denen den Apotheken des jeweiligen Geltungsbereichs vorgeschrieben wurde, welche Arzneistoffe vorrätig zu halten und wie zusammengesetzte Arzneien herzustellen waren. Die laufenden Überarbeitungen der Pharmakopöen dokumentieren eine zunehmend rationalere und eher wissenschaftlich geprägte Einstellung zum Arzneimittelwesen vom 17. zum 19. Jahrhundert, die mit einem starken Rückgang der Verwendung von Arzneimitteln tierischer Herkunft verbunden war. Johann Heinrich Dierbach (1788–1845) veröffentlichte 1845 eine vergleichende Darstellung der damals gültigen Landes-Pharmakopöen.[14] Danach wurden Krebssteine bis in die zweite Hälfte des 19. Jahrhunderts für verschiedene Anwendungen aufgeführt. In einer früheren Untersuchung (1841) speziell zur Nutzung von Krebsen war Dierbach zu dem Schluss gekommen: »Die Krebse wurden so vielfältig und auf so seltsame, unseren jetzigen Begriffen von der Wirkungsart solcher Mittel ganz widersprechendende Weise angewendet, dass es notwendig wird, unter den zahlreichen Angaben eine geeignete Auswahl zu treffen, und vieles mit Stillschweigen zu übergehen.«[15]

Erst im ersten gesamtdeutschen Arzneibuch, der *Pharmacopoea Germanica* von 1872, waren Krebssteine nicht mehr vertreten, ohne dass dies jedoch das Ende entsprechender Anwendungen bedeutete. Neben den in den offiziellen Arzneibüchern aufgeführten Medikamenten blieb es den Apotheken unbenommen, auch solche weiter herzustellen und zu vertreiben, für die insbesondere in der Volksheilkunde ein anhaltender Bedarf bestand.

Von der Fülle der medizinischen Verwendungen von Krebssteinen über die Jahrhunderte hinweg sollen hier die meisten »mit Stillschweigen« übergangen werden. Nur so viel sei gesagt: Eine lange Tradition hat ihre in der Signaturenlehre gründende Verwendung gegen Augenleiden. Entzündungen des Auges wurden mit pulverisierten Krebssteinen behandelt; schmerzende Fremdkörper im Auge versuchte man dadurch zu entfernen, dass ein kompletter Stein unter das obere Augenlid geschoben wurde, um so einen starken Tränenfluss anzuregen – ein Verfahren, das vermutlich mehr geschadet als genutzt hat. Ebenfalls lange in Gebrauch war die Verwendung pulverisierter Krebssteine zur Zahnreinigung. »Die Zähn damit gerieben, machet sie weiß«[16], schrieb schon Conrad Gessner. Die uns so geläufige Verwendung von Zahnbürsten ist eine chinesische Erfindung, die sich in Europa erst gegen Ende des 19. Jahrhunderts durchsetzte. Das bis dahin gängige Verfahren der Zahnpflege bestand darin, die Zähne einmal wöchentlich mit einem Zahnpulver aus der Apotheke abzureiben, das aus Krebssteinen, aber auch aus Kreide, Perlmutt oder Hirschhorn hergestellt wurde. Seit Langem bekannt ist weiterhin die säuretilgende Wirkung, sodass pulverisierte Krebssteine bis in die jüngste Zeit als Hausmittel gegen Sodbrennen in Gebrauch waren.

Unter Steinbildungen oder Lithiasis (dem »Tartarus« des Paracelsus) scheinen Menschen von der Antike bis in die Neuzeit viel stärker gelitten zu haben, als dies heute der Fall ist. Entsprechend groß war auch die Aufmerksamkeit, die den Nieren und möglichen Heilmitteln gegen Steinkrankheiten gewidmet wurde. Trotz allem war man lebensbedrohenden Koliken und damit verbundenen massiven Schmerzen hilflos ausgeliefert. Vom späten Mittelalter an hatten die Leidenden zumindest einen auf diese Krankheit spezialisierten Helfer an ihrer Seite: den heiligen Liborius. »O heiliger Liborius, steh für uns ein, dass nicht Grieß und Nierenstein' die Straf' für unsre Sünden sein«, singen die Pilger auch heute noch beim jährlichen Liborius-Fest in der westfälischen Bischofsstadt Paderborn, der Hochburg der Verehrung dieses Heiligen.

Aber so ganz allein auf diesen Fürsprecher wollte man sich doch nicht verlassen. Nach der Signaturenlehre sollten Pflanzen, die wie Löwenzahn oder der Steinbrech in feinsten Stein- und Mauerritzen wachsen können, als »steinbrechendes« Heilmittel gegen Harnsteine prädestiniert sein. Im *Kräuterbuch* des Arztes und Botanikers Leonhart Fuchs (1501–1566) heißt es: »Steinbrech mit seiner Wurzel in Wein gesotten und getrunken treibt den Harn, zermahlt und bricht den Lenden- und Blasenstein.«[17] Nach Ansicht des Paracelsus waren Pflanzen allein aber zu schwach, um den »Tartarus« zu vertreiben. Für ihn erfüllten die Nieren nicht nur die bekannten physiologischen Funktionen, sondern bildeten zugleich das Zentrum eines zweiten, rein geistigen Körpers. Um pathologische Steinbildungen zu vermeiden oder Steinerkrankungen zu heilen, bedurfte es als

»Steinbrecher« des Geheimnisses der natürlichen Steinbildung, das sich im mineralischen Stein wie den Krebssteinen verbirgt.[18]

Martin Luther (1483–1546) hat sich Krebssteine als vorbeugendes Mittel gegen Harnsteine notiert, einzunehmen pulverisiert und gelöst »in *optimo vino malvatico*« (in bestem Malvasier-Wein), wodurch das (vermeintlich) Nützliche mit dem (zweifelsfrei) Angenehmen glücklich verbunden wurde.[19] Geholfen hat es dem Reformator nicht; im thüringischen Schmalkalden, wo die protestantischen Fürsten 1537 über ein Bündnis berieten, wurde Luther nach einem tagelangen Harnstau von so schrecklichen Koliken geplagt, dass man mit seinem Tod rechnete. Rettung brachte ihm wohl nicht der heilige Liborius, sondern eine qualvolle Fahrt in einem ungefederten Kutschwagen, während der sich sein Nierenstein löste und abging.

Der Begründer der Anthroposophie, Rudolf Steiner (1861–1925), übernahm von Paracelsus die Vorstellung einer übersinnlichen Funktion der Niere und erklärte diese zum energetischen Zentrum eines ätherischen »Astralleibes«. Auf Angstzustände und verdrängte Gefühle sollten die Nieren mit einer erhöhten »Strahlung« reagieren, die wiederum zur Bildung von Harnsteinen führte. Nach Vorgaben Steiners wurde ein in der anthroposophischen Medizin auch heute noch gebräuchliches Nierenheilmittel speziell gegen Harn- und Blasensteine entwickelt (Renorodon® der Firma Weleda). Als wirksame Bestandteile werden Krebssteine (Lapis cancri) und Flintstein (Silex) zu gleichen Gewichtsteilen angegeben. In diesem Präparat sollen sich die »steinbrechenden« Eigenschaften des für Tiere charakteristischen Minerals Kalk mit denen der für Pflanzen typischen Silikate und damit angebliche irdische mit kosmischen Kräften vereinen.[20]

In modifizierter Form hat sich die jahrhundertelange Anhänglichkeit des Menschen an den Kalk auch in der klassischen Homöopathie Samuel Hahnemanns (1755–1843) erhalten. Diese hat den »Kalzium-Menschen« kreiert, einen angeblichen Konstitutionstyp, für den Kalzium das probate Heilmittel darstellt. *Calcium carboni-*

cum ist ein wahrer Vielkönner, der in den üblichen extremen Verdünnungen (»Potenzierungen« genannt) gegen eine Fülle unterschiedlichster Krankheitssymptome eingesetzt wird. Zwar wird die Substanz nicht aus Krebssteinen, sondern aus der Perlmutterschicht von Austern hergestellt, chemisch bedeutet dies aber kaum einen Unterschied. Bei der Verordnung von Krebssteinen wurde auch früher immer wieder auf den Kalk von Muschelschalen zurückgegriffen, wenn Erstere nicht verfügbar waren. Gegen Steinleiden setzt die klassische Homöopathie aber nicht wie Paracelsus und die anthroposophische Medizin auf die »steinbrechenden« Kräfte natürlicher Mineralien, sondern auf den Sauerklee *(Oxalis acetosella)*. Wegen seines hohen Gehalts an Oxalsäure fördert dieser die Steinbildung; als homöopathisches Mittel soll er daher nach dem Simile-Prinzip (*similia similibus curentur* – Ähnliches soll mit Ähnlichem geheilt werden) umgekehrt gegen Steinleiden wirksam sein.

Bisher war ausschließlich von Vertretern der Zehnfußkrebse die Rede; daneben fanden aber auch die Angehörigen einer Krebsgruppe lange Zeit als Heilmittel Verwendung, von der man dies wohl kaum erwartet hätte: Asseln (vgl. Kapitel 11). Schon in der *Materia medica* des griechischen Arztes Pedanios Dioskurides (1. Jahrhundert n. Chr.), dem bis in das 17. Jahrhundert maßgeblichen Werk der Pharmakologie, wurden diese Tiere als Arzneimittel aufgeführt. Asseln wurde darin eine heilende Kraft gegen Gelbsucht, Ohrenprobleme, Halsentzündungen und Harnverhaltung zugeschrieben.[21] Es folgte eine exzessive Ausweitung des medizinischen Anwendungsbereichs dieser Tiere. Der mährische Arzt Philipp Fraundorffer (1663–1702) hat die damals gängigen Herstellungsverfahren für Arzneimittel aus Asseln ausführlich dargestellt und in peniblem Quellenstudium zusammengetragen, was fast einhundert medizinische Autoritäten über deren erfolgreichen Einsatz gegen fast vierzig verschiedene Krankheiten geschrieben haben (Abb. 20).[22] Unter der Bezeichnung *Millipedes* (oder *Aselli*) wurden Asseln als Roharznei in Apotheken vorrätig gehalten. Es handelte sich dabei meist um ein Gemisch aus Mauerasseln *(Oniscus)*, Kellerasseln *(Porcellio)* sowie Kugelasseln (*Armadillidium* und *Armadillo*), die sich bei Bedrohung zu einer nach außen hin nahezu vollständig abgeschlossenen Kugel einrollen können. Im Fall der Assel *Armadillo officinalis* erinnert das aus dem mittelalterlichen Latein stammende Epitheton *officinalis* an die langjährige medizinische Verwendung dieser Tiere: Als Offizin wurde der Verkaufsraum einer Apotheke bezeichnet.

Ein modriger Geruch und ekelhafter Geschmack, vermutlich als Zeichen besonderer Wirksamkeit akzeptiert, sollen die aus Asseln hergestellten Medikamente ausgezeichnet haben. Bis um die Mitte des 19. Jahrhunderts wurden die Tiere in verschiedenen Landes-Pharmakopöen als Heilmittel geführt, obgleich schon im 18. Jahrhundert ganz grundsätzliche Zweifel an ihrer Wirksamkeit aufgekommen waren. Ein quasi Allheilmittel musste in einer Medizin, die sich zunehmend an wissenschaftlichen Kriterien orientierte, zwangsläufig den Verdacht auf sich ziehen, im Grunde wirkungslos zu sein. Aus der Schulmedizin verschwanden die Tiere gegen Ende des 19. Jahrhunderts; auch die moderne Wirkstoffforschung hat bisher keine besonderen pharmazeutisch wirksamen Stoffe in Asseln finden können. Aus heutiger Sicht ist jedenfalls schwer nachvollziehbar, warum gerade Asseln eine so umfassende Bedeutung als Heilmittel zugeschrieben werden konnte, wenn man davon absieht, dass sie ganz einfach allgemein bekannt und auch leicht verfügbar waren. In der Volksmedizin fanden die Tiere wohl deshalb auch weiterhin Verwendung.[23] Dabei hat die an eine Pille erinnernde Gestalt der eingerollten Kugelasseln (englisch *pill-bugs*) immer wieder dazu verführt, auch ganze Tiere wie Pillen gegen diverse Krankheiten (insbesondere Rheuma, Skrofulose und Harnverhaltung) einzunehmen. In der Homöopathie werden Asseln unter *Oniscus asellus millepedes* auch heute noch geführt.

Die Farbenpracht der Krebse beruht auf dem Carotinoid Astaxanthin (vgl. Kapitel 17). Dieses wurde in Krebsen entdeckt und nach ihnen benannt, produziert werden kann die Substanz aber nur von einigen Mikroorganismen. Krebse wie auch andere Tiere nehmen sie mit der Nahrung auf. Schon seit Längerem wird Astaxanthin (meist als synthetisches Produkt) als Tierfutterzusatzstoff zum Färben verwendet und zur Steigerung der Produktivität in der Fischzucht eingesetzt. In Hinblick auf die menschliche Gesundheit wird der Substanz eine wohl beispiellose Vielzahl positiver Wirkungen nachgesagt.[24] Die Schlüsseleigenschaft, die ihnen zugrunde liegen soll, ist eine Molekülstruktur, die Astaxanthin als hochwirksames Antioxidans und damit als »Radikalfänger« ausweist.

»Freie Radikale« sind schon vom Namen her für eine Schurkenrolle prädestiniert; als Auslöser von oxidativem Stress sollen sie uns Gesundheit, Leistungsfähigkeit und Jugendlichkeit rauben. Wo freie Radikale zum Hauptverantwortlichen vieler gesundheitlicher Übel erklärt werden, avancieren ihre Gegenspieler, die Antioxidantien, folgerichtig zu einer Art Allheilmittel. Und eines der (im Reagenzglas) wirksamsten Antioxidantien ist Astaxanthin. Wie in unzähligen Ratgebern suggeriert, soll es unsere physische und psychische Leistungsfähigkeit in nahezu jeder Hinsicht steigern und uns vor nahezu jedem gesundheitlichen Übel bewahren können. Und natürlich rangiert Astaxanthin auch unter jenen wundertätigen Produkten, die Ray Kurzweil und Terry Grossman, die Gurus all jener, die süchtig nach dem ewigen (irdischen) Leben sind, über ihre Firma Transcend® Longevity Inc. anbieten. Den Käufern soll es damit möglich werden, so lange zu leben, bis die Wissenschaft (angeblich um 2045) den Tod endgültig besiegt hat: *»Live long enough to live forever.«*[25]

Freie Radikale sind extrem reaktionsfähige Moleküle. Sie entstehen im normalen Stoffwechselgeschehen, werden im Körper aber auch gezielt hergestellt, um Krankheitserreger und entartete Zellen zu bekämpfen sowie die ständig anfallenden »Zelltrümmer« zu beseitigen. In einem Zusammenspiel von selbst produzierten Enzymen und einigen Substanzen (Vitaminen, Mineralstoffen, Spurenelementen und sekundären Pflanzenstoffen), die mit der Nahrung aufgenommen werden müssen, kontrolliert unser Körper die Belastung durch freie Radikale. Im Rahmen einer ausgewogenen Ernährung ist im Allgemeinen für eine hinreichende Versorgung mit Antioxidantien gesorgt. Nur wenn die notwendigen Substanzen nicht in hinreichender Menge aufgenommen werden und extreme Belastungen zu einem erhöhten Aufkommen von Radikalen führen, können diese eventuell nicht mehr ausreichend neutralisiert werden. Die dadurch bewirkte oxidative Zerstörung wichtiger Makromoleküle wird mit einer Vielzahl von Erkrankungen in Verbindung gebracht. Ob in einem solchen Fall Antioxidantien, die nicht mit der normalen Nahrung, sondern isoliert und hoch dosiert in Form von »Nahrungsergänzungsmitteln« aufgenommen werden, oxidativen Stress reduzieren können, ist bisher nicht zweifelsfrei geklärt. Natürliches Astaxanthin aus der Alge *Haematococcus pluvialis* darf heute als Nahrungsergänzungsmittel vertrieben werden; die EU-Behörde für Lebensmittelsicherheit (EFSA) hat 2020 seine Verwendung in gewissem Rahmen für gesundheitlich unbedenklich erklärt. Als Zusatz zu Lebensmitteln und als Medikament aber ist Astaxanthin nicht zugelassen; alle Anträge, bestimmte Gesundheitsversprechungen offiziell zu genehmigen, wurden bisher abgelehnt, da diese nicht durch aussagekräftige klinische Untersuchungen belegt sind.[26] Somit darf das Produkt von den Herstellern auch nicht entsprechend beworben werden. Dies geschieht hingegen in Publikumszeitschriften, Ratgebern und werbefinanzierten Internetportalen in einer Form, die Astaxanthin seiner suggerierten umfassenden Wirkungen wegen als eine moderne Version der Krebssteine erscheinen lässt und den Eindruck erweckt, man könne die Sünden einer falschen Ernährungs- und Lebensweise durch eine Art Ablasszahlung tilgen, die beim Kauf eines teuren wundertätigen »Superfood« entrichtet wird.

Nach einer langen Geschichte als vermeintliche Arzneimittel haben Krebse und aus ihnen hergestellte Produkte in der heutigen Medizin keine Bedeutung mehr. Die moderne Forschung wird vielleicht auch in Krebsen medizinisch interessante Wirkstoffe entdecken; auf jene Art und Weise allerdings, wie die Tiere früher verwendet wurden, dürfte von ihnen kaum jemals eine pharmazeutische Wirkung ausgegangen sein. Magische und astrologische Vorstellungen sowie rein spekulative, religiös-philosophisch begründete Analogieschlüsse und symbolische Deutungen lagen diesen früheren Verwendungen zugrunde. Manche dieser alten Vorstellungen haben in der Volks- und Paramedizin überlebt. Dort ist auch der Glaube an Universalheilmittel ungebrochen, denn, wie der Dichter und Naturforscher Adelbert von Chamisso (1781–1838) schon 1836 schrieb: »Zauberei und Magie in tausenderlei Gestalt waren die erste Heilkunst und werden wohl auch die letzte sein.«[27]

13 VON NUTZEN UND SCHADEN

Arten als Schädlinge und Nützlinge zu klassifizieren, wird der ökologischen Realität nicht gerecht. Keine Art ist *per se* nützlich oder schädlich. In Hunderten von Millionen Jahren hat die biologische Evolution ein Netzwerk wechselseitiger Einwirkungen und Abhängigkeiten geknüpft, in dem die Kategorien nützlich und schädlich keinen Sinn ergeben, weil jeder Organismus sein Leben sowohl zum Nach- als auch zum Vorteil vieler anderer bestreitet.

Allzu sehr ist unser Blick auf die unmittelbar als schädlich oder nützlich empfundenen Auswirkungen anderer Arten auf unsere Gesundheit und den Erfolg unserer wirtschaftlichen Tätigkeiten fixiert und übersieht den Beitrag, den alle Arten zu einem funktionierenden Gesamtsystem leisten. Kleinkrebse spielen eine bedeutende Rolle in den Nahrungssystemen aquatischer Lebensräume, indem sie die Primärproduktion der mikroskopisch kleinen pflanzlichen Einzeller in tierische Biomasse »veredeln« und anderen Konsumenten als Nahrung verfügbar machen. Im Meer erfüllen diese Aufgabe vor allem Ruderfußkrebse (Copepoden), im Süßwasser sind es daneben die Wasserflöhe aus der Gruppe der Blattfußkrebse (Branchiopoden). Und auch am anderen Ende des Nahrungssystems, als Zersetzer, die durch den Verzehr toten pflanzlichen und tierischen Materials für die Rückführung von Nährstoffen in einen neuen Produktionsprozess sorgen, kommt Krebsen (vor allem Asseln und Flohkrebsen) eine wichtige Rolle zu. Die offenkundigste Form, in der Menschen von Krebsen profitieren, ist deren Nutzung als Nahrungsmittel. Viele andere Zusammenhänge, in denen Krebse uns direkt nutzen oder schaden, sind weniger auffällig.

Wenn andere Arten uns erhebliche ökonomische Probleme bereiten, ist dies fast immer eine Folge von Eingriffen des Menschen in natürliche Lebensbedingungen. Der Schaden, den die Lachslaus – ein parasitischer Ruderfußkrebs – ihrem Wirt zufügt, ist in dessen wilden Beständen eng begrenzt, unter den Bedingungen einer intensiven Lachs-Aquakultur sieht dies jedoch völlig anders aus. Und holzzersetzende sowie Bewuchs bildende Krebse wurden im Meer erst dann zu einem mehr als lästigen Problem, als der Mensch begann, hölzerne und andere Konstruktionen in die marine Umwelt einzubringen.

Feste Oberflächen im Wasser sind fast immer von Lebewesen bewachsen, die dort Aufwuchsgesellschaften aus Einzellern, verschiedenen Tieren und (sofern der Ort hinreichend Licht erhält) Algen bilden. Die Besiedlung solcher Flächen erfolgt über bewegliche Frühstadien wie Larven oder Sporen, die der Verbreitung dienen, nach einem geeigneten Siedlungsort suchen, sich dort festsetzen und heranwachsen. In ähnlicher Weise wie natürliche Oberflächen werden auch Objekte bewachsen, die der Mensch dem Wasser aussetzt. Zuerst waren dies Schiffe, Hafenanlagen und Seefahrtszeichen. Heute sind vielerlei weitere Einrichtungen hinzugekommen: Unterwasserkabel, Rohrleitungen, Offshore-Anlagen wie Ölfördereinrichtungen und Windkraftanlagen, die technischen Installationen der marinen Aquakultur und wissenschaftliche Messstationen. Besiedelt werden sogar die Unmengen von Plastikmüll, die heute in den Meeren treiben und dadurch zur weltweiten Ausbreitung mariner Arten beitragen.

Die fast immer unerwünschte Bewuchsbildung auf künstlichen Oberflächen im Wasser wird heute allgemein als Biofouling bezeichnet. Der Bewuchs kann zu einer deutlichen Gewichtszunahme der bewachsenen Objekte führen. Seefahrtszeichen sinken unter der zunehmenden Last immer tiefer ins Wasser, sodass sie regelmäßig eingeholt und vom Bewuchs befreit werden müssen. Wo Unterwasserkabel nicht im oder direkt auf dem Boden liegen, können sie unter dem Gewicht des Bewuchses reißen. Als Mitte des 19. Jahrhunderts ein nicht lange zuvor verlegtes Kabel wegen einer Beschädigung aus mehr als 2000 Meter Tiefe geborgen werden musste, fand man dieses von einer reichhaltigen Fauna bewachsen. Bis dahin hatte es als ausgeschlossen gegolten, dass Leben in solchen Tiefen möglich ist. Die Zunahme des Gewichts und des Strömungswiderstands sowie die Förderung der Korrosion gefährden die Stabilität, Sicherheit und letztlich Funktionsfähigkeit von Offshore-Installationen. Die weitaus bedeutendsten Probleme bereitet das Biofouling aber der Schifffahrt, indem es Materialien schädigt, den Treibstoffverbrauch nahezu verdoppeln kann und Endgeschwindigkeit, Manövrierfähigkeit und Reichweite herabsetzt.[1]

Mehr als viertausend verschiedene Arten treten im Schiffsbewuchs auf. Besonders problematisch – und daher auch das Hauptziel von Anti-Fouling-Maßnahmen – sind Organismen mit harten Kalkschalen wie manche Muscheln und Röhrenwürmer sowie vor allem Rankenfußkrebse (Seepocken und Entenmuscheln), die sich auf fast jeder Art von Oberfläche extrem fest anheften können. Während der Schiffsbewuchs aus Rankenfußkrebsen sich in ganz speziellen Situationen als nützlich erweisen kann, nämlich als willkommene Nahrung für hungernde Schiffbrüchige (vgl. Kapitel 6), mussten jene Unglücklichen mit Seepocken und Entenmuscheln ganz andere Erfahrungen machen, an denen früher die harte Disziplinarstrafe des »Kielholens« vollstreckt wurde. Die Delinquenten wurden dazu an einem Tau unter dem Rumpf eines Schiffs durchgezogen, wobei sie sich oft schwere bis manchmal tödliche Verletzungen an den scharfkantigen Schalen der Tiere zuzogen.

Der Umfang des heutigen transozeanischen Warenverkehrs

macht die durch den Schiffsbewuchs verursachten gigantischen ökonomischen Kosten von geschätzt mehreren Hundert Milliarden US-Dollar pro Jahr verständlich: Neben den erhöhten Treibstoffkosten handelt es sich dabei um Kosten, die mit Maßnahmen zur Verhinderung und Beseitigung des Bewuchses verbunden sind. Dazu kommen ökologische Kosten durch die erhöhte Emission klimaschädlicher Gase und durch die Nebenwirkungen der traditionellen Maßnahmen der Bewuchsbekämpfung mit Giftstoffen (Bioziden). Schließlich ist der Schiffsbewuchs (neben dem Ballastwasser) ein Hauptvektor der weltweiten Verschleppung gebietsfremder Arten.

Das Problem des Schiffsbewuchses ist seit den Anfängen der Seefahrt bekannt, und genauso alt sind auch die Bemühungen, die Bewuchsbildung zu erschweren.[2] Schiffsanstriche mit Teer, Pech oder öligen Harzen, die giftige Kupfer- und Arsenverbindungen enthalten, aber auch Bleiummantelungen von Schiffsrümpfen und das Einschlagen von Kupfernägeln waren schon in der Antike bekannt. Bis in das 18. Jahrhundert hinein waren alle Methoden aber höchstens kurzzeitig erfolgreich. Die Schiffe, mit denen Kolumbus und andere auf Entdeckungsfahrten gingen, waren zwar mit einer Mischung aus Talg und Pech bestrichen, mussten aber dennoch alle paar Monate an einer geeigneten Küste zur mechanischen Reinigung auf die Seite gelegt werden.

Im Jahr 1625 erwarb William Beale in England das erste Patent auf einen Schiffsanstrich, der als wirksame Komponente ein Granulat aus Kupferverbindungen enthielt. Als es gelungen war, Kupfer (wie zuvor nur Blei) zu dünnen Blechen auszurollen, bot sich die Möglichkeit, die unteren Teile von Schiffsrümpfen vollständig mit Kupferblechen zu ummanteln. Trotz hoher Kosten wurde diese Methode von 1762 an Standard für britische Kriegsschiffe, die nun viel seltener Häfen zur Reinigung aufsuchen mussten und zudem schneller und manövrierfähiger waren als die ihrer Gegner. Admiral Nelson, der Sieger der Seeschlacht von Trafalgar (1805), sah in der Kupferummantelung seiner Schiffe einen wesentlichen Grund für deren Überlegenheit im Gefecht.

Mit dem Aufkommen stählerner Schiffe änderte sich die Situation: Die Rostbildung trat als neues Problem hinzu, und auf eine Kupferummantelung musste wegen der galvanischen Korrosion zwischen Kupfer und Eisen verzichtet werden. In den 1860er-Jahren begann die Zeit der modernen Anti-Fouling-Anstriche. Über einem Rostschutzanstrich erhielten Schiffe einen Anstrich aus Kunststoffen; diese waren mit einer Schwermetallverbindung versetzt, die nach und nach aus dem Anstrich freigesetzt wurde und den Bewuchs vergiftete.

Auf der Suche nach immer wirkungsvolleren Bioziden, die die Abstände zwischen notwendigen Schiffsreinigungen mit Neuanstrichen vergrößerten, schien in den 1970er-Jahren das Problem des Schiffsbewuchses endlich gelöst zu sein: Eine organische Zinnverbindung, das Tributylzinn (TBT), hatte sich als Biozid von zuvor unerreicht hoher Wirksamkeit erwiesen. Auf dem Höhepunkt der Nutzung in den 1990er-Jahren hatten gut 70 Prozent aller auf den Meeren verkehrenden Schiffe einen Anti-Fouling-Anstrich auf der Basis von TBT. Früh schon häuften sich jedoch Hinweise, dass sich das extrem langlebige TBT im Wasser, in Sedimenten und über die Nahrungskette auch in Organismen anreichert und schon in geringsten Konzentrationen die Lebensfunktionen fast aller Organismen erheblich beeinträchtigt. Vor allem in der Umgebung von Häfen und entlang viel befahrener Wasserstraßen verschwanden als Folge der TBT-Giftwirkung Austernbänke und viele Schneckenarten. Bald wurde deutlich, dass es sich bei dem »Wundermittel« um die ökologisch wohl gefährlichste Substanz handelte, die jemals in die marine Umwelt eingeführt worden war. Nach fast vierzigjähriger Nutzung wurde 2008 ein weltweites Verbot wirksam. Noch heute ist TBT fast überall nachweisbar, sei es in der Tiefsee, in antarktischen Gewässern oder in Leberzellen des Menschen.

Das TBT-Verbot führte zu einer intensiven Suche nach Verfahren, die ohne umweltschädigende Gifte auskommen.[3] Eine Fülle von Anregungen für neuartige Anti-Fouling-Strategien lieferten Untersuchungen zur Frage, wie Organismen selbst es vermeiden, von anderen überwachsen zu werden. Diese Gefahr besteht vor allem für Algen und sessile Tiere wie Schwämme, Korallen, Moostierchen, Muscheln und Seescheiden, von denen viele aber überraschend frei von Bewuchs sind. Die von ihnen verwendeten Schutzstrategien sind sehr unterschiedlicher Art und Gegenstand intensiver Forschung. Vergrämungsstoffe (Repellents) wirken auf potenzielle Siedler abstoßend, sodass es gar nicht erst zu einer Kontaktaufnahme kommt. Andere natürliche Anti-Fouling-Strategien stützen sich auf Enzyme in der Körperoberfläche, die die »Klebstoffe« unerwünschter Ansiedler auflösen. Eher selten kommen natürliche (biogene) Gifte zum Einsatz, die gegenüber künstlichen Bioziden zumindest den Vorteil haben, rasch abgebaut zu werden.

Auch spezielle feinstrukturelle Eigenschaften von Oberflächen bis in den Nanobereich hinein können die Haftung so verringern, dass ein Bewuchs leicht wieder abfällt. Klassisches Beispiel einer solchen physikalischen Oberflächenwirkung ist das Blatt der Lotuspflanze mit seiner selbstreinigenden und wasserabstoßenden Oberfläche. Haie und Delfine sind weitgehend frei von Bewuchs; bei Haien scheint hierfür eine spezielle Feinstruktur der Haut verantwortlich zu sein; Delfine hingegen schwimmen wohl einfach so schnell, dass siedelnde Organismen durch die hohen Scherkräfte fortgerissen werden, bevor sie sich richtig festsetzen können. Zudem ist die Haut vieler Wirbeltiere schon dadurch ein schlechter dauerhafter Anheftungsort, weil sie ständig von unten erneuert wird, während die oberen Schichten abblättern. Bartenwale und Seeschildkröten sind nur von einigen hoch spezialisierten Seepockenarten bewachsen, die sich tief in der Walhaut bzw. bei Schildkröten sogar im Knochenpanzer verankern. Mit einem extrem starken Hautwachstum, das etwa 300-mal stärker ist als das des Menschen, scheinen sich Bartenwale gegen Bewuchs zu schützen. Krebse schließlich besitzen mit ihren regelmäßigen Häutungen ein einfaches Mittel, sich immer wieder von dem Bewuchs zu befreien, der sich zwischenzeitlich auf ihrem Panzer bildet.

Die Entwicklung von zugleich effektiven, kostengünstigen, umweltfreundlichen und gegen ein möglichst breites Spektrum von Organismen wirksamen Anti-Fouling-Maßnahmen ist immer noch eine große Herausforderung. Die vielversprechenden neuen Ansätze sind meist noch nicht in großem Umfang anwendungsbereit, sodass die klassischen biozidbasierten Anti-Fouling-Anstriche bis heute nicht vollständig ersetzt werden konnten.

Eine feste und dauerhafte Verbindung mit einem gewählten Siedlungsort herzustellen ist für sessile Lebewesen von überlebenswichtiger Bedeutung. Ob an den Rümpfen schneller Schiffe oder auf Felsen in der Brandungszone, eine einmal eingegangene Verbindung muss hohen Drücken und Scherkräften widerstehen. Wenn Seepocken auch eine uns mehr als lästige Rolle im Biofouling spielen, ihre Fähigkeit, unter Wasser mittels eines biologisch abbaubaren »Sekundenklebers« extrem feste Verbindungen mit nahezu jeder Art von Oberfläche herzustellen[4], bietet eine jener unzähligen Möglichkeiten, Problemlösungen, die Lebewesen während ihrer langen Evolutionsgeschichte im Spiel von Mutation und Selektion gefunden und laufend verbessert haben, technisch nutzbar zu machen. Entsprechende Superklebstoffe wären den bekannten künstlichen Klebern in der Kombination von Dauerhaftigkeit, Festigkeit und Anwendbarkeit im feuchten Milieu deutlich überlegen und hätten das Potenzial, manche technische und medizinische Bereiche (Chirurgie, Zahnmedizin) zu revolutionieren.

Abgesehen von gesundheitlichen Komplikationen, die durch den Verzehr verdorbenen Krebsfleisches oder durch eine Allergie gegen Krebsproteine ausgelöst werden können (vgl. Kapitel 8), gibt es keine Krankheit des Menschen, die unmittelbar durch einen Krebs verursacht wird. Zwar sind etwa 15 Prozent der heute bekannten Krebsarten Parasiten (oft extrem modifiziert und nur anhand ihrer Larven als Krebse erkennbar), als Wirte dienen ihnen aber praktisch ausschließlich andere aquatische Tiere. Nur indirekt – als Zwischenwirte einiger parasitischer Würmer – sind Krebse an parasitären Erkrankungen des Menschen beteiligt.

Ein stark unterschätztes Problem ist laut Weltgesundheitsorganisation die in tropischen Ländern Asiens, Afrikas und Amerikas verbreitete Lungenegelkrankheit (Paragonimiasis).[5] Verursacht wird sie durch Saugwürmer (Trematoden) der Gattung *Paragonimus*. Diese Parasiten durchlaufen einen komplexen Lebenszyklus, der über eine Süßwasserschnecke als ersten und einen Süßwasserkrebs (Krabbe oder Flusskrebs) als zweiten Zwischenwirt zu einem Säugetier als Endwirt führt, in dem der Parasit geschlechtsreif wird. Die geschlechtsreifen Würmer siedeln zumeist im Lungengewebe des Endwirts. Die dort produzierten Eier gelangen über den Atemweg hinaus, wo im Süßwasser ein neuer Entwicklungszyklus beginnt.

Eine hohe Infektionsgefahr für den Menschen besteht dort, wo Süßwasserkrebse roh verzehrt oder in roher Form zu verschiedenen anderen Speisen verarbeitet werden, wie es vor allem in Süd- und Südostasien in allen Gesellschaftskreisen verbreitet ist. So wurden etwa auf traditionellen chinesischen Banketten in Wein getauchte lebende Krabben serviert, deren Genuss – wie der Schriftsteller Lu Xun schrieb – umso größer gewesen sein soll, je lebendiger die Krabben waren.[6] Zu einem starken Ausbruch der Paragonimiasis kam es Ende der 1960er-Jahre in Nigeria, nachdem eine hungernde Bevölkerung während des Biafrakriegs vermehrt Süßwasserkrabben verzehrt hatte.

Wegen der relativ unspezifischen, tuberkuloseähnlichen Symptome bleibt die medikamentös gut zu behandelnde Krankheit oft unerkannt oder wird falsch diagnostiziert. Gravierende gesundheitliche Probleme mit oft tödlicher Folge treten auf, wenn sich der Parasit als Irrläufer statt in der Lunge im Gehirn ansiedelt. Im Jahr 2005 sollen weltweit mehr als 23 Millionen Menschen (davon 5 Millionen mit schweren Symptomen und fast 200 000 mit cerebralen Problemen) von der Krankheit befallen gewesen sein.[7] Mit zurückkehrenden Reisenden aus gefährdeten Gegenden und dem Import lebender Krabben und Flusskrebse ist die Krankheit auch in Europa und Nordamerika häufiger geworden.

Weitere Parasiten des Menschen, in deren Entwicklungsgang Krebse eine Rolle als Zwischenwirte spielen, sind der Medina- oder Guineawurm *(Dracunculus medinensis)* und der Fischbandwurm *(Diphyllobothrium latum)*. Der in Afrika, im Orient und in Indien früher weitverbreitete Medinawurm gehört zur Gruppe der Fadenwürmer (Nematoda). Reife Weibchen, die bei kaum zwei Millimeter Breite mehr als einen Meter lang werden können, erscheinen nach einer etwa einjährigen Wachstumsphase im infizierten Endwirt unter dessen Haut an Füßen oder Unterschenkeln. Immer wenn diese Hautpartien mit Wasser in Berührung kommen, wird ein Schub Larven ins Freie entlassen. Die Larven müssen nun von Ruderfußkrebsen als Zwischenwirt gefressen werden. Endwirt ist der Mensch, der befallene Ruderfußkrebse mit verunreinigtem Trinkwasser aufnimmt und sich so infiziert. Schmerzhafte Abszesse an den Extremitäten führen zu monatelanger starker Beeinträchtigung bis zu völliger Arbeitsunfähigkeit. In den frühen Hochkulturen am Nil, im Zweistromland und am Indus waren die Würmer eine Plage. Ende des 18. Jahrhunderts mussten auch Napoleons Soldaten auf dem Ägyptenfeldzug des Kaisers unangenehme Erfahrungen mit dem Parasiten machen.

Die altägyptischen Ärzte beherrschten die Kunst, die schlangenähnlichen Würmer langsam, Stück für Stück und oft über Tage, an einem Holzstäbchen, dem mutmaßlichen Vorbild des Äskulapstabs, aufzuwickeln und so aus dem Körper des Wirts herauszuziehen. Dabei musste ein Zerreißen des Wurms verhindert werden, da sonst die Gefahr einer Blutvergiftung bestand. Auch heute noch wird die klassische Extraktionsmethode angewandt und nur im Notfall eine chirurgische Entfernung vorgenommen. In den 1990er-Jahren startete die WHO zusammen mit einer Stiftung des ehemaligen US-Präsidenten Carter ein ehrgeiziges Programm mit dem Ziel, den Parasiten bis 2015 auszurotten.[8] Da es weder Impfstoffe noch eine medikamentöse Behandlung gibt, musste sich die Kampagne auf Aufklärung und präventive Maßnahmen (insbesondere eine Verbesserung der Trinkwasserqualität) stützen. Nachdem 1986 noch mehr als 3,5 Millionen Menschen in zwanzig Staaten unter dem Parasiten gelitten haben sollen, schien dieser im Jahr 2015 tatsächlich an der Schwelle zur Ausrottung zu stehen. Es wäre das erste Mal gewesen, dass dies mit einem vielzelligen Parasiten des Menschen gelungen wäre. Seit 2015 allerdings stagnieren die jährlichen Fallzahlen auf einem niedrigen Niveau. Eine definitive Ausrottung wird dadurch erschwert, dass der Mensch nicht einziger Endwirt des Parasiten ist, sondern dass vor allem Hunde ein Reservoir darstellen, aus dem heraus sich Menschen immer wieder infizieren können.

Auch im komplexen Entwicklungszyklus der Fischbandwürmer treten Krebse als obligatorische Zwischenwirte auf. Die wichtigste europäische Art ist der bis zu zehn Meter lange Bandwurm *Diphyllobothrium latum*. Er lebt im Mitteldarm des Menschen und anderer fischfressender Säugetiere, wo er über viele Jahre hin große Mengen Eier produziert, die mit dem Kot ausgeschieden werden und im Wasser kleine Schwimmlarven entlassen. Wie im Fall des Medinawurms müssen diese nun von einem Ruderfußkrebs als Zwischenwirt verzehrt werden. Vor der Übertragung auf einen Endwirt muss zunächst noch eine weitere Entwicklung in einem Süßwasserfisch als zweitem Zwischenwirt durchlaufen werden. Der Mensch infiziert sich durch den Verzehr von rohem oder unzureichend gekochtem Fisch. Selbst geräucherter, marinierter oder nur leicht gesalzener Fisch kann den Parasiten übertragen. Einen sicheren Schutz bieten nur hinreichendes Kochen oder ein längeres Einfrieren bei genügend tiefer Temperatur.

In den meisten Fällen bleiben Infektionen des Menschen mit Fischbandwürmern ohne Symptome oder führen nur zu milden Erkrankungen. Vor allem in manchen ländlichen Gegenden, in denen nach alter Sitte Fische oder Teile von ihnen vorzugsweise roh verzehrt wurden, waren früher große Teile der Bevölkerung »Bandwurmträger«: In Ostpreußen und den baltischen Ländern sollen es in den 1930er-Jahren fast 50 Prozent gewesen sein. Während in den ehemaligen »Hochburgen« Infektionen mit Fischbandwürmern seit einigen Jahrzehnten stark rückläufig sind, treten in jüngster Zeit vermehrt Fälle in der großstädtischen Bevölkerung auf. Ursache dafür sind moderne Ernährungstrends wie Rohfisch-Diäten und die weltweit wachsende Beliebtheit von Sushi, Sashimi, marinierten Fischfilets und Fisch-Carpaccio.

Wie wir selbst, so bleiben auch unsere landlebenden Nutztiere weitgehend von gesundheitlichen Problemen verschont, die unmittelbar von Krebsen verursacht werden; an deren Stelle bringen ihnen (und uns) Insekten vielerlei Belästigungen bis hin zu tödlichen Gefahren durch von ihnen übertragene Krankheitserreger. Genau umgekehrt ist die Situation bei unseren *aquatischen* Nutztieren (Fischen, Krebsen und Muscheln): Was ihnen vonseiten der Insekten erspart bleibt, widerfährt ihnen durch ähnlich spezialisierte Arten der Krebse. Zu einem bedeutenden ökonomischen Problem wird dies aber fast immer nur in Intensivkulturen, in denen der Stress der unnatürlichen Haltungsbedingungen die Krankheitsanfälligkeit der produzierten Tiere erhöht, während der »Schädling« optimale Bedingungen vorfindet. Parasiten und Krankheitserreger unter Kontrolle zu halten, während diese sich immer wieder rasch an neue Maßnahmen der Bekämpfung anpassen, ist eines der klassischen Probleme jeder intensiven Tierproduktion.

Seit Langem bekannt ist die Karpfenlaus *(Argulus foliaceus)*, die zu der kleinen Krebsgruppe der Kiemenschwänze (Branchiuren) gehört. Als saugende Außenparasiten ernähren sich die Tiere von der Körperflüssigkeit ihrer Wirte und können in intensiv bewirtschafteten Karpfenteichen bei Massenbefall durch die Übertragung gefährlicher Viren, Bakterien oder Pilze erhebliche Schäden verursachen. Große und auch öffentliche Beachtung findet seit einigen Jahrzehnten die Lachslaus *(Lepeophtheirus salmonis)* – und dies nicht nur wegen der immensen ökonomischen Schäden, die sie der Lachsproduktion, dem lukrativsten Zweig der marinen Aquakultur, zufügt, sondern auch wegen der mit ihrer Bekämpfung verbundenen Umweltprobleme.[9]

Die Lachslaus ist einer der zahlreichen Parasiten aus der Gruppe der Ruderfußkrebse. Sie lebt von Hautgewebe und Körperflüssigkeiten ihres Wirts; bei starkem Befall entstehen großflächige Wunden und vielfältige physiologische Störungen, die in schweren Fällen zum Tod der Lachse führen. Seit Mitte der 1970er-Jahre werden Lachse in großen Mengen in Aquakultur erzeugt. Hauptproduzent ist heute Norwegen, in dessen Fjorden fast die Hälfte der jährlichen globalen Produktion von derzeit (2020) etwa 2,7 Millionen Tonnen erzeugt wird. Die mit modernen Methoden erbrüteten und zunächst im Süßwasser aufgezogenen Junglachse werden zur Mast in schwimmende Netzgehege in den Fjorden ausgesetzt, wo sie dank eines speziellen Kraftfutters in nur zwölf bis achtzehn Monaten Marktreife erreichen. Seit Lachse in intensiven Kulturen produziert werden, ist auch das Problem der Lachslaus bekannt, durch die es vor allem in der Anfangszeit der Lachsproduktion zu verheerenden Epidemien kam. Über mehr als vierzig Jahre wurde mit immer neuen Methoden versucht, einen folgenschweren Befall zu verhindern, ohne dass das Problem bis heute gelöst werden konnte.

Allein der norwegischen Lachsindustrie sollen im Jahr 2011 durch die Lachslaus Kosten von 436 Millionen US-Dollar entstanden sein[10]; diese ergeben sich aus den Aufwendungen für die Bekämpfung des Parasiten sowie aus den Produktionsausfällen, die trotz dieser Maßnahmen auftreten. Daneben stehen die schwer zu beziffernden ökologischen Kosten: Umweltschäden, die durch eine Überdüngung der umgebenden Gewässer und durch Chemikalien verursacht werden, mit denen der Parasit bekämpft wird. Dazu kommen mutmaßliche negative Auswirkungen auf Wildlachspopulationen. Über vier Jahrzehnte hin kamen zahlreiche Giftstoffe zur Bekämpfung der Lachslaus zum Einsatz, die wegen einer raschen Entwicklung von Resistenzen immer nur kurze Zeit wirksam waren und durch andere ersetzt werden mussten. Die offensichtlichen Probleme mit jeder Art von chemischer Bekämpfung (hohe Kosten, Resistenzbildung, Umweltschäden, gesundheitliche Risiken für Personal und Konsumenten) führten zur Erprobung einer Vielzahl alternativer Maßnahmen, die aber meist mit erheblichem Stress und erhöhter Mortalität der behandelten Lachse verbunden waren. Die Tiere wurden hierzu aus ihren Gehegen in Tanks umgepumpt, um sie dort mechanisch, thermisch (mit etwa 30 °C warmem Wasser) oder osmotisch (durch kurzzeitiges Einbringen in Süß- oder Brackwasser) zu entlausen. Zur biologischen Kontrolle wurden Lippfische als »Putzer« in die Gehege eingebracht, die aber ebenfalls aufwendig in Aquakultur produziert werden müssen. Neuerdings werden auch die Wirkungen von Ultraschall und Infrarotlicht erprobt.

Den Forderungen nach Umweltverträglichkeit und möglichst schonender Behandlung der Lachse werden am ehesten jene Verfahren gerecht, die nicht erst einen bereits eingetretenen Lachslaus-Befall bekämpfen, sondern präventiv wirksam werden.[11] Schon eine Reihe von Management-Maßnahmen wie die Verringerung der Haltungsdichte und das Ausbringen der Gehege in tieferem oder auch stärker strömungsexponiertem Wasser können den Befallsdruck deutlich verringern. Intensive Bemühungen gelten heute der Züchtung von Lachsen, die gegen die Lachslaus resistent sind, sowie der Entwicklung eines Impfstoffs. Gegen eine Reihe von wichtigen bakteriellen und viralen Fischkrankheiten können Lachse geimpft werden, was einen weitgehenden Verzicht auf Antibiotika erlaubt, die noch in den 1990er-Jahren massiv zum Einsatz kamen. Bis heute allerdings gibt es gegen die Lachslaus (wie auch gegen andere vielzellige tierische Parasiten) keine Impfstoffe.

Nach dem Blick auf Krebse als Ursache gesundheitlicher Probleme des Menschen und seiner Nutztiere bleibt noch die Frage, ob Krebse auch unsere Nutzpflanzen schädigen können. Einige Arten der Landasseln (eigentlich typische Verzehrer faulender pflanzlicher Substanzen) können unter bestimmten Umständen durch Massenvermehrung in Gemüsekulturen oder an Vorräten schädlich werden, indem sie auch lebende, zarte Pflanzenteile fressen. In größerem Umfang schädlich in der Pflanzenproduktion werden Krebse aber nur unter bestimmten Bedingungen im Reisanbau. In China, wo der Reis vor mehr als achttausend Jahren domestiziert wurde, ist er seit Langem ein Hauptnahrungsmittel, dessen Ertragssicherung höchste Aufmerksamkeit gilt. Die über fünf Jahrtausende dokumentierte Geschichte der chinesischen Zivilisation war auch ein Kampf gegen immer wiederkehrende Naturkatastrophen und Hungersnöte. Großflächige Überschwemmungen und lang anhaltende Trockenheit waren die Hauptursachen; ältere Quellen sprechen aber auch von Krabbenplagen, die zu einem weitgehenden Ausfall der Reisernte geführt hätten. Im 6. Jahrhundert n. Chr. soll ein kluger Berater seinen Herrscher sogar von Kriegsvorbereitungen abgebracht haben, indem er auf eine solche Krabbenplage und die deshalb zu erwartende schlechte Versorgungslage im Land verwies.[12]

Etwa 80 Prozent der weltweiten Reisproduktion erfolgen im besonders ertragreichen, aber auch große Wassermengen erfordernden Nassanbau. Vorgezogene Setzlinge werden dazu in geflutete, aufgestaute Felder gepflanzt, die während der gesamten Wachstumsphase langsam von Wasser durchflossen werden. Aufwendige Wasserbewirtschaftungssysteme sorgen für optimale Entwicklungsbedingungen. Bei den Krebsen, die in Reisfeldern weltweit schädlich werden können, handelt es sich um einige Maulwurfskrebse, Landkrabben, die Chinesische Wollhandkrabbe und bestimmte Flusskrebse. Ihnen allen ist gemeinsam, dass sie eine intensive Grab- und Wühltätigkeit zeigen und Höhlengänge bis tief in den Untergrund anlegen. Ernteverluste im Reisanbau verursachen die Tiere sowohl direkt durch Fraßschäden an den jungen, zarten Setzlingen als auch indirekt durch Beschädigung der Infrastruktur. Indem sie Dämme schwächen, durchlöchern und unterhöhlen, steigern grabende Krebse den Wasserablauf und können Reisfelder vorzeitig trockenlegen und verdorren lassen.

Schon einfache Management-Maßnahmen im Bereich von Anbauplänen und Infrastrukturen können eine solche Situation jedoch völlig verändern. In der integrierten Krebs-Reis-Produktion, wie sie in Louisiana und vor allem China in großem Umfang betrieben wird (vgl. Kapitel 8), lassen sich Krebse und Reis – statt einander als Schädiger und Geschädigte gegenüberzustehen – in einem System wechselseitiger Förderung ökonomisch erfolgreich und zugleich umweltschonend gemeinsam erzeugen. Dies zeigt uns erneut, wie willkürlich die Kategorien »nützlich« und »schädlich« in unserer Beurteilung von Pflanzen- und Tierarten sind.

14 KREBSE UND DIE AKUSTISCHE KULISSE DER MEERE

Unser Gehörsinn ist eines der Meisterstücke der Evolution. Allein aus einem komplexen Muster von Luftdruckschwankungen, die unsere Trommelfelle in Schwingungen versetzen, bringt er in uns die verschiedenen Instrumente und Stimmen einer Symphonie zum Erklingen – und lässt uns daneben auch noch mitbekommen, wenn im Konzertsaal gehustet, getuschelt oder mit dem Programmheft geraschelt wird.

Fast immer sind wir von Geräuschen umgeben. Es ist heute vor allem der von uns Menschen selbst erzeugte Lärm. Unter den Umweltfaktoren, die unsere Gesundheit am stärksten belasten, rangiert er laut Weltgesundheitsorganisation gleich hinter der Luftverschmutzung. Daneben aber gibt es eine akustische Kulisse, die auch schon lange vor uns die Welt erfüllte. Ihre Urheber sind geophysikalische Phänomene (insbesondere Wind und Regen) sowie Tiere. Manche von Tieren produzierte Geräusche sind bloße Nebenprodukte von Aktivitäten wie der Fortbewegung oder der Nahrungsaufnahme; es sind Geräusche, die ihre Verursacher eher zu vermeiden bestrebt sind, um nicht unerwünschte Lauscher auf sich aufmerksam zu machen. Ganz anders steht es um jene Lautäußerungen von Tieren, die ganz offensichtlich bestimmten Zwecken dienen.

Im Unterschied zur Atmosphäre galt die Welt unter Wasser, die Hydrosphäre, lange Zeit als ein Reich der Stille. »Stumm wie ein Fisch«, heißt es noch immer von denen, die sich akustischer Kommunikation verweigern. Zwar kannte schon Aristoteles die Lautäußerungen, die manche Fische von sich geben, wenn sie aus dem Wasser genommen werden, bis in das 20. Jahrhundert hinein war es jedoch unmöglich, Unterwasserschall hörbar zu machen. Die Welten ober- und unterhalb einer Wasseroberfläche sind akustisch nahezu vollständig voneinander isoliert, da fast die gesamte Schallwellenenergie an der Grenzfläche reflektiert wird.

Licht wird im Wasser schnell absorbiert, sodass die Sichtweite unter Wasser stark eingeschränkt ist. Für aquatische Tiere war es daher naheliegend, statt optischer vermehrt akustische Signale zur Kommunikation und Orientierung zu nutzen. Dem kommt entgegen, dass Schall sich in Wasser wesentlich schneller ausbreitet als in Luft (etwa 1480 gegenüber 340 Meter pro Sekunde) und insbesondere im niederen Frequenzbereich auch verlustärmer und damit über längere Strecken. Heute wissen wir, dass Fische zu mannigfachen Lautäußerungen fähig sind. Aber auch viele andere Meerestiere, und insbesondere Krebse, sind nicht die stummen Wesen, für die sie lange gehalten wurden.

Unseren größten Ozean nennen wir den »Stillen«. Das Attribut steht aber nicht für lautlos, sondern für windstill oder friedlich *(Mare Pacificum)*. Die Bezeichnung geht darauf zurück, dass Ferdinand Magellan und seine Mannschaft, die diese nahezu unendliche Wasserwüste als erste Europäer durchquerten (1520/21), während ihrer mehr als hundert Tage dauernden Überfahrt zufällig niemals mit Unwettern zu kämpfen hatten. Still im Sinne von lautlos sind nur die »Meere« des Mondes wie etwa das *Mare tranquillitatis* (Meer der Ruhe), auf dem am 20. Juli 1969 die Fähre der Apollo-11-Mission landete, um die ersten Menschen auf dem Erdtrabanten abzusetzen. Unsere irdischen Meere sind hingegen von Natur aus ein eher lauter Ort, erfüllt von Geräuschen, die durch Strömungen, Regen und Wind hervorgerufen werden oder aber biologischen Quellen entstammen. Und seit der Mensch seine Aktivitäten auf die marine

Sphäre ausgeweitet hat, wird auch diese von seinem Lärm durchdrungen. Über große Entfernungen breiten sich im Wasser die Geräusche aus, die vom Schiffsverkehr und von industriellen Offshore-Aktivitäten (Ölförderung, Windparks) erzeugt werden oder mit dem Einsatz moderner Hochenergie-Sonargeräte verbunden sind, die in der kommerziellen Fischerei, zu militärischen Zwecken und bei der Exploration untermeerischer Bodenschätze eingesetzt werden.

Erst allmählich wird deutlich, welch große ökologische Bedeutung akustische Signale in der Unterwasserwelt haben und wie sehr die menschengemachte Lärmbelastung das Leben im Meer beeinträchtigt.[1] Moderne Methoden ermöglichen es heute, Unterwasser-Klanglandschaften in ihrer ganzen Komplexität immer genauer zu erfassen.[2] Wie in manch anderen Gebieten erwies sich die mit großen finanziellen Mitteln geförderte Arbeit an der Lösung militärischer Probleme auch in der Unterwasserakustik als Katalysator neuer technischer Entwicklungen. Und es war eine Gruppe kleiner Krebse, die Techniker und Militärs dabei in besonderer Weise herausforderte.

Am 7. Dezember 1941 überfielen japanische Luftstreitkräfte die im Stützpunkt Pearl Harbor auf Hawaii ankernde US-amerikanische Pazifikflotte und lösten dadurch den Eintritt der USA in den Zweiten Weltkrieg aus. Der Angriff schürte große Ängste vor einer japanischen Invasion. Die Regierung erklärte weite Teile ihrer Pazifik-Anrainerstaaten zum Sperrgebiet. Mehr als 100 000 US-Bürger japanischer Abstammung wurden als vermeintliches Sicherheitsrisiko im Landesinnern interniert. Ihren Höhepunkt erreichte die Kriegshysterie mit der »Schlacht von Los Angeles« am Abend des 24. Februar 1942. Vermutlich ausgelöst durch eigene Wetterballons, kam es zu einem fatalen Fehlalarm. Während eines stundenlangen Sirenengeheuls und einer Totalverdunkelung der Stadt wurden etwa 1400 Granaten gegen einen imaginären Gegner verschossen; mindestens sechs Zivilisten kamen dabei durch herabfallende Geschossreste zu Tode.

Mit der Umstellung der US-amerikanischen Wirtschaft auf die Anforderungen des Kriegs wurden auch Teile der Wissenschaft entsprechend mobilisiert. Schon im Ersten Weltkrieg hatten sich Forscher, darunter Ernest Rutherford (1871–1937), der Entdecker des Atomkerns, den Fragen der U-Boot-Abwehr gewidmet. An der neu gegründeten University of California Division of War Research (UCDWR) und der benachbarten Scripps Institution of Oceanography wurden diese Untersuchungen nach dem Eintritt der USA in den Zweiten Weltkrieg wiederaufgenommen.[3] Um Objekte unter Wasser zu lokalisieren und zu identifizieren, bieten sich zwei Verfahren an: eine *passive* Ortung von Schiffen, U-Booten und Torpedos anhand der von diesen selbst produzierten Geräusche mittels hochempfindlicher Unterwassermikrofone (Hydrofone) – und eine *aktive* Ortung durch Sonarsysteme, die Schallimpulse aussenden und die gewünschten Informationen aus der Analyse der einlaufenden Echos gewinnen.

Als guter elektrischer Leiter ist Meerwasser für Funkwellen nahezu undurchlässig; dies erklärt das besondere Interesse von Technikern und Militärs an akustischen Verfahren zur Unterwasserkommunikation und Zielerkennung. Es wurde schnell deutlich, dass die Leistungsfähigkeit dieser Verfahren in erheblichem Maße durch eine unerwartet starke und vielfältige akustische Hintergrundkulisse beeinträchtigt wird, die die relevanten Signale nahezu vollständig überdeckt. Ein erfolgreicher Einsatz akustischer Verfahren erforderte daher zuvor eine genaue Kenntnis von Vielfalt, Herkunft sowie räumlich-zeitlichem Auftreten von natürlichen Unterwassergeräuschen.

Als besonders störend in Flachwassergebieten der Meere erwiesen sich merkwürdige Knall- und Knistergeräusche. Manche vermuteten in ihnen eine neuartige Störwaffe des Gegners, mit der dieser seine Unterwasseraktivitäten akustisch zu tarnen versuchte. Einige dieser Knallgeräusche waren so laut, dass U-Boot-Besatzungen sogar meinten, beschossen zu werden. Auch für die unzeitige Detonation schallempfindlicher Seeminen, die gegen feindliche Schiffe ausgebracht worden waren, wurden diese Geräusche verantwortlich gemacht. Bis Ende 1942 blieb die Angelegenheit zutiefst rätselhaft. Schließlich konnten kleine, nur wenige Zentimeter große Garnelen aus der artenreichen Familie der Knall- oder Pistolenkrebse (Alpheidae) als Verursacher der mysteriösen Geräusche identifiziert werden. Als individuelles Phänomen und Kuriosität waren Lautäußerungen dieser Tiere zwar schon seit Mitte des 19. Jahrhunderts bekannt; dass diese eher unscheinbaren Tiere aber in vielen Küstengewässern die bedeutendste biologische Schallquelle im Frequenzbereich oberhalb von 2000 Hertz darstellen, war dann doch eine große Überraschung.

Knallkrebse leben rund um den Globus in fast allen tropischen und warm-gemäßigten küstennahen Gewässern. Insbesondere auf Hartböden wie Korallen- und Kalkalgenriffen sowie Muschelbänken findet man sie oft dicht an dicht versteckt in natürlichen oder selbst gebohrten Höhlungen des Bodens, die sie gegen Konkurrenten verteidigen. Typische Knallgeräusche produzieren allerdings nur die Vertreter der beiden Gattungen *Alpheus* und *Synalpheus*. Aber allein sie umfassen mehr als vierhundert bekannte Arten, und immer noch werden fast jedes Jahr neue entdeckt. So wurde 2017 von der Pazifikküste Panamas eine neue Art unter dem Namen *Synalpheus pinkfloydi* beschrieben, mit dem die Autoren der britischen Rockband Pink Floyd ein Denkmal setzten. Zwar war es eine auffällig pinkfarbene Schere, die Anlass zur Namensgebung war, aber auch die emittierte Schallenergie hätte eine schlüssige Begründung dafür geliefert, einen Knallkrebs nach einer Rockband zu benennen.

Ihren deutschen Namen haben die Krebse nach der besonderen Ausbildung ihrer Scheren. Das allgemeine Bauprinzip einer Krebsschere als Greiforgan besteht darin, dass das Endglied einer vielgliedrigen Extremität als »beweglicher Scherenfinger« gegen einen Fortsatz (den »unbeweglichen Scherenfinger«) des vorletzten Gliedes eingeklappt wird. Knallkrebse beiderlei Geschlechts zeigen eine ausgeprägte Rechts-links-Asymmetrie im Bau der Scheren: Während eine Körperseite eine normale Schere aufweist, ist die Schere der anderen übermäßig stark vergrößert (manchmal bis auf mehr als die halbe Körperlänge) und zu einer Art Schussapparat umgebildet. Ein mächtiger Schließmuskel füllt die große Schere nahezu vollständig aus. Ein Arretierungsmechanismus sorgt dafür, dass die geöffnete Schere erst dann zuschnappt, wenn der Schließmuskel seine maximale Spannung aufgebaut hat. Der bewegliche Scherenfinger trägt auf seiner Innenseite einen auffälligen Zapfen, der genau in eine ihm gegenüber auf dem unbeweglichen Scherenfinger liegende Grube passt. Wenn dieser Zapfen beim Zuschnappen der Schere mit großer Kraft und hoher Geschwindigkeit (etwa sieben Meter pro Sekunde) in die Grube einschlägt, entweicht das darin enthaltene Wasser unter hohem Druck über eine feine Rinne, die wie ein Pistolenlauf wirkt, und schießt an der Spitze der Schere als extrem schneller (etwa 27 Meter pro Sekunde) und scharf fokussierter Strahl hervor. Dieser Vorgang geht mit einem kurzen, heftigen Knallgeräusch einher. Eine bildliche Darstellung der Vorgänge findet sich im Anhang (siehe Anmerkung 4 auf Seite 321).

Der beim raschen Zuschnappen der Schere erzeugte scharfe Wasserstrahl kann für verschiedene Zwecke genutzt werden: als Verteidigungswaffe zur Abwehr von Feinden; zum Beutefang, indem potenzielle Opfer wie kleine Fische oder Würmer durch die Wucht des Strahls betäubt oder sogar getötet werden; als Drohwaffe in ritualisierten Territorialauseinandersetzungen unter konkurrierenden Artgenossen; und schließlich auch zum Bohren schützender Behausungen in weichem Korallengestein.

Die gemeinsame Knallaktivität von Abertausenden von Krebsen

einer großen Population erzeugt in deren Umfeld eine imponierende Geräuschkulisse. Einen Eindruck davon erhält man, wenn man sich die zahllosen kleinen Explosionen vorstellt, die bei der Verbrennung großer Mengen trockener Fichtenzweige entstehen. Mit zunehmender Entfernung von der Schallquelle verschmelzen die Einzellaute mehr und mehr zu einem kontinuierlichen Knistern oder Rauschen. Es ist vor allem die beachtliche Bandbreite der Knallgeräusche (1–100 Kilohertz), die die Anwendung von Methoden der Unterwasserakustik zur Ortung und Kommunikation erheblich stören kann.

Die umfangreichen Populationen von Knallkrebsen dominieren mit ihren Lautäußerungen aber nicht nur quantitativ die akustische Kulisse in vielen küstennahen Lebensräumen, ihre individuellen Knallgeräusche gehören auch zu den lautesten biologischen Schallereignissen im Meer. Viele populäre Darstellungen neigen allerdings zu starken Übertreibungen. Obgleich Schalldruckpegel für Unterwasser- und Luftschall in gleicher Weise gemessen werden, sind sie doch nicht miteinander vergleichbar. Grund dafür sind die ganz verschiedenen physikalischen Eigenschaften der Medien Luft und Wasser. Für einen zumindest näherungsweisen Vergleich mit Luftschall müssen von einem im Wasser gemessenen Schalldruckpegel wegen der unterschiedlichen Referenzgrößen und des viel größeren Schallwiderstandes von Wasser 62 Dezibel abgezogen werden. Unter Standardbedingungen für Unterwassermessungen liegen die Schalldruckpegel für einzelne Knallereignisse der Pistolenkrebse im Bereich von 185 Dezibel[5] und damit in einem ähnlichen Bereich wie die Peillaute der sehr viel größeren Zahnwale. Ihre akustische Wirkung wäre demnach etwa mit einer lauten Autohupe oder einem Presslufthammer vergleichbar, die in einem Meter Abstand einen Schalldruckpegel von 120 Dezibel erreichen. Auch wenn diese Werte bei Weitem nicht an diejenigen von Alarmsirenen oder gar Raketentriebwerken heranreichen, so handelt es sich doch um beeindruckende Schallleistungen, gerade auch angesichts der geringen Größe der Schallquelle. Mit empfindlichen Hydrofonen lassen sich die Laute der Knallkrebse noch in einem Abstand von mehreren Tausend Metern für uns hörbar machen.

Genaue Untersuchungen des Scherenknallens unter Einsatz von Hochgeschwindigkeitskameras haben ein überraschendes Bild von den dabei ablaufenden Prozessen geliefert.[6] Das Knallgeräusch entsteht deutlich zeitversetzt gegenüber dem Scherenschluss und wird folglich nicht durch das Aufeinanderschlagen der Scherenfinger, sondern – wie sich weiterhin zeigte – durch den Kollaps einer Vakuum- oder Kavitationsblase erzeugt. Der an der Scherenspitze mit extremer Beschleunigung austretende Wasserstrahl erzeugt eine so starke Zugkraft, dass der lokale Druck unter den Dampfdruck von Wasser sinkt. Das Wasser beginnt in diesem Areal gleichsam zu kochen, und es entsteht ein etwa sieben Millimeter großer, mit ultraheißem Wasserdampf gefüllter Hohlraum (Kavitationsblase). Wenn nach kaum mehr als einer Millisekunde der Druck wieder steigt, implodiert diese Blase unter lautem Knall und mit einem extrem kurzen, mit bloßem Auge nicht erkennbaren Lichtblitz.

Auch bestimmte Vertreter der Fangschreckenkrebse (Stomatopoden), die sogenannten Schmetterer, nutzen kollabierende Kavitationsblasen in ihrem Beuteverhalten.[7] Mit ihren keulenförmigen Raubbeinen können sie die Schalen von Muscheln und Schnecken (und selbst dicke Glasscheiben von Aquarien) regelrecht zertrümmern. Eine zuvor aufgebaute elastische Verformungsenergie entlädt sich dabei in extrem raschen und kräftigen Keulenschlägen gegen die Beute, wobei Geschwindigkeiten von bis zu 23 Metern pro Sekunde bei Beschleunigungen von über 100 Kilometer pro Quadratsekunde erreicht werden und Kavitationsblasen auftreten. Deren Implosion erzeugt zusammen mit der direkten Einwirkung der Schläge eine zerstörerische Kraft, die für Tiere von weniger als fünfzehn Zentimeter Länge wohl einzigartig ist.

Das Phänomen der Kavitation ist seit dem Ende des 19. Jahrhunderts aus der Schifffahrtstechnik bekannt. Im Unterdruckbereich von Schiffspropellern entstehen kleine Kavitationsblasen, deren Kollaps Energien freisetzt, die Materialoberflächen angreifen (Kavitationsfraß). Überall, wo sich Flüssigkeiten oberhalb einer bestimmten Grenzgeschwindigkeit bewegen (in Turbinen, Kreiselpumpen, ja selbst an Herzklappenprothesen), können Kavitationsblasen entstehen und bei ihrer Implosion mechanische Schäden verursachen. Das führt zu der Frage, wie Knallkrebse sich selbst (und vor allem ihre empfindlichen Augen) vor den zerstörerischen Wirkungen der Implosionen schützen. In diesem Zusammenhang erklärt sich vermutlich eine für die Tiere charakteristische Struktur, deren Bedeutung lange rätselhaft war: Eine Falte des Außenskeletts bedeckt die Augen nach Art einer Haube und schützt sie so vermutlich vor den Schockwellen kollabierender Kavitationsblasen. Zudem können Kavitationsschäden an der Oberfläche im Zuge regelmäßiger Häutungen repariert werden.

Was den Mechanismus der Geräuschproduktion anbetrifft, sind die Knallkrebse ein Sonderfall. Generell ist die Produktion von Geräuschen bei Krebsen – und insbesondere bei Krabben[8] – jedoch weit verbreitet. Dies geschieht wie bei Insekten meist dadurch, dass besonders harte Teile des Außenskeletts gegeneinandergerieben werden (Stridulation). Im typischen Fall wird eine harte Kante (Schrillkante oder Plektrum) an einer der Extremitäten über eine skulpturierte flächige Struktur (Schrillfeld) gezogen, die sich an einer anderen Extremität oder an der Rumpfwand befindet. Dieses Schrillfeld trägt ein komplexes Relief aus feinen Rillen, Rippen oder Höckern. Hier wird die relativ geringe Frequenz, mit der das Plektrum bewegt wird, in die wesentlich höheren Frequenzen des abgestrahlten Schalls verwandelt. Es ist das Prinzip der Ratsche oder auch des Waschbretts, das als Rhythmusinstrument in der Skiffle-Musik verwendet wird: ein gerilltes Blech, meist in einem Holzrahmen, das traditionell mit aufgesteckten metallischen Fingerhüten als Plektrum gespielt wird.

Die meisten Stridulationsgeräusche von Krebsen werden als zirpend, schnarrend oder quietschend beschrieben. Über ihre biologische Bedeutung ist nur wenig bekannt. Bei rein aquatischen Formen dienen sie wohl meist der Irritation und Abschreckung artfremder Angreifer, bei semiterrestrischen Krabben aber auch der innerartlichen Kommunikation im Rahmen der Fortpflanzung (Paarfindung, Werbung) und territorialer Auseinandersetzungen mit Konkurrenten. Am besten bekannt sind die Werbungsrituale der Rennkrabben (Ocypodidae), die mit umfangreichen Beständen ganz wesentlich das Bild tropisch-subtropischer Strände bestimmen. Die Balz der Männchen ist ein komplexes Zusammenspiel von visuellen Signalen mit Stridulationsgeräuschen, die über die Luft übertragen werden, und Vibrationssignalen, die durch das Trommeln der Scheren auf den Boden erzeugt und über den Boden fortgeleitet werden.

Zur Gruppe der Rennkrabben gehören auch die farbenprächtigen Winkerkrabben. In Europa sind sie nur mit der Art *Afruca* (früher *Uca*) *tangeri* an den Stränden Andalusiens vertreten. Die erdumspannende Verbreitung und Auffälligkeit der Winkerkrabben spiegelt sich in ihren zahlreichen volkstümlichen Namen. Ihr englischer Trivialname *fiddler crabs*, der auch von einigen anderen Sprachen übernommen wurde (zum Beispiel spanisch *cangrejo violinista*), könnte auf eine falsche Fährte führen. Es gibt in der Tat »Violinisten« unter den Krebsen, die Winkerkrabben gehören jedoch nicht zu ihnen. Spezifisches Merkmal der Gruppe ist die einseitig extrem vergrößerte Schere der Männchen, die bis zur Hälfte des Körpergewichts ausmachen kann. Eine solch hinderliche und Ressourcen verschlingende Struktur konnte nur als Produkt einer sexuellen Selektion entstehen. Durch winkende Bewegungen – daher der deutsche Trivialname – werden mit dieser Schere sowohl männliche Rivalen eingeschüchtert als auch Weibchen zur Paarung angelockt, wobei Größe und Auffälligkeit der Schere eine entscheidende Rolle spielen. Auch hier können die optischen Signale durch Trommel- und Stridulationsgeräusche ergänzt werden. Die volkstümliche Bezeichnung der Tiere in Japan *(Shio-maneki)* bezieht sich ebenfalls auf die Bewegungen der großen Schere: Diese werden dort als »Rufe« gedeutet, mit denen bei Ebbe das abgelaufene Wasser zur Rückkehr aufgefordert wird.

Der englische Trivialname *fiddler crabs* knüpft nicht an die Bewegungen der großen, sondern an die der kleinen Schere an. Sie allein ist für die Nahrungsaufnahme zuständig. Mit rhythmischen Bewegungen führt sie Sediment zum Mund, wo dieses nach verwertbarer Nahrung ausgesiebt und der Rest wieder am Boden deponiert wird. Hierbei entsteht der Eindruck, als striche die kleine Schere (quasi als der Violinbogen) rhythmisch über die große Schere (als Violinkorpus). Dieselben Bewegungen, die in der englischen Bezeichnung als Geigenspiel gedeutet werden, werden an der Pazifikküste Südamerikas, wo die Tiere von der Bevölkerung *maestro-sastre* (Schneidermeister) genannt werden, mit den flinken Bewegungen beim Nähen verglichen. Die auf Jamaika verbreitete Bezeichung *deaf-ear crabs* geht auf den alten lokalen Aberglauben zurück, dass der aus den Tieren ausgepresste Saft, in den Gehörgang geträufelt, Ohrenschmerzen und Taubheit kuriere.[9]

Neben »Pistoleros«, »Waschbrettspielern« und »Bodentrommlern« gibt es noch einen weiteren Typ von Lautproduzenten unter den Krebsen: Es sind die Langusten, die »Geiger« im Orchester der Krebse. Ihre Lauterzeugung folgt tatsächlich wie die auf unseren Streichinstrumenten dem Prinzip der Reibschwingung. Erst im 19. Jahrhundert konnte durch die Arbeiten des Physiologen und Physikers Hermann von Helmholtz (1821–1894) eine Erklärung für die Tonerzeugung auf der Violine gefunden werden. Im Verlauf eines Bogenstrichs haftet die Saite immer wieder kurzzeitig an der rauen Oberfläche der Bogenhaare; die Saite wird dabei leicht aus ihrer

Ruhelage ausgelenkt, bis bei zunehmender rücktreibender Kraft die Haftung abreißt, die Saite ein Stück zurückgleitet und dann bei nachlassender rücktreibender Kraft erneut am Bogen haften bleibt. Der rasche Wechsel zwischen Haften und Gleiten erzeugt die Impulse, die eine Saite in Schwingung versetzt. Das Auftragen von Kolophonium dient dazu, die Rauigkeit der Bogenhaare und damit die Haftreibung, die die Saite aus ihrer Ruhelage bringt, zu erhöhen.

Geräusche, die auf der Grundlage des Haftgleiteffekts entstehen, begegnen uns in vielfältiger Form im täglichen Leben, seien es quietschende Türen und Bremsen oder »stotternde« Autoscheibenwischer. Auch wenn wir mit einem angefeuchteten Finger über den Rand eines Trinkglases streichen und dadurch einen reinen Ton erzeugen (Prinzip der Glasharmonika), bedienen wir uns des Haftgleiteffekts. Im Maschinenbau ist der Effekt ein ständiges Ärgernis, nicht nur wegen damit verbundener unerwünschter Geräusche, sondern insbesondere wegen des dadurch bewirkten erhöhten Verschleißes von Bauteilen. So häufig uns der Effekt aber in vielen Bereichen begegnet, zur Lautproduktion im Tierreich scheinen ihn allein Langusten zu nutzen.[10] Ein weichhäutiger Anhang an der Antennenbasis wird zur Lauterzeugung über eine ebenfalls weiche, längliche Platte gezogen, die sich an der Körperwand in Augennähe befindet. Diese Platte trägt winzige Schuppen, an denen der darüber hinweggezogene Antennenanhang immer wieder kurzzeitig haften bleibt, um dann ruckartig ein Stück weiterzugleiten und einen Schallpuls zu erzeugen.

Auch wenn die Lauterzeugung der Langusten demselben Prinzip folgt wie die unserer Streichinstrumente, ist das Ergebnis doch alles andere als ein einschmeichelnder Violinton. Mit einem rauen Geknarze wollen Langusten auch nicht andere betören, sondern potenzielle Angreifer möglichst wirkungsvoll erschrecken, Wehrhaftigkeit demonstrieren oder Feinde zumindest kurzzeitig zögern lassen, um Zeit zur Flucht zu gewinnen. Im Unterschied zur Stridulation funktioniert die Lauterzeugung mittels Haftgleiteffekt auch zwischen weichen Oberflächen. Wenn also die Waffen der Langusten – anstelle von Scheren haben sie mächtige, dornenbewehrte Antennen, die wie Peitschen benutzt werden können – nach Häutungen jeweils für einige Zeit notgedrungen ausfallen, können die Tiere immer noch auf eine akustische Abschreckung zurückgreifen.

Nahe Verwandte der Langusten sind die Bärenkrebse (Scyllaridae). In den romanischen Ländern werden sie volkstümlich – so etwa auf den Speisekarten der Mittelmeerküsten – als »Meerzikaden« bezeichnet (französisch *cigale de mer*, italienisch *cicala di mare*, spanisch *cigarra de mar*). Dass die Tiere wie ihre terrestrischen Namensverwandten stridulieren, wird zwar immer wieder behauptet, ist aber bisher nicht bewiesen. Möglicherweise geht der Name allein auf eine oberflächliche Ähnlichkeit im Habitus beider Gruppen zurück.

Bisher war fast nur von der Laut*produktion* die Rede. Die andere Seite der Medaille ist die Lautwahrnehmung, ohne die jede Lautäußerung von Tieren ein biologisch bedeutungsloses Epiphänomen bliebe. Lautäußerungen von Krebsen scheinen sich in den meisten Fällen als Drohlaute an artfremde Aggressoren, insbesondere Fische, zu richten. Deren Hörvermögen (vermittelt meist über eine luftgefüllte Schwimmblase) ist gut dokumentiert. Wie aber steht es um das Hörvermögen der Krebse selbst? Es ist mittlerweile unbestritten, dass viele auf Schall reagieren können, der sich durch die Luft, durch das Wasser oder über den Boden ausbreitet, und dass sie diese Fähigkeit für die innerartliche Kommunikation, aber wohl auch in anderen Zusammenhängen wie der Feindvermeidung, der Beutefindung oder sogar der Wahl des Lebensraums nutzen.[11] Jede Lebensgemeinschaft produziert eine für sie typische Klanglandschaft. Die Larven von rifflebenden Krabben und Langusten entwickeln sich küstenfern im offenen Wasser, müssen somit zur Metamorphose den Weg zurück zu einem bestimmten Rifftyp finden; hierbei scheinen sie sich neben anderen Faktoren auch an dessen spezifischer Geräuschkulisse orientieren zu können.[12]

Die Schallwahrnehmung in der Unterwasserwelt ist allerdings kaum vergleichbar mit der auf dem Land, wo meist dünne, über luftgefüllten Hohlräumen ausgespannte Membranen (wie unser Trommelfell oder die Tympanalmembranen von Insekten) durch den Schallwechseldruck sich ausbreitender Schallwellen in Schwingungen versetzt werden. Die potenziellen Rezeptoren der Krebse für Unterwasserschall reagieren hingegen weniger auf Druckänderungen als auf rhythmische Teilchenverschiebungen im Medium. Letztere sind im Wasser wesentlich leichter wahrzunehmen als Druckänderungen, da ihre Amplitude im Nahfeld einer Schallquelle deutlich größer ist als diejenige der Druckwelle. Mit anderen Worten: Unterwasserschall wird von Krebsen weniger »gehört«, als dass er von ihnen »gefühlt« wird. Angemessener wäre es deshalb vielleicht, von Vibrations- statt von Gehörsinn zu sprechen.

Auch wenn Krebsen in alter Zeit wenig als Produzenten von Lauten zugetraut wurde (Aristoteles sprach ihnen schlichtweg diese Fähigkeit ab[13]), umgekehrt – nämlich als Empfänger akustischer Signale – galten sie merkwürdigerweise geradezu als »Musikliebhaber«. Der Philosoph und Rhetor Claudius Aelianus hat eine umfangreiche Sammlung von Tiergeschichten aus dem antiken Griechenland hinterlassen.[14] Hier erfahren wir von der ausgeprägten Schwäche von Krabben für die einschmeichelnden Töne eines Photingium genannten Instruments. Fischer locken die Tiere mit dessen magischen Klängen aus ihren Schlupfwinkeln hervor und schließlich sogar aus dem Meer heraus aufs trockene Land, wo die betörten und jede gebotene Vorsicht außer Acht lassenden Tiere Opfer ihrer Leidenschaft werden. Ob die Geschichte von den Musik liebenden Krebsen wirklich jemals geglaubt wurde oder nicht, sie wurde jedenfalls in vielerlei Form bis weit in die Neuzeit hinein immer wieder kolportiert, so etwa in Conrad Gessners *Historia animalium* und selbst noch 1791 in der vielbändigen Enzyklopädie von Johann Georg Kruenitz.[15] Spätestens aber, wenn es dort heißt, die Tiere näherten sich den süßen Klängen und dem Ziel ihrer Begierde, »wie sichs versteht, rückwärts«, erweist sich der märchenhafte Charakter dieser Erzählung.

Die antike Vorstellung von Musik liebenden Krabben wurde später auch auf Flusskrebse übertragen. So berichtet etwa der Universalgelehrte Johann Weichard von Valvasor (1641–1693) in seiner Beschreibung des Herzogtums Krain (heute ein Teil Sloweniens), dass man dort die Flusskrebse aus ihren Löchern locke, indem man »pfeifft mit dem Maul einen gewissen Thon und sonderbare Melodey«.[16] Aber nicht Pfeifen allein garantiere den Fangerfolg, man müsse auch besonders schön pfeifen. Die »Krebspfeifer« wetteiferten miteinander darum, wer den besten Ton erzeugen könne. »Denn wann einer besser pfeift als der andere, gehen ihm die Krebse auch lieber zu den Löchern heraus weder einem anderen.« All dies, so Valvasor, sei ihm, dem zunächst Zweifelnden, von erfahrenen Krebsfängern wie auch von vielerlei glaubwürdigen Personen »sowol von hochfürnehmer als gemeiner Condition« als unbezweifelbare Wahrheit versichert worden. In Kruenitz' Enzyklopädie ist sogar eine kurze Melodie notiert, vermutlich aber wohl eher symbolisch und nicht als ernst gemeinter Vorschlag, um das Wohlgefallen von Flusskrebsen zu erregen.[17]

Gern schenkte man den Geschichten von Krebsen Glauben, die sich von Musik verzaubern lassen. Weniger »schön«, dafür aber erheblich plausibler ist jedoch folgende Episode: Landlebende Krabben bilden eine der zahlreichen Plagen in den Reisfeldern Südostasiens. Aktiv sind die Tiere nur bei Regen, die übrige Zeit verbringen sie in Wohnröhren, die fast zwei Meter tief in feuchtes Erdreich führen. Die Landbevölkerung mancher Regionen verfügt über ein probates Mittel, die Tiere zur Unzeit aus den Wohnröhren zu locken und dann – meist praktischerweise durch Verspeisen – unschädlich zu machen. Dazu wird mit einer Peitsche auf den Boden geschlagen.[18] Warum ist man, auch ohne selbst Augenzeuge eines solchen Vorgangs gewesen zu sein, bereit, dieser Darstellung mehr Vertrauen entgegenzubringen als den Erzählungen von Musik liebenden Krebsen? Angesichts ungewöhnlicher Reaktionen von Tieren, insbesondere solchen, die ihnen selbst Nachteile bringen, sollte die erste Frage immer sein, ob dieses Verhalten ihnen nicht in einem anderen Zusammenhang nützlich sein könnte. Im Fall der Krabben, die durch Peitschenschläge auf den Boden aus ihren Verstecken herausgelockt werden, liegt eine Hypothese auf der Hand: Die dadurch erzeugten Bodenerschütterungen könnten von den Tieren fälschlich als Anzeichen starken Regenfalls und damit als Signal gedeutet werden, wieder aktiv zu werden.

15 *UMI-HOTARU*

Fast schon Geschichte sind die Konzerte der Grillen und Zikaden sowie die Blinkfeuer der Glühwürmchen, die einmal unsere lauen Sommerabende begleiteten. Über Jahrtausende haben Insekten mit ihren *Son et lumière*-Spektakeln Menschen erfreut und ihre Fantasie angeregt. Auch Krebse vermögen als Sänger und Feuerwerker zu beeindrucken, nur sind uns deren Darbietungen auf mariner Bühne weniger leicht zugänglich. Hier soll es um die Fähigkeit von Krebsen gehen, Licht zu erzeugen, und um Menschen, die sich davon beeindrucken ließen, nach Ursachen und Bedeutungen des Leuchtens fragten und es für vielfältige Zwecke nutzbar machten.

Die Tokio-Bucht mit ihren großen Frachthäfen ist das wirtschaftliche Herz Japans. Um das Verkehrschaos in der Region einzudämmen, wurde 1997 ein imposantes Bauwerk, die Tokyo Bay Aqua Line, in Betrieb genommen, das die westliche und östliche Seite der Bucht direkt miteinander verbindet und dem Verkehr zeitraubende Umwege erspart. Von der Halbinsel Boso, die die Tokio-Bucht nach Osten begrenzt, führt eine Brücke mit vierspuriger Fahrbahn fast fünf Kilometer weit in die Bucht hinaus, wo sich ihr ein etwa zehn Kilometer langer, sechzig Meter unter dem Meer gelegener Tunnel anschließt, der auf der westlichen Seite der Bucht wieder ans Tageslicht zurückführt. Am Übergang von Brücke und Tunnel wurde eine künstliche Insel, *Umi-hotaru* genannt, aufgeschüttet. *Hotaru* heißen die Leuchtkäfer, die seit Jahrhunderten eine große Rolle in der japanischen Volkskultur spielen; *Umi-hotaru* wären dann entsprechend die »Leuchtkäfer des Meeres«.

Als ich bei einem Aufenthalt in Japan davon erfuhr, erinnerte mich dies an eine Vorlesung in meiner Studienzeit, in der die Gruppe der Muschelkrebse (Ostracoden) behandelt wurde. Der Körper dieser winzigen, meist nur ein bis zwei Millimeter großen Krebse ist – ähnlich dem von Muscheln – vollständig in eine zweiklappige Schale eingeschlossen. Muschelkrebse bilden eine uralte Gruppe der Krebse, die seit mehr als 500 Millionen Jahren in allen Gewässertypen zahlreich vertreten ist. Ihre gut fossilisierbaren Schalen sind die bei Weitem häufigsten Relikte von Gliederfüßern in erdgeschichtlichen Ablagerungen. Da diese Schalen wegen ihrer geringen Größe praktisch in allen Bohrkernen von Sedimentgesteinen auftreten, sind sie wichtige Leitfossilien und unentbehrliche Hilfsmittel bei der Suche nach Erdöl, Erdgas und anderen Bodenschätzen.

Nachdem der Vortragende, mein Doktorvater Carl Hauenschild, die Studierenden in Bau und Lebensweise der Muschelkrebse eingeführt hatte, lüftete er das Geheimnis um ein feinkörniges Pulver in einer verschlossenen Flasche. Im verdunkelten Saal zerrieb er eine kleine Menge des Materials zwischen seinen Händen, woraufhin die Handinnenflächen umgehend in einem diffusen bläulichen Licht erstrahlten – hell genug, um in der Nähe der Lichtquelle Texte zu lesen. Wie die Studierenden nun erfuhren, bestand das Material in der Flasche aus einigen Tausend getrockneten Muschelkrebsen, die in Küstengewässern des südlichen Japan vorkommen und dort unter dem Namen *Umi-hotaru* bekannt sind. Die Tiere leben tagsüber versteckt im ufernahen Sandboden und kommen nur nachts zur Nahrungssuche an die Oberfläche. Werden sie gestört, geben sie ein Sekret ins Wasser ab, das bläulich aufleuchtet und als Leuchtspur mögliche Angreifer vermutlich in ähnlicher Weise irritieren und dem Angegriffenen das Entkommen ermöglichen soll wie die von einem Tintenfisch ausgestoßene Tintenwolke. Wissenschaftlich beschrieben wurde der Krebs 1890 unter dem immer noch oft benutzten Namen *Cypridina hilgendorfii*. Der seit 1962 gültige Name lautet *Vargula hilgendorfii* (G. W. Müller, 1890).

Carl Hauenschild hatte das Material von einem Aufenthalt an der Misaki Marine Biological Station, der 1886 gegründeten, ältesten meeresbiologischen Forschungsstation Japans, mitgebracht. Japanische Schüler hatten die Tiere in den 1940er-Jahren in großen Mengen für die damals Krieg führenden Streitkräfte ihres Landes gesammelt. Mit beköderten Fallen waren die aasfressenden Tiere angelockt und dann sorgfältig getrocknet worden. So kann die Leuchtfähigkeit des Materials im günstigsten Fall über Jahrzehnte konserviert werden. Eine leichte Befeuchtung – und sei es nur das Zerreiben auf einer Handfläche – erzeugt umgehend ein anhaltendes Leuchten. Das Zerquetschen eines einzigen der winzigen Tiere ergibt einen Effekt, der dem eines brennenden Streichholzes gleichkommt. Restbestände der Tiere aus Kriegszeiten hatten die japanischen Kollegen aufbewahrt, um sie Besuchern der Station zu demonstrieren.

Japanische Soldaten sollen im Zweiten Weltkrieg während der Kämpfe auf pazifischen Inseln getrocknete *Umi-hotaru* mitgeführt haben. Mit ihrer Hilfe ließen sich in stockdunkler Nacht Karten oder Befehle lesen, wenn die Nutzung stärkerer Lichtquellen die Gefahr barg, einen nahen Gegner auf sich aufmerksam zu machen. Eine andere mögliche Verwendung bestand darin, bei Nachtmärschen im Dschungel die Rücken der Marschierenden mit der leuchtenden Substanz zu markieren, damit die Gruppe geräuschlos Kontakt halten konnte. Dass die japanische Armee im Pazifikkrieg wirklich Muschelkrebse in größerem Umfang als Leuchtmittel verwendet hat, ist aber wenig wahrscheinlich. Vielfach belegt ist nur, dass die beschriebenen Verwendungen erprobt wurden. Langfristig erfolgreich waren sie vermutlich schon deshalb nicht, weil es in den tropischen Kriegsgebieten kaum möglich war, das Pulver dauerhaft trocken und damit funktionsfähig zu halten.

Tagsüber verweist nichts auf der künstlichen Insel *Umi-hotaru* auf Muschelkrebse. Nachts hingegen mag das illuminierte Bauwerk aus der Ferne an das Leuchten dieser Tiere im Wasser der Bucht erinnern. Berühmt für ein *echtes* Muschelkrebsleuchten sind die Strände von Tateyama am Eingang der Tokio-Bucht sowie die Küste nahe Okayama weiter im Süden des Landes. Die hier zu einer bestimmten Jahreszeit nach Sonnenuntergang in Ufernähe auftretenden funkelnden blauen Lichter ziehen Jahr für Jahr zahllose Besucherinnen und Besucher an. Die Fotografen Trevor Williams und Jonathan Galione haben dieses spektakuläre Ereignis mit faszinierenden Bildern dokumentiert.[1]

Geheimnisvolle Leuchterscheinungen im Meer – von *elfish light* sprach der englische Dichter Samuel Taylor Coleridge in der Ballade *The Rime of the Ancient Mariner* (1798) – waren schon im Altertum bekannt, besonderes Interesse erregten sie aber erst bei den Teilnehmern der großen Forschungsreisen und Weltumsegelungen des 18. und frühen 19. Jahrhunderts. Georg Forster (1754–1794), der als junger Mann zusammen mit seinem Vater Reinhold an James Cooks zweiter Weltreise von 1772 bis 1775 teilnahm, schwärmte von einem Erlebnis vor der Südspitze Afrikas: »Kaum wars Nacht worden als die See rund um uns her einen großen bewunderungswürdigen Anblick darboth. So weit wir sehen konnten schien der ganze Ocean in Feuer zu seyn … Es war in diesem Phänomen so etwas Sonderbares und Großes, daß man sich nicht enthalten konnte, mit ehrfurchtsvoller Verwunderung an den Schöpfer zu denken, dessen Allmacht dieses Schauspiel bereitet hatte. Der Ocean weit und breit mit tausend Millionen dieser kleinen Thierchen bedeckt!«[2] Forster hatte zuvor Wasserproben unter dem Mikroskop studiert. Die Ansicht, dass die Leuchtphänomene im Meer von Organismen erzeugt werden, war damals noch längst nicht allgemein akzeptiert und sollte sich erst in der ersten Hälfte des 19. Jahrhunderts durchsetzen. Benjamin Franklin (1706–1790) hielt das Meeresleuchten für elektrische Funken, die durch Reibung der Salzteilchen des Meerwassers erzeugt werden. Der irische Naturforscher Robert Boyle (1627–1692) war wohl der Erste, der natürliche Leuchtphänomene wissenschaftlich untersuchte. Ein skurriler Vorfall in seinem Haushalt hatte Boyles Interesse an dem Phänomen geweckt: Sein Hausmädchen war zu Tode erschreckt worden, als es eines späten Abends die dunkle Vorratskammer betrat und dort, wo Fleisch aufgehängt worden war, ein mysteriöses Leuchten bemerkte.[3] Es sollte noch gut zwei Jahrhunderte dauern, bis bestimmte Bakterien, die mit dem Erreichen einer kritischen Dichte spontan zu leuchten beginnen, als Ursache dieses Phänomens identifiziert wurden. Auch heute noch kommt es immer wieder zu Irritationen, wenn aufbewahrtes rohes Fleisch zu leuchten beginnt. Die Bakterien selbst sind zwar gesundheitlich unbedenklich, können aber eine beginnende Fäulnis anzeigen.

Alexander von Humboldt (1769–1859) zählte das Leuchten des Ozeans »zu den prachtvollen Naturerscheinungen, die Bewunderung erregen, wenn man sie auch monatelang mit jeder Nacht wiederkehren sieht«. Als Verursacher des Leuchtens galten ihm »faulende Fäserchen abgestorbener Mollusken«. Im Oktober 1799 hatten Humboldt und sein Begleiter Aimé Bonpland im heutigen Venezuela ihre gemeinsame Forschungsreise durch Südamerika begonnen. »Wenn wir uns in Cumana im Golf von Cariaco badeten und nackt bei schöner Abendluft am einsamen Meeresufer umhergingen, so blieben einzelne Stellen unseres Körpers leuchtend. Die leuchtenden Fäserchen und organischen Membranen hatten sich an die Haut gehangen, und das Licht erlosch nach wenigen Minuten.«[4] Der Naturforscher und Dichter Adelbert von Chamisso (1781–1838) berichtet in seiner *Reise um die Welt* von einem solchen Ereignis sogar weit im Norden vor den Aleuten: »Die Nacht war stürmisch und dunkel, und dabei leuchtete das Meer, wie ich es kaum schöner zwischen den Wendezirkeln gesehen. An dem vom Kamm der Wellen bespritzten Segeln hafteten die Lichtpunkte.«[5] Und auch das Interesse Charles

Darwins wurde während der Weltumsegelung mit HMS *Beagle* (1831–1836) wiederholt durch Leuchterscheinungen geweckt. Bereits die erste Beobachtung, die Darwin in seinem Reisetagebuch am 6. Januar 1832 notierte, galt diesem Phänomen.[6] Als die *Beagle* nach einer stürmischen Fahrt Teneriffa erreicht hatte, wurde der Besatzung der Landgang wegen eines Choleraausbruchs in England verweigert. Die Zeit, während der das Schiff bei Santa Cruz vor Anker lag, nutzte Darwin für erste Beobachtungen und Aufzeichnungen. Später am Río de la Plata schwärmte er von einem Schauspiel, wie es der Ozean nicht fantastischer hätte bieten können: Das Meer leuchtete hell, und man konnte die Pinguine an ihrem Kielwasser erkennen.

Aber wozu diente all diese Herrlichkeit? Noch für John Vaughan Thompson (1779–1847), den Pionier der Planktonforschung und Entdecker der Metamorphose der Krebse, gab es keine natürlichen Vorgänge ohne eine bestimmte göttliche Absicht in Bezug auf den Menschen. So konnte der Sinn des Meeresleuchtens eigentlich nur darin bestehen, Seefahrer vor nächtlichen Havarien zu bewahren. Der junge Charles Darwin hielt es dagegen für möglich, dass Leuchtvorgänge im Meer keinem bestimmten Zweck dienen, sondern als reine Begleiterscheinung anderer Prozesse (wie einem massenhaften Absterben von Kleinorganismen) auftreten.

Die lange Zeit rätselhafte Fähigkeit von Organismen, Licht zu erzeugen – sei es als kontinuierliches Glimmen wie bei Leuchtbakterien und leuchtenden Pilzen oder in Form einzelner Lichtblitze –, wird heute als Biolumineszenz bezeichnet. In der Geschichte des Lebens ist sie mehr als vierzig Mal unabhängig voneinander vor allem bei Meeresbewohnern entstanden: innerhalb der Bakterien, der einzelligen Panzergeißler (Dinoflagellaten), der Pilze sowie der vielzelligen Tiere von Korallen bis zu Fischen. Im Süßwasser fehlen lumineszierende Organismen fast vollständig, und auf dem Land sind sie sehr selten. Im Meer hingegen finden wir leuchtende Organismen in allen Lebensräumen, insbesondere aber in der sonst lichtlosen Tiefsee, in der bis zu 90 Prozent der Bewohner lumineszieren. Und dies ganz offensichtlich zu bestimmten Zwecken, denn nur so wird verständlich, dass Tiefseebewohner, anders als viele Höhlenbewohner und im Erdreich grabende Tiere, ihre Augen nicht reduziert, sondern in funktionsfähigem Zustand erhalten haben.

Über die genauen biologischen Funktionen der Lumineszenz (wie etwa Abschreckung von Feinden, Anlockung von Beute, Kommunikation zwischen Artgenossen) kann in vielen Fällen auch heute noch nur spekuliert werden. Die ihr zugrunde liegenden chemischen Prozesse hingegen konnten in den letzten Jahrzehnten aufgeklärt werden.[7] Ungeachtet vieler Unterschiede im Detail wird hierbei ein relativ kleines, aber energiereiches Molekül (allgemein als Leuchtstoff oder Luciferin bezeichnet) in Gegenwart eines Enzyms (Luciferase) mit molekularem Sauerstoff oxidiert. Die dabei frei werdende Energie tritt nur zu verschwindend geringem Teil als Wärme in Erscheinung; 95 bis 98 Prozent werden als für uns sichtbare Strahlung emittiert. Schon frühe Beobachter staunten darüber, dass von blinkenden Leuchtkäfern auf ihrer Handfläche keine spürbare Wärmeentwicklung ausging. Daher rührt die Bezeichnung »kaltes Licht«. Was Organismen schon seit Urzeiten und mit unübertroffener Effizienz praktizieren, nämlich die Umwandlung chemischer Energie in Licht *ohne* offenes Feuer, gelang dem Menschen erst im 19. Jahrhundert. Mit den geringen Wirkungsgraden unserer technischen Leuchtmittel wie einer klassischen Glühlampe mit Wolframdraht (5 Prozent) und selbst einer modernen LED (etwa 35 Prozent) wäre eine Lichtproduktion durch lebende Organismen allerdings kaum möglich: Die Tiere würden sich beim Leuchten Verbrennungen zufügen – jedenfalls für den häufigen Fall, dass dieses im Organismus selbst stattfindet und nicht wie bei Muschelkrebsen außerhalb des Körpers.

Ein durch Muschelkrebse erzeugtes Meeresleuchten ist im Wesentlichen auf den Indischen Ozean, die Gewässer um Japan und die Karibik beschränkt. In den Gewässern Nordwesteuropas, in der Sargasso-See und im Roten Meer können auch einige Vertreter der Ruderfußkrebse (Copepoden), der ökologisch bedeutendsten Gruppe des marinen Zooplanktons, auffällige Leuchterscheinungen hervorbringen. Die wichtigste Quelle des Meeresleuchtens in vielen küstennahen Gewässern (so auch in der Nordsee und im Mittelmeer) sind allerdings keine Krebse, sondern Einzeller aus der Gruppe der Panzergeißler (Dinoflagellaten), insbesondere die weltweit verbreitete Art *Noctiluca scintillans*. Als Erreger des Meeresleuchtens in der Nordsee wurde sie im Jahr 1835 von dem Berliner Biologen Christian Gottfried Ehrenberg (1795–1876) während eines Aufenthalts auf der Insel Helgoland identifiziert. Wenn diese Art unter für sie günstigen Bedingungen eine Massenvermehrung durchläuft, erzeugt sie jenes Meeresleuchten in sich überschlagenden Wellenkämmen, im Kielwasser von Schiffen oder in einem auf andere Weise verwirbelten Wasserkörper, das viele Menschen schon einmal am Meer erlebt haben.

Auf mechanische Verformungen ihrer Zellmembran reagieren *Noctiluca*-Zellen mit Lichtblitzen. Typische Auslöser sind wohl jene Wasserbewegungen, die Fressfeinde (insbesondere Ruderfußkrebse) bei ihrer Annäherung erzeugen. Hauptadressaten aber sind möglicherweise nicht die kleinen Krebse selbst, sondern Fische; diese werden von Lichtblitzen angelockt und vermindern (gleichsam als »herbeigerufene Helfer«) durch Verzehr der Ruderfußkrebse den Fressdruck auf die Panzergeißler. Dass Fischen dieses Verhalten einmal zum Schaden gereichen könnte, war im (für die Zukunft blinden) Evolutionsprozess nicht vorherzusehen: In der kommerziellen Fischerei wird heute durch Fernerkundung mit hochempfindlichen Kamerasystemen aus dem Luftraum die Lumineszenz der Meeresoberfläche vermessen, um so indirekt Fischschwärme zu lokalisieren und ihren Umfang abzuschätzen.

So faszinierend ein nächtliches Bad oder eine nächtliche Bootsfahrt in einem funkensprühenden Meer mit Abermillionen, ihre Position ständig wechselnden winzigen Leuchtpunkten auch sein mag, für denjenigen, der unerkannt bleiben möchte, kann das Meeresleuchten zur tödlichen Gefahr werden. Ein Schiff kann nachts eine mehrere Hundert Meter lange silbrige Spur hinter sich herziehen. Der verschollenen Besatzung von *SM U-34*, dem mit 121 versenkten Handelsschiffen »erfolgreichsten« Unterseeboot der Kaiserlichen Deutschen Marine, wurde dieses Phänomen sehr wahrscheinlich zum Verhängnis. Das Boot, das wenige Tage vor Ende des Ersten Weltkriegs das Mittelmeer mit Kurs auf seinen Heimathafen Kiel verlassen wollte, verriet sich bei der nächtlichen Passage der Meerenge von Gibraltar durch eine Leuchtspur. Bevor es auf Tauchgang gehen konnte, wurde es von britischen Kanonenbooten entdeckt und beschossen.

In einer größeren zoologischen Gruppe wie den Muschelkrebsen oder den Ruderfußkrebsen sind es meist nur einzelne Arten, die lumineszieren können. Anders ist die Situation in der Gruppe der Leucht- oder Krillkrebse (Euphausiaceen), deren riesige Schwärme die Nahrungsbasis der Bartenwale bilden. Bei ihnen ist das Leuchtvermögen ein gruppentypisches und daher zu Recht namengebendes Merkmal. Das Licht dieser Krebse wird innerhalb komplexer Organe (Photophoren) erzeugt, die nach Art von Scheinwerfern konstruiert sind und früher fälschlich für zusätzliche Augen gehalten wurden. Die Photophoren werden durch Muskeln so ausgerichtet, dass sie unabhängig von der Lage der Tiere ihr Licht nach unten abstrahlen. Daher ist das Leuchten der Schwärme an der Wasseroberfläche kaum zu erkennen. Das Licht mag eine Rolle für den Zusammenhalt der Schwärme und für die Paarung spielen, hauptsächlich dient es aber wohl der Tarnung. Sich mittels Licht zu tarnen erscheint zunächst ausgesprochen paradox. Tiere des freien Wassers werden aber von ihren Raubfeinden üblicherweise von unten her attackiert, wobei sich die Opfer durch den Schatten verraten, den sie vor dem Hintergrund des gedämpften Tageslichts werfen. Eine in Intensität und Wellenlänge auf dieses Oberlicht abgestimmte Beleuchtung der Körperunterseite macht ein potenzielles Opfer für einen aus der Tiefe kommenden Räuber praktisch unsichtbar.

Beeindruckende Fälle von Lumineszenz gibt es auch innerhalb der Zehnfußkrebse (Decapoda), insbesondere bei Garnelen, die in mittleren und größeren Wassertiefen leben. Während manche von ihnen wie die Muschelkrebse ein leuchtendes Sekret zur Irritation von Feinden in das umgebende Wasser ausstoßen, produzieren andere das Licht innerhalb besonderer Leuchtorgane von ähnlicher Komplexität und wohl auch mit ähnlicher Funktion wie die Krillkrebse.

Die Geschichte der modernen Lumineszenz-Forschung ist eng mit dem Namen des japanischen Chemikers Osamu Shimomura (1928–2018) verbunden.[8] Als Schüler zur Arbeit in einer Rüstungsfabrik bei Nagasaki abgeordnet, wurde er Augenzeuge des Atombombenabwurfs auf die Stadt am 9. August 1945. Nach einem Studium im kriegszerstörten Japan erhielt er 1955 eine Stelle als Naturstoffchemiker an der Universität Nagoya. Aus getrockneten Muschelkrebsen, die hier noch als Restbestände aus Kriegszeiten lagerten, sollte er den Leuchtstoff extrahieren und diesen – als notwendige Voraussetzung für eine Aufklärung der chemischen Struktur und der Reaktionsweise des Moleküls – bis zur reinen (kristallinen) Substanz anreichern. Dies war alles andere als eine Aufgabe, die schnellen Erfolg versprach, hatte doch schon der US-amerikanische Pionier der Lumineszenz-Forschung, E. Newton Harvey (1887–1959), mehr als zwanzig Jahre vergeblich daran gearbeitet. Auch unzählige Versuche Shimomuras, die angereicherte Substanz zur Kristallisation zu bringen, scheiterten. Ein absonderlicher Zufall führte ihn endlich auf den richtigen Weg. In der Rückschau auf sein Leben bezeichnete Shimomura diesen Augenblick – und nicht etwa die spätere Auszeichnung mit dem Nobelpreis – als glücklichsten seines Lebens als Wissenschaftler. Die Arbeit sollte sich als Meilenstein der Biolumineszenz-Forschung erweisen; das Luciferin eines Muschelkrebses wurde der erste Leuchtstoff, dessen Struktur und Reaktionsmechanismus aufgeklärt werden konnten.

Im Jahr 1961 ging Shimomura nach Princeton, New Jersey, an die Wirkungsstätte des wenige Jahre zuvor verstorbenen E. Newton Harvey. Auch hier lagerten noch größere Mengen an getrockneten Muschelkrebsen aus Japan, die vermutlich als »Kriegsbeute« in die USA gelangt waren. Ein anderes Objekt wurde nun aber Mittelpunkt der Forschung Shimomuras: die an der pazifischen Küste der USA häufige Leuchtqualle *Aequorea victoria*. Über fast zwanzig Jahre hin konnte Shimomura Sommer für Sommer einen großen Kreis von Verwandten und Bekannten rekrutieren, um die Unmengen an benötigten Quallen zu sammeln. Letztlich waren fast eine Million Quallen verarbeitet worden, um jene kleine Menge an reiner Substanz zu gewinnen, die für die Aufklärung des Leuchtmechanismus erforderlich war. Das erwies sich jedoch als unerwartet schwierig und langwierig, und erneut war es eine Zufallsbeobachtung, die dazu zwang, die offensichtlich falschen Voraussetzungen, von denen die Arbeit ausgegangen war, aufzugeben und neue Wege zu beschreiten. So kam es schließlich zur folgenreichen Entdeckung einer neuen Substanzklasse, mit der niemand zuvor gerechnet hatte: lumineszierende und fluoreszierende Proteine (Photoproteine). Dabei bezeichnet Lumineszenz eine eigenständige Lichtproduktion auf der Basis einer chemischen Reaktion, Fluoreszenz eine Lichtproduktion, die eine gleichzeitige Anregung durch eine fremde Lichtquelle erfordert.

Was als reine Grundlagenforschung an so unscheinbaren Organismen wie Kleinkrebsen und Quallen begonnen hatte, führte in kurzer Zeit zur Entwicklung von heute unverzichtbaren Werkzeugen der Biowissenschaften und Medizin sowie zu einem an Bedeutung kaum zu überschätzenden Mittel der klinischen Diagnostik und Umweltanalytik mit noch längst nicht ausgeschöpftem Potenzial in zahlreichen anderen Bereichen. All diese Anwendungen basieren letztlich darauf, dass Licht (Photonen) mit so hoher Empfindlichkeit gemessen werden kann wie kein anderes physikalisches Signal. Mit geeigneten Verstärkern lässt sich selbst die Emission einzelner Lichtteilchen erfassen. Grundsätzlich kann wohl jeder physiologische Zustand oder Vorgang wie auch das Auftreten fast jeder Molekülsorte über die Aktivierung eines natürlichen (heute gentechnisch herstellbaren) Leuchtstoffs mit einem Lichtsignal verknüpft werden, sodass Ort, Zeitpunkt und Ausmaß von Vorgängen (etwa die Aktivitäten von Genen und Enzymen), die bisher verborgen waren, mit hoher Präzision bildlich dargestellt werden können. So lässt sich die sprichwörtliche Nadel im Heuhaufen nicht nur finden, man kann auch ihr Schicksal in Echtzeit und selbst im lebenden Objekt kontinuierlich verfolgen. Wenn heute nach Indizien für ein früheres Leben auf dem Mars gesucht wird, wenn nach winzigen Spuren von Sprengstoffen gefahndet wird, wenn Giftstoffe in Lebensmitteln und im Trinkwasser überwacht werden, die Wirksamkeit von Krebsmedikamenten und die Bildung von Metastasen verfolgt werden sollen oder wenn in modernen Bluttests auf Drogen, Hormone, Virus-, Bakterien- und Krebsproteine getestet wird, kommen solche Verfahren zum Einsatz. Im Jahre 2008 wurden die Pionierleistung Osamu Shimomuras und die darauf aufbauenden Arbeiten zweier US-amerikanischer Kollegen im Bereich angewandter Verfahren mit dem Nobelpreis für Chemie gewürdigt.

Viele mögliche Anwendungen der Biolumineszenz-Forschung jenseits von reiner Wissenschaft, Medizin und Umweltanalytik muten heute noch utopisch an. Trotz der verbreiteten Skepsis gegenüber gentechnisch veränderten (transgenen) Organismen könnten aber auch sie bald Realität werden: lumineszierende Bäume, die die nächtliche Straßenbeleuchtung ersetzen, oder Nutzpflanzen, die durch Lichtsignale zu erkennen geben, wenn sie an Trockenstress oder einem Mangel an bestimmten Nährstoffen leiden. Eine von allen Einschränkungen befreite Gentechnik-Industrie würde aber auch kaum darauf verzichten, Photoproteine für die Entwicklung manch skurriler und fragwürdiger Produkte zu nutzen, wenn diese ein Geschäft versprechen. Selbstleuchtende Weihnachtsbäume und Heimtiere mögen nicht jedermanns Geschmack sein, Letztere sind jedoch bereits seit Längerem Realität. Seit 2003 werden in den USA und Teilen Asiens verschiedene tropische Zierfischarten mit großem Erfolg vermarktet, in deren Erbgut die Gene für Photoproteine eingeführt wurden. Da die Fähigkeit zum Leuchten auch nach dem Tod der Tiere und im gefrorenen Zustand einige Zeit erhalten bleibt, war der nächste Schritt nur konsequent: Sushi mit transgenen leuchtenden Fischen *(Glowing Sushi)*, angepriesen als *latest must-tryfood*.[9] In der Europäischen Union sind Zucht und Vertrieb solcher Tiere nach dem strengen Gentechnikrecht verboten.

Die Geschichte Osamu Shimomuras und der Lumineszenz-Forschung ist beispielhaft für das, was gute Wissenschaft auszeichnet: Sie geht mit langem Atem einer Frage nach, ohne schon zu Beginn eine feste Vorstellung davon zu haben, wohin diese Arbeit führt; sie ist ständig bereit, auf Unerwartetes zu reagieren, indem sie Hypothesen, Methoden und Ziele ändert; und schließlich akzeptiert sie ihre grundsätzliche Nichtplanbarkeit und die große Bedeutung von Zufällen und glücklichen Umständen. Die Kluft zwischen einer in diesem Sinne betriebenen Wissenschaft und der heute verbreiteten Forschungs- und drittmittelfixierten Forschungsförderungspraxis könnte kaum größer sein. Letztere erfolgt im Wesentlichen im Rahmen zeitlich eng befristeter Programme, für deren finanzielle Förderung von heutigen Forschern erwartet wird, alle Arbeitsschritte mit detailliertem Zeitplan, erwartete Ergebnisse und sogar deren Relevanz aufzuführen. In einem solchen Umfeld werden vorwiegend

Ergebnisse produziert, die den Erwartungen entsprechen, und alles Unerwartete muss eher als lästig empfunden werden und weniger als Aufforderung, neue Wege einzuschlagen.

Schließlich ist die Lumineszenz-Forschung auch eines von unzähligen Beispielen für einen Zusammenhang, der so offensichtlich und trotzdem jenen Kreisen so schwer zu vermitteln ist, aus denen heraus immer wieder die Forderung erhoben wird, Wissenschaft solle anwendungsbezogen sein und »dem Menschen dienen«. Die Beschäftigung mit scheinbar skurrilen, randständigen Objekten und mit Fragestellungen, die auf den ersten Blick für den Menschen wenig relevant zu sein schienen, hat eine Fülle praktischer Anwendungen von oft auch erheblicher wirtschaftlicher Bedeutung hervorgebracht. Hingegen wurden nur selten große Forschungsleistungen innerhalb gesteckter Zielvorgaben, im Rahmen von Kurzzeitprogrammen oder auf der direkten Suche nach einem Nutzen für den Menschen vollbracht.

16 DER KREBS AM HIMMEL

Als einer der Meilensteine in der Evolution des Menschen hat die Entwicklung des aufrechten Gangs eine wichtige Rolle im philosophisch-anthropologischen Denken gespielt.[1] Mit dem aufrechten Gang wurden die vorderen Gliedmaßen frei für die Übernahme neuer Aufgaben wie etwa den Gebrauch von Werkzeugen; und vielleicht wurde durch ihn auch etwas befördert, das für die kulturelle Entwicklung des Menschen von kaum geringerer Bedeutung war. Der römische Dichter Ovid (43 v. Chr. – 17 n. Chr.) hat dies mit folgenden Versen ausgedrückt: »Und während die übrigen Lebewesen nach vorn geneigt zur Erde blicken, gab [der Schöpfer] dem Menschen ein emporblickendes Antlitz, gebot ihm, den Himmel zu sehen und das Gesicht aufrecht zu den Sternen zu erheben.«[2] Nach einer verbreiteten (wenn auch nicht unumstrittenen) Auffassung bedeutet das griechische Wort für Mensch *(anthropos)* im Wortsinn »der Entgegengewendete« oder auch »der, der nach oben blickt«. Mit der bewussten Wahrnehmung des Himmels und der Bewegungen der Himmelskörper könnte einst die wissenschaftliche Betrachtung der Welt begonnen haben.

Natürlich hat das Hohe Lied vom aufgerichteten Menschen als geborenem Himmelsbetrachter den Spott der üblichen Verdächtigen wie Montaigne (1533–1592), Thomas Browne (1605–1682) und Georg Christoph Lichtenberg (1737–1812) auf sich gezogen. Keiner von ihnen ließ sich den Hinweis entgehen, dass der Fisch *Uranoscopus*, der seine Augen auf der Oberseite des Kopfes trägt, doch eigentlich noch viel besser dazu berufen sei.[3] Verspotten lassen musste sich laut Platon auch der Philosoph Thales von Milet, der – den Blick zu den Sternen gerichtet – in eine Zisterne stürzte und von einer thrakischen Sklavin verlacht wurde, weil er sich zwar mit den Dingen am Himmel auskenne, aber nicht mitbekomme, was zu seinen Füßen vorgeht.[4]

Alle frühen Hochkulturen verfügten über astronomische Kenntnisse und nutzten diese, um sich in Zeit und Raum zu orientieren. Daneben wurde auch das Bedürfnis, anhand von Himmelsvorgängen – als mutmaßlich göttlichem Schicksalsbuch – Aussagen über menschliche Angelegenheiten zu machen, zu einer treibenden Kraft für die systematische Beobachtung des Himmels. »Der Sternglaube war der Vater der babylonischen Astronomie«, schrieb der Astronomie-Historiker Ernst Zinner.[5] So waren es also wohl praktische Erwägungen, die Pate standen bei der Geburt der Astronomie im Land zwischen Euphrat und Tigris, an den Ufern des Nils sowie in Indien, China und verschiedenen Teilen Amerikas. Obgleich sich der Schritt von der reinen Betrachtung von Naturphänomenen zu deren rationaler Erklärung nirgendwo so stark aufdrängt wie auf dem Gebiet der Astronomie, scheinen sich doch erst die griechischen Philosophen der klassischen Periode um ein wissenschaftliches Verständnis der Vorgänge am Himmel bemüht zu haben. Dies hat das Volk der Griechen lange Zeit weitgehend unempfänglich für die astrologische Magie der Babylonier gemacht. Bei Platon heißt es dazu im *Timaios*, Himmelsereignisse könnten nur bei jenen Furcht erregen und als Vorzeichen gelten, die sie nicht zu berechnen verstünden.

Das überwältigende Erlebnis eines sternenübersäten Himmels, an dem in klaren Nächten mehrere Tausend Sterne mit bloßem Auge sichtbar sind und das Licht der Milchstraße Schatten wirft, ist dem modernen Menschen fremd geworden – und das nicht nur in den Metropolen, in denen es niemals mehr richtig dunkel wird. Satellitenaufnahmen zeigen, wie weit der Mensch die Nacht durch künstliches Licht vertrieben hat. Nur noch in den entlegensten Winkeln des Planeten kann man der »Verschmutzung« des Nachthimmels durch Streulicht entgehen. Majestätisch und Ehrfurcht gebietend muss das nächtliche Himmelsschauspiel hingegen auf unsere Vorfahren gewirkt haben, auch wenn ihnen noch jede Vorstellung von dessen ungeheurer räumlicher Dimension fehlte. Am Himmel vollzogen sich Vorgänge, die – von seltenen Phänomenen abgesehen – in ihrer strengen Regelmäßigkeit völlig verschieden von den Unbeständigkeiten der Menschenwelt waren. Eine besonders prächtige Inszenierung bekamen die Bewohner der trockenen Gebiete der Erde geboten, in denen man die Nächte unter einem fast immer sternenklaren Himmel verbrachte und die Sterne in der klaren Luft direkt am Horizont aufsteigen und untergehen sehen konnte. Es ist wiederholt die Frage gestellt worden, so etwa von dem Philosophen Hans Blumenberg (1920–1996), wie unsere kulturelle Entwicklung verlaufen wäre, wenn die Atmosphäre unseres Planeten uns zwar atmen ließe und vor den tödlichen Strahlen aus dem All schützte, aber so undurchdringlich trübe wäre, dass sie uns den Blick zu den Sternen verstellte.[6]

In wohl allen Kulturkreisen haben Menschen einzelne Sterne gedanklich zusammengefasst und als Sternbilder benannt. Dies erleichterte es, einzelne Objekte im Sternengewimmel wiederzufinden und ihre Positionswechsel zu verfolgen. Heute wissen wir, dass die Sterne eines Sternbildes in keiner besonderen räumlichen Beziehung zueinander stehen, sondern nur aus der Sicht unseres Sonnensystems in etwa gleicher Richtung des Raums liegen. Zudem ist eine jede solche Zusammenfassung rein willkürlich. Chinesen, Mayas, Inkas und andere Kulturen haben Sternbilder »gesehen«, die mit unseren wenig zu tun haben. Im Jahr 1928 hat die Internationale Astronomische Union (IAU) die Himmelskugel lückenlos in achtundachtzig offizielle Sternbilder aufgeteilt.

Eine besondere Rolle spielten von alters her die Sternbilder des sogenannten Tierkreises (Zodiak), die das erdumspannende Band der Ekliptik bilden. Dieses ist jener Bereich des Firmaments, vor dem die Sonne – von einer als stationär betrachteten Erde aus gesehen – einmal im Jahr um die Erde wandert und vor dem auch der Mond und die Planeten ihre Bahnen ziehen. Eines der zwölf Sternbilder der Ekliptik, die je nach Jahreszeit mit der Sonne am Horizont auf- und untergehen, ist der Krebs. Zwischen den Konstellationen Zwillinge und Löwe gelegen, ist er das unscheinbarste der Sternbilder des Tierkreises. In unseren geografischen Breiten ist er am besten um den Monatswechsel Januar/Februar herum zu sehen, wenn er seine höchste Position über dem Horizont erreicht. Mit bloßem Auge sind dann in dunklen Nächten etwa dreißig relativ lichtschwache Sterne zu erkennen sowie – als auffälligstes Objekt des Sternbildes – die »Krippe« (Praesepe), ein Sternhaufen, dessen Zusammensetzung aus einzelnen Sternen sich erstmals Galileo Galilei (1564–1642) beim Blick durch eines der damals neuen Teleskope zeigte.

Der niederländische Kartograf und Astronom Petrus Plancius (1552–1622) führte im Jahr 1612 auf einem Himmelsglobus eine Reihe neuer Sternbilder ein, darunter den *Cancer minor* (Kleiner Krebs). Dieser sollte eine offenbar empfundene Lücke am Himmel zwischen dem (Großen) Krebs und den Zwillingen füllen. Andreas Cellarius (1596–1665) ist diesem Vorschlag gefolgt und hat ihn in seinen prächtigen Himmelskarten umgesetzt (Abb. 21).[7] Spätere Astronomen und Kartenzeichner haben diese Neuerung jedoch nicht übernommen.[8] Nach den heutigen offiziellen Grenzziehungen sind jene Sterne, die einmal kurzzeitig den *Cancer minor* bildeten, dem Sternbild Krebs zugeordnet.

Anders als der Name suggeriert, steht der Krebsnebel in keiner Beziehung zum Sternbild Krebs, sondern ist Teil der Konstellation Stier. Er ist das Überbleibsel einer kosmischen Katastrophe, die sich nur etwa neuntausend Lichtjahre von uns entfernt in der Milchstraße ereignet hat. Es handelt sich um eine Supernova, von der alte chinesische und japanische Quellen für das Jahr 1054 n.Chr. als »Gaststern« berichten, der für mehr als zwanzig Tage selbst am Taghimmel sichtbar gewesen sein soll. Während das Sternbild Krebs auch bei angestrengter Fantasie keinerlei Ähnlichkeit mit dem Umriss eines Krebses erkennen lässt, die seinen Namen erklären könnte, liegt die Situation im Fall des Krebsnebels anders: Seinen Entdeckern im 19. Jahrhundert zeigte er sich im Teleskop als ein ovales Objekt mit Ausläufern, das an eine Krabbe mit ihren Extremitäten erinnert und eine entsprechende Namensgebung nahelegte. Heute ist der Krebsnebel eines der am intensivsten untersuchten astronomischen Objekte außerhalb unseres Sonnensystems.

Die Griechen haben viele Sternbilder und auch einige ihrer Namen von den Völkern Mesopotamiens übernommen und um weitere ergänzt. Der *Almagest* des Klaudios Ptolemaios (um 140 n.Chr.), das über fast vierzehn Jahrhunderte maßgebliche Werk der Himmelskunde, erfasste mehr als tausend Sterne, die achtundvierzig noch heute gebräuchlichen Sternbildern zugeordnet wurden. Das griechische Wort *astronómos* bezeichnet im Wortsinn jemanden, »der die Sterne in Sternbilder einteilt«, wurde aber schon früh allgemein für Sternenkundige verwendet. Vor allem aber haben die Griechen fantasievolle Mythen um ihre Sternbilder gerankt. Ihre Götter machten ausgiebigen Gebrauch davon, verdiente Helden, aber auch Tiere und Gegenstände der Alltagswelt als Sterne an den Himmel zu versetzen und dort zu verewigen. *Katasterismos* hat man diese ehrenvolle »Verstirnung« genannt. Ob dabei an eine echte Verwandlung im Sinne einer Metamorphose oder nur an einen symbolischen Akt gedacht war, der Himmel wurde den Griechen dadurch jedenfalls zu einem vertrauten und auch nahen Ort. So hatte sich der übermütige Ikarus kaum in die Lüfte geschwungen, als er auch schon zu seinem Verderben der Sonne zu nahe kam.

So entstand nach klassischem Mythos auch der Krebs am Himmel (vgl. Kapitel 1): Die Zeus-Gattin Hera, die den Krebs in einen aussichtslosen Kampf gegen ihren verhassten Stiefsohn Herakles geschickt hatte, zeigte sich immerhin dankbar für seinen selbstlosen Einsatz, indem sie ihn posthum als Sternbild an den Himmel versetzte. Giovanni Maria Falconetto (1468–1535) hat dieses Ereignis als Teil eines Freskos im Sala dello Zodiaco des Palazzo d'Arco in Mantua bildlich dargestellt: Eine Frauengestalt, die auf einer Wolke der Erde entrückt wird, trägt den Krebs auf ihren Händen in den Himmel. Nach einem alternativen Mythos war es allerdings nicht Hera, sondern ihr verruchter Gatte, der dem Krebs – ebenfalls aus Dankbarkeit für geleistete Dienste – die Unsterblichkeit am Himmelsgewölbe verschaffte. Nach einem Zechgelage war Zeus wie stets bereit, sich über alles, was seine Begierde erregte, mit List oder Gewalt herzumachen. Die in einem Fluss badende Nymphe Garamantis konnte sich gerade noch den Zudringlichkeiten des Widerlings entwinden, wurde dann aber von einem Krebs so schmerzhaft gepackt und in der Flucht behindert, dass der Göttervater sie einholen konnte.

Beide Mythen beziehen sich auf das Sternbild Krebs in seiner Gesamtheit. Mythen ranken sich aber auch um zwei Sterne, die Teil dieses Sternbilds sind: *Asellus Borealis* (Nördlicher Esel) und *Asellus Australis* (Südlicher Esel). Als Lastenträger haben diese Esel den Gott Dionysos während seiner Wanderungen treu begleitet und sicher über Berge und durch Flüsse geführt. Auch sollen Dionysos und sein ständig trunkener Kumpan Silenos auf ihnen in den Kampf der Götter des Olymps gegen die Giganten geritten sein. Dabei sollen die Tiere ein solches Geschrei ausgestoßen haben, dass die Giganten in Panik die Flucht ergriffen. Dionysos (oder auch Zeus selbst als Anführer der Sieger) versetzte die Tiere dafür unter die Sterne des Krebses, von wo sie nun als Symbole von Treue und Unerschrockenheit für alle Zeiten auf uns herabschauen. Der schon erwähnte Sternhaufen Praesepe wurde ihnen als Futterkrippe an die Seite gestellt.

Die griechischen Mythen mögen »erklären«, *wie* der Krebs an den Himmel kam. Da aber kein noch so fantasiebegabter Betrachter im Sternbild Krebs den Umriss eines solchen Tiers erkennen könnte, bleibt unklar, warum gerade die spezielle Konstellation zwischen Zwilling und Löwe zu diesem Namen kam. Die Künstler, die die Sternkarten der Renaissance und des Barockzeitalters mit Figuren ausschmückten, haben sich in ihren Arbeiten auch nicht durch die eigentlichen Sternenkonstellationen leiten lassen, sondern sich dem freien Spiel ihrer Fantasie überlassen, wenn es darum ging, einen Krebs, einen Löwen oder die Zwillinge Castor und Pollux am Firmament darzustellen. Höhepunkt solch kunstvoll ausgeführter Himmelskarten waren die in barocker Pracht schwelgenden Tafeln der *Harmonia macrocosmica* (1660) des Andreas Cellarius (siehe Abb. 21).

Für die Griechen war der Krebs am Himmel unzweifelhaft eine Krabbe – und zwar die überall im Land verbreitete Süßwasserkrabbe *Potamon*. Sie ist eine der etwa zwanzig Krebsarten, die schon Aristoteles wiedererkennbar präzise beschrieben hat. Wie sehr die Völker des östlichen Mittelmeerraums mit diesen Tieren vertraut waren, zeigt ihre häufige und detailgetreue Darstellung auf Münzen und Gemmen.[9] Nach dem schottischen Universalgelehrten D'Arcy Wentworth Thompson (1860–1948) handelt es sich hierbei um symbolische Anspielungen auf das entsprechende Sternbild.[10] Die dem Krebs zugrunde liegende Sternenkonstellation war schon in den frühen Kulturen des Zweistromlands und Ägyptens bekannt, auch wenn sie nicht immer mit dem Begriff des Krebses verbunden wurde. Die Griechen haben diese Konstellation und ihren Namen von den Babyloniern des 6. und 5. Jahrhunderts v. Chr. übernommen. Sollte es also eine Antwort darauf geben, warum gerade dieses Sternbild mit dem Begriff des Krebses assoziiert wurde, so müsste diese bei den Völkern Mesopotamiens zu finden sein.

Vieles spricht dafür, dass die Süßwasserkrabbe nicht erst bei den

Griechen, sondern auch schon im Zweistromland gemeint war, wenn vom Krebs am Himmel die Rede war. Die niederschlagsreichen Hochlandgebiete des Fruchtbaren Halbmonds bildeten eines der Zentren der neolithischen Revolution. Die dort sesshaft gewordenen Bauern wurden aber schon bald durch den Bevölkerungsdruck gezwungen, ihr Siedlungsgebiet in die weiter südöstlich gelegenen Länder zwischen Euphrat und Tigris auszuweiten. Dort, wo heute Sandwüsten vorherrschen, befanden sich vor etwa siebentausend Jahren fruchtbare Böden, abgelagert über Jahrtausende, wenn die das Land durchziehenden großen Ströme immer wieder weiträumig über ihre Ufer traten. Die jährlichen Niederschläge waren dort jedoch so gering, dass im Unterschied zum nordwestlichen Teil des Landes kein Regenfeldbau möglich war. Erst eine von Euphrat und Tigris gespeiste künstliche Bewässerung großer Flächen ermöglichte eine ertragreiche landwirtschaftliche Nutzung und machte die Region zur Wiege einer der ältesten Hochkulturen.

Die Errichtung der Infrastruktur für einen Bewässerungsackerbau war mit großräumigen ökologischen Veränderungen verbunden, von denen auch Trittbrettfahrer profitierten. Dies galt in besonderem Maße für die Süßwasserkrabbe *Potamon*. Zusammen mit den Menschen kam sie aus den höher gelegenen Landesteilen des Vorderen Orients und fand in den Bewässerungssystemen des mittleren und südlichen Mesopotamiens ideale Voraussetzungen für eine massenhafte Vermehrung. Die Krabben wühlten und gruben Gangsysteme in den Ufern der Flüsse, in den Dämmen und Kanalrändern der künstlichen Bewässerungssysteme sowie im umgebenden Sumpfland und kamen zur Nahrungssuche auch auf das Land. Süßwasserkrabben müssen in den Hochkulturen des Zweistromlands praktisch allgegenwärtig gewesen sein. Dies zeigen auch ihre häufige Darstellung in zeitgenössischen Reliefs – etwa an den Palastwänden der jeweiligen Herrscher – sowie ihre vielfach dokumentierte Verwendung im Rahmen kultischer Handlungen.[11] Was für die Griechen galt, galt somit sehr wahrscheinlich auch bereits für die Mesopotamier: Der Krebs am Himmel – das war die Süßwasserkrabbe *Potamon*. Schon die Sumerer scheinen für Tier und Sternbild dieselbe Bezeichnung *(allul)* verwendet zu haben.[12] Frank Brown (1844–1912), der bedeutendste Forscher auf dem Gebiet der babylonischen Astronomie, fand auf einer Keilschrift-Tontafel aus der Zeit um etwa 500 v. Chr. für das Sternbild Krebs auch die Bezeichnung *Nagar-asurra*, was mit *Workman-of-the-Riverbed* (Arbeiter am Flussbett) übersetzt wurde und eine zutreffende Beschreibung der ökologischen Rolle der Süßwasserkrabbe darstellt.[13]

Um die Mitte des 1. Jahrtausends v. Chr. teilten die Babylonier die Ekliptik und damit den Jahreszyklus in zwölf mathematisch gleiche Abschnitte, beginnend mit der Tagundnachtgleiche am 21. März (Frühlingspunkt). Es sind die heute noch in der Astrologie gebräuchlichen Stern*zeichen*. Benannt wurden diese nach den Stern*bildern*, die damals (das heißt vor etwa 2500 Jahren) jeweils mit der Sonne zusammen auf- und untergingen. Im vierten Zwölftel (22. Juni bis 22. Juli) stand die Sonne damals vor jenem Sternbild, das mit dem Krebs assoziiert wurde und so auch dem astrologischen Sternzeichen (oder Tierkreiszeichen) den Namen gab. Durch die Kreiselbewegung (Präzession) der Erdachse haben sich die Sternbilder, vor denen die Sonne steht, seitdem um etwa fünfunddreißig Tage gegen die Sternzeichen verschoben, sodass die ehemalige annähernde Korrespondenz der am Frühlingspunkt orientierten Sternzeichen der Astrologie (tropischer Tierkreis) mit den Sternbildern der Astronomie (siderischer Tierkreis) verloren gegangen ist. Gegenwärtig passiert die Sonne das Sternbild Krebs vom 20. Juli bis zum 10. August. Sinnvoll wäre es deshalb, auch sprachlich eine klare Trennung zu vollziehen und die Bezeichnung Sternzeichen durch Sonnenzeichen zu ersetzen.

Mit der Sommersonnenwende am 22. Juni erreicht die Sonne auf der Nordhalbkugel den höchsten Stand über dem Horizont und verliert dann von Tag zu Tag wieder an Höhe. Zur Frage, warum jenes Sternbild, durch das sich die Sonne zur Blütezeit der Babylonier während des vierten Zwölftels der Ekliptik bewegte, Krebs genannt wurde, erklärte der Enzyklopädist Isidor von Sevilla (ca. 560–636 n. Chr.): »Der Name *Cancer* (Krebs) ist darauf zurückzuführen, dass die Sonne, wenn sie im Monat Juni zu diesem Zeichen gelangt, nun nach Art eines Krebses rückwärtsgeht, sodass die Tage wieder kürzer werden.«[14] Viele haben diese Ansicht später übernommen. Da aber ganz offensichtlich eine Krabbe, deren typische Fortbewegung der Seitwärtsgang ist (vgl. Kapitel 2), Modell für den Krebs am Himmel gestanden hat, müsste die Namensgebung (sofern sie sich überhaupt auf die Fortbewegungsart von Krebsen bezieht) eher eine Anspielung auf diese krabbentypische Bewegung sein. Und in der Tat: Während der mittägliche Sonnenstand um den Frühlingspunkt herum von Tag zu Tag relativ rasch an Höhe gewinnt (wie eine Sinuskurve bei der aufsteigenden Passage der Nulllinie) und die Tage rasch länger werden, scheint er um die Zeit der Sommersonnenwende länger auf dem höchsten Stand zu verharren (wie eine Sinuskurve im Bereich ihres Maximums), sich also gleichsam seitwärts zu bewegen, bevor er dann wieder zunehmend schnell an Höhe verliert und die Tage kürzer werden.

Allerdings gibt es zu dieser Vorstellung auch eine naheliegende Alternative: Süßwasserkrabben verbringen zwar die meiste Zeit ihres Lebens im Wasser, können dieses aber auch verlassen, solange ihre geschützt liegenden Kiemen feucht bleiben. Wenn im Juni Eier und Spermien in großer Zahl heranreifen, decken die Tiere ihren erhöhten Bedarf an hochwertiger Nahrung, indem sie an Land gehen und dort nach Schnecken, Würmern oder Insektenlarven suchen.[15] Ein massenhafter Landgang der Tiere gerade um die Sommersonnenwende herum – ein vermutlich eindrucksvolles Schauspiel, das damals kaum jemandem entgangen sein kann – wäre ebenfalls eine mögliche Erklärung dafür, warum jene Sternenkonstellation, die die Sonne damals um diese Zeit passierte, den Namen Krebs erhielt.

Gründe für Namensgebungen in lang zurückliegender Zeit sind selten noch zweifelsfrei nachvollziehbar. Mit einiger Sicherheit können wir nur davon ausgehen, dass es die Süßwasserkrabbe *Potamon* war, die die Namensgeber in Mesopotamien und später die Griechen vor Augen hatten, wenn sie vom Krebs am Himmel sprachen. Aber auch in der römischen Kaiserzeit und fast das ganze Mittelalter hindurch blieb die Krabbe (nun allerdings stark schematisiert) Symbol für Sternbild und Sternzeichen des Krebses. So etwa auf dem berühmten *Mainzer Himmelsglobus* aus der römischen Kaiserzeit des 2. Jahrhunderts[16], in der St. Gallener *Aratus*-Handschrift aus dem 9. Jahrhundert[17] oder als Relief am Seitenportal der Kathedrale von Amiens (um 1350). Gegen Ende des Mittelalters wurde die Krabbe jedoch ikonografisch mehr und mehr durch den Flusskrebs ersetzt. In Mitteleuropa, wo die meisten Sternkarten und astronomischen Dokumente erstellt wurden, kommen Süßwasserkrabben nicht vor – die in Nordwesteuropa heute verbreitete Wollhandkrabbe wurde erst im 20. Jahrhundert aus ihrer Heimat China nach Mitteleuropa eingeschleppt. Und auch marine Krabben waren Binnenländern damals kaum aus eigener Anschauung vertraut. Flusskrebse hingegen waren praktisch allgegenwärtig, als Nahrung geschätzt und Teil der Alltagserfahrung der meisten Menschen. Wenn irgendeine Art dazu prädestiniert war, den Typus *Krebs* zu verkörpern, so war es im östlichen Mittelmeerraum die Süßwasserkrabbe, in Mitteleuropa aber der Flusskrebs.

Mit der Erfindung der Drucktechnik begann die Zeit der Himmelskarten (Planisphären), die eine Projektion der Sternbilder des Himmelsgewölbes auf eine kreisrunde Fläche zeigen. Schon die erste gedruckte Himmelskarte, 1515 von Albrecht Dürer als Holzschnitt grafisch gestaltet, zeigt keine Krabbe, sondern einen Flusskrebs am Sternenhimmel (Abb. 22 a). Dasselbe gilt auch für die Sternkarten von Johannes Honter (um 1498–1549, Abb. 22 b) und für die Karten von Andreas Cellarius (Abb. 21). In Einzelfällen, insbesondere auf den Britischen Inseln, wo man mit marinen Krabben vertraut war, konnte aber auch weiterhin eine Krabbe den Krebs am Himmel repräsentieren, so etwa auf der Karte von John Flamsteed (1646–1719), dem ersten *Astronomer Royal* im 1675 errichteten Königlichen Observatorium von Greenwich.

Weltliche wie kirchliche Fürsten im Italien der Renaissance und des Barockzeitalters wetteiferten miteinander darin, Wände und Deckengewölbe der Repräsentationsräume ihrer Paläste immer prächtiger ausmalen zu lassen. Ein beliebtes Motiv war der mit den mythischen Figuren der Antike ausgeschmückte Sternenhimmel, der den Blick des Betrachters über das Deckengewölbe hinaus in die Ferne lenkt. Auch hier handelte es sich bei den abgebildeten Krebsen fast immer um Flusskrebse. Ein Unikum ist ein gigantischer roter Hummer, der auf dem Junibild in der Sala dei Mesi des Palazzo Schifanoia in Ferrara das Sternzeichen Krebs symbolisiert.

Mit dem 19. Jahrhundert endete das Goldene Zeitalter der Kartografie mit ihren prächtig ausgeschmückten Sternkarten. Die des Hamburger Astronomen Johann Elert Bode (1747–1826) gehört zu den letzten dieser Art. Das Verblassen der alten Mythen und das Bemühen, immer mehr Sterne mit immer höherer Präzision darzustellen, verdrängten die vertrauten Gestalten des Firmaments. Sternkarten waren nicht länger Objekte künstlerischer Gestaltung, sondern wurden zu reinen Informationsquellen. So verschwand auch der Krebs als konkrete Figur (sei es als Krabbe, Flusskrebs oder Hummer) von den Karten und vom Himmel. Es verblieb ein Punktmuster und die abstrakte, an ein auf dem Kopf stehendes Y erinnernde Figur, wie sie entsteht, wenn man die Hauptsterne des Sternbildes durch Linien miteinander verbindet (Abb. 23).

Heute kennt kaum noch jemand das Sternbild Krebs und die anderen Sternbilder des Tierkreises, fast jeder aber kennt die vor langer Zeit nach diesen Sternbildern benannten astrologischen Sternzeichen. Im astrologischen Sternenglauben hat sich wie nirgendwo sonst die geo-, anthropo- und egozentrische Vorstellung einer Welt erhalten, in der alles in Beziehung zum Menschen steht. Vorgänge am Himmel beeinflussen danach nicht nur irdische und menschliche Belange in allgemeiner Form, sondern nach einem nicht weiter hinterfragbaren Schematismus in spezifischer Weise selbst die individuellen Eigenschaften und Lebensschicksale der Erdbewohnerinnen und -bewohner in Abhängigkeit von Geburtstermin und Geburtsort. In dieser Vorstellung gründet vermutlich auch die Verwendung eines kleinen Sterns (Asterisk) als typografisches Symbol für »geboren«.

Die Wiege des westlichen Sternenglaubens stand im südlichen Mesopotamien, wo die Babylonier im 5. Jahrhundert v. Chr. bereits die meisten der noch heute gebräuchlichen Formalismen der Erstellung und Deutung von Horoskopen entwickelten. Über das späthellenistische Alexandria kam der babylonische Sternenglaube zu den Römern, wo er auf ein ausgesprochen abergläubisches Volk traf, das so skurrile staatlich institutionalisierte Weissagungsmethoden wie die Eingeweideschau bei Opfertieren durch die Haruspices und die Vogelschau durch die Auguren pflegte. Die Astrologie wurde von den Organen der römischen Republik zunächst zwar noch bekämpft (so wandten sich Cato und später Cicero vehement gegen den Sternenglauben), trat dann aber ihren Siegeszug in der frühen Kaiserzeit an, als sie gleichsam Teil der Staatsreligion wurde.

Das Christentum hat sich in seiner Geschichte dem Sternenglauben gegenüber sehr ambivalent verhalten. Einerseits gab es die erbitterte Ablehnung durch die frühen Kirchenväter des 2. bis 5. Jahrhunderts wie Origines, Tertullian und Augustinus, andererseits aber auch zahlreiche Versuche, astrologische und christliche Vorstellungen zu vereinen und dabei zwischen häretischen und legitimen Anwendungen zu unterscheiden. In der von Italien ausgehenden Renaissance erlebte auch der Sternenglaube in seiner spätrömischen Version zunächst in gebildeten Kreisen und unter den Mächtigen eine neue Blütezeit, in der sich selbst Päpste und Bischöfe ihre Hofastrologen hielten. Mit der Ausbreitung des Buchdrucks wurden Einblattflugschriften und Almanache zu einem Massenmedium, über das astrologische Prognosen schließlich auch zu den weniger gebildeten Bevölkerungsgruppen fanden und deren Ängste und Hoffnungen schürten.

In der aus den Fugen geratenen Welt des 16. Jahrhunderts hat die auf alte babylonische Quellen zurückgehende Lehre von den Wirkungen der »großen Zusammenkünfte der Planeten« Menschen mit apokalyptischen Szenarien verängstigt. Galt es schon immer als schlimmes Zeichen, wenn die Sonne »im Krebs« stand (vermutlich weil sich so die jährliche Dürrezeit ankündigte), so sollte diese Wirkung noch verstärkt werden, wenn dies gleichzeitig auch für weitere Planeten galt (Abb. 24). Eine Ballung sämtlicher Planeten (gemäß dem geozentrischen Weltbild waren dies Sonne, Mond und die fünf mit bloßem Auge sichtbaren Planeten Merkur, Venus, Mars, Jupiter und Saturn) im Zeichen Krebs schließlich bedeutete danach den Untergang der Welt in einer Feuerkatastrophe. Als für 1524 eine Zusammenkunft der Planeten im Zeichen Fische und eine damit angeblich verbundene Sintflut prognostiziert wurde, versetzte dies weite Teile des Abendlands in Panik. Dem Kaiser wurde geraten, mit seiner Armee den höchsten erreichbaren Berg aufzusuchen; der Kurfürst von Brandenburg floh mangels Alternativen auf den Kreuzberg bei Berlin (52 Meter über Normalnull), um dort die Flut abzuwarten.

Astronomie und Astrologie sind lange Zeit einen gemeinsamen Weg gegangen. Klaudios Ptolemaios, der bedeutendste Astronom des Altertums, war zugleich Verfasser der einflussreichen, auf babylonischen Traditionen gründenden astrologischen Schrift *Tetrabib-*

los. Johannes Kepler (1571–1630), der mit seinen Planetengesetzen dem heliozentrischen System des Kopernikus zum Durchbruch verhalf und damit eigentlich der Astrologie den Boden unter den Füßen wegzog, wird von Astrologie-Gläubigen zwar immer noch gern als Kronzeuge angeführt, hatte aber eine sehr kritische Einstellung zur Praxis der Horoskop-Astrologie. Kepler wollte auch bei astrologischen Deutungen nur bestätigte Erfahrungen gelten lassen; die meisten der üblichen Deutungen schienen ihm »anerdichtet«[18]. Trotzdem übernahm er zum Broterwerb gut bezahlte Aufträge zu Gelegenheitshoroskopen für einflussreiche Persönlichkeiten. Keplers Einkommen als Mathematiker im Dienst Seiner Römisch-Kaiserlichen Majestät war alles andere als fürstlich und wurde – sofern überhaupt – kaum jemals pünktlich gezahlt. Die Astrologie war in Keplers Worten die Tochter, die als Dirne den Lebensunterhalt für die Mutter Astronomie verdienen musste.[19]

Zwei Entwicklungen waren es, die schließlich eine strikte Trennung zwischen der Astronomie als Wissenschaft und dem astrologischen Sternenglauben brachten: die wissenschaftliche Revolution des 17. Jahrhunderts, die all jene Vorstellungen umstürzte, unter denen sich mehrere Jahrtausende zuvor der Sternenglaube entwickelt hatte, und die Aufklärung, jenes – so Immanuel Kant – »Zeitalter der Kritik, der sich alles unterwerfen muss« und in dem nur Anspruch auf Achtung erheben kann, »was eine freie und öffentliche Prüfung hat aushalten können«.[20] Gegen den Sternenglauben spricht dabei nicht so sehr die Tatsache, dass es keine auch nur im Geringsten plausible Vorstellung gibt, wie Planetenkonstellationen auf irdische Dinge einwirken könnten. Schließlich haben auch Relativitätstheorie und mehr noch die quantenmechanische Beschreibung der Welt unser Realitätsempfinden mit erheblichen Zumutungen konfrontiert. Entscheidend ist vielmehr, dass Letztere »funktionieren«. Ihre Voraussagen haben sich noch bei jeder experimentellen Überprüfung mit kaum vorstellbarer Präzision bestätigt, und ihre Anwendungen (Satelliten-GPS, Smartphones, Digitalkameras, Computer) greifen mittlerweile tief in unser tägliches Leben ein. Hingegen gibt es weder für einen generellen Einfluss von Planetenkonstellationen und Sternen auf die Erde und ihre Bewohner noch für die behaupteten sehr spezifischen Auswirkungen auf individuelle menschliche Schicksale irgendeine empirisch-statistische Evidenz.

Nach wissenschaftlichen Kriterien hat sich die Astrologie schon lange zu einem Spuk verflüchtigt; als Glaubenssystem und eine Form psychologischer Lebensberatung aber entzieht sie sich diesen Kriterien und ist damit wie andere vergleichbare Systeme potenziell unsterblich. Abermillionen von Menschen bekennen sich auch heute noch zumindest zu einer »leichten« Version dieses Glaubens. In den USA war es 2012 bei sogar steigender Tendenz etwa die Hälfte der Bevölkerung.[21] Zu verführerisch wirken die Angebote des Sternenglaubens: Dazu gehören eine Entlastung von persönlicher Verantwortung und eine suggerierte Einbindung in einen Kosmos, der den Sinnsuchenden nicht kalt und gleichgültig gegenübertritt. Und es wird ein Blick in die Zukunft versprochen, der das Sicherheitsbedürfnis in einer chaotischen Welt befriedigt. Auch das moderne »Selbstfindungsbedürfnis« macht viele Menschen für astrologische Ausdeutungen ihrer Persönlichkeit empfänglich – so sollen etwa »im Sternzeichen Krebs« (zwischen dem 22. Juni und 22. Juli) geborene besonders emotional, fürsorglich, intuitiv und sensibel sein. Dem engagierten Kampf der großen Aufklärer von Bayle bis Voltaire gegen Irrationalität und Aberglauben war jedenfalls kein umfassender Erfolg beschieden. Vielleicht werden wir manche ihrer Formen einfach als Teil des menschlichen Wesens akzeptieren müssen, ungeachtet der Peinlichkeit, die dies für unser »hohes« Selbstbild bedeutet.

17 DIE FARBE ROT

Nur wenige Tiergruppen bieten unseren Augen ein so farbenprächtiges Bild wie Krebse. Während jedoch etwa Schmetterlinge in Sammlungen ihre Farben auch noch nach vielen Jahrzehnten zur Schau stellen, verfällt die der Krebse rasch nach ihrem Tod. Daher blieb Zoologen, die es bei ihrer Arbeit früher fast ausschließlich mit konservierten Exemplaren zu tun hatten, diese Dimension ihrer Untersuchungsobjekte lange Zeit weitgehend verborgen. Das änderte sich erst im 20. Jahrhundert mit der Entwicklung des Gerätetauchens und der Unterwasserfotografie, die uns heute faszinierende Bilder von Krebsen in ihren natürlichen Lebensräumen liefert.[1] Schon ein oberflächlicher Blick zeigt, dass der Farbe Rot in der Welt der Krebse eine besondere Bedeutung zukommt.

»Blut ist ein ganz besonderer Saft«, deklamiert Goethes Mephisto und lässt Faust den Teufelspakt mit einem Tropfen Blut besiegeln. Diese Vorstellung hätte sich kaum aufgedrängt, wenn unser Blut wie das der meisten Krebse nahezu farblos wäre. Unser Blut aber ist rot, und Rot gilt kulturübergreifend als die kraftvollste und eindeutigste aller Farben, gleichsam als ihr Archetypus. Rot war die erste und lange Zeit wichtigste Farbe, mit der Menschen ihre Textilien färbten; im antiken Rom wurden die Wörter *coloratus* (gefärbt) und *rubrum* (rot) noch weitgehend synonym verwendet. Hinsichtlich der symbolischen Bedeutungen von Farben in Kunst, Religion und sozialen Zusammenhängen sowie hinsichtlich der mit Farben verbundenen Emotionen scheint es aber weit mehr Unterschiede als Übereinstimmungen zwischen den Kulturen zu geben. Bis sich im Rahmen einer alle Lebensbereiche erfassenden Globalisierung auch das Muster der mit Farben assoziierten Gefühle weltweit angeglichen haben könnte, gilt das Urteil des französischen Historikers Michel Pastoureau: »Es gibt keine transkulturelle Wahrheit über Farben.«[2]

Zumindest in *einer* Hinsicht scheint die Farbe Rot hiervon jedoch ausgenommen zu sein. Wie keine andere Farbe zieht sie Aufmerksamkeit auf sich. Rot (und danach Gelb) ist nicht nur für Menschen, sondern auch für viele Tiere und Pflanzen die Farbe der Wahl, wenn es gilt, Beachtung für etwas zu wecken. Die Farben Blau (Himmel und Wasser), Grün (Vegetation), Braun (Erde) und Grau (Gestein) sind in unserer Umwelt großflächig vertreten. Für Rot und Gelb gilt dies nicht; punktuell eingesetzt, heben sie sich vor jedem natürlichen Hintergrund deutlich ab. Rot und Gelb sind die klassischen Warnfarben, deren Wirkung noch verstärkt wird, wenn sie mit Schwarz kombiniert werden. In Rot/Schwarz (oder Gelb/Schwarz) warnen viele Tiere potenzielle Feinde vor ihrer Ungenießbarkeit oder Wehrhaftigkeit. Auch lockende Signale im Rahmen von Balz, Paarung und Brutpflege werden vorzugsweise in der Farbe Rot präsentiert. Im Pflanzenreich ist Rot die häufigste Farbe reifer Früchte, mit der Samenverbreiter angelockt werden. In unserem technischen Umfeld schließlich nutzen wir die Farben Rot und Gelb, wo Gefahren drohen und schnelle Reaktionen gefordert sind.

Der Sonderstatus der Farbe Rot spiegelt sich auch in der Entwicklung unseres Farbenvokabulars. Unterschiedlich wahrgenommene Farben auch sprachlich auseinanderzuhalten wurde notwendig, wenn es ein Bedürfnis gab, darüber zu kommunizieren. Dieses war offensichtlich nicht in allen Kulturen und nicht für alle Farben gleich stark ausgeprägt. Nach sprachwissenschaftlichen Untersuchungen haben alle Sprachen ein Wort für die Farbe Rot.[3] Rot war darüber hinaus sprachhistorisch stets die erste der Regenbogenfarben, die eine eigene Bezeichnung erhielt, und in manchen Sprachen blieb sie die einzige. Auch in der kindlichen Sprachentwicklung geht Rot voran, und schon Babys werden kulturübergreifend am stärksten von Rottönen angezogen. Bei Menschen mit Hirnverletzungen, die mit einem vorübergehenden Verlust des Farbensehens verbunden sind, wird Rot während der Genesungsphase als erste Farbe wieder wahrgenommen.

Zur Bezeichnung eines besonders satten Rots beziehen wir uns metaphorisch meist auf Blut oder Feuer. Aber auch Krebse und die Farbe Rot sind in vielen Sprachen eine enge Verbindung eingegangen. Diese bezieht sich allerdings nicht auf das auch in der natürlichen Farbgebung dieser Tiere verbreitete Rot, sondern auf die Farbe gesottener Krebse, also auf einen Zustand, der sich erst bei der Zubereitung für den Verzehr einstellt. »Krebsrot« färbt sich unsere Haut nach zu langer Sonnenexposition, und »krebsrot« läuft unser Gesicht an vor Zorn, Anstrengung oder Scham. In einem Gedicht Heinrich Heines (1797–1856) heißt es: »Sie war ein Muster an Sittlichkeit und wurde rot wie ein Hummer.«[4] In anderen europäischen Sprachen lautet es entsprechend: *red as a (boiled) lobster* (englisch), *rouge comme une écrevisse* (französisch), *rosso come un gambero* (italienisch) und *rojo como un cangrejo* (spanisch). Im Amerikanischen Unabhängigkeitskrieg wurden die britischen Soldaten ihrer roten Uniformen wegen von den aufständischen Kolonisten als *lobsters* (später auch *lobsterbacks*) geschmäht.

Einem lebenden Hummer oder Flusskrebs gegenüber sind viele Menschen heute zunächst irritiert, da sie die Tiere oft nur in strahlendem Rot kennen, wie sie nach dem Kochen zum Verzehr gelangen. Das Kinderrätsel »Was ist schwarz in der Küche, aber rot auf dem Tisch?« erinnert an Zeiten, als Flusskrebse noch eine gängige Speise in allen Bevölkerungskreisen waren. Die Beliebtheit des Hummers auf festlichen Tafeln dürfte sich nicht allein seinem kulinarischen Prestige, sondern ebenso sehr seiner optischen Attraktivität verdanken. Als Blickfang haben auch die niederländisch-flämischen Maler des 17. und 18. Jahrhunderts den roten Hummer immer wieder zum Mittelpunkt ihrer in Üppigkeit schwelgenden Stillleben gemacht (vgl. Kapitel 18).

Das so attraktive Kleid, in dem die Tiere Festtafeln schmücken und Stillleben *(nature morte)* »beleben«, gleicht also nicht dem von Kaisern und Kardinälen als Symbol der Macht stolz getragenen purpurroten Umhang, sondern es ist ihr Totenhemd – eine Pracht, für die ihre Träger mit dem Leben zahlen mussten. In kochendes Wasser geworfen, wie es die deutsche Tierschutzschlachtverordnung verlangt, verlieren Hummer nicht nur ihr Leben, sondern auch ihre eher unauffällige dunkelblau-schwärzliche Farbe, die sie im Leben auszeichnet und die ihrer natürlichen Umgebung angepasst ist. Hummer wie auch viele Krabben und Garnelen werden beim Kochen intensiv rot. Besonders eindrucksvoll ist dieser Farbwechsel bei der Schwimmkrabbe *Callinectes sapidus*, deren Rückenseite im Leben tiefblau gefärbt ist. Im Unterschied zu vielen anderen Garnelen rötet sich die Nordseegarnele *(Crangon crangon)*, die »Krabbe« unserer Küchensprache, beim Kochen nur leicht. Auch die schmalscherigen Norwegischen Hummer *(Nephrops norvegicus)*, die *Scampi*, bleiben eher blassrot. Bei gekochten Flusskrebsen ist die Intensität der Rotfärbung je nach Art unterschiedlich und hängt zudem davon ab, wie lange ihre letzte Häutung zurückliegt.

Die moderne Tierschutzbewegung hat die Rotfärbung von Krebsen beim Kochvorgang als Symbol einer vermeintlich besonders brutalen Form der Tierquälerei entdeckt. In diesem Sinne hat der polnische Satiriker Stanisław Jerzy Lec (1909–1966) das Erröten der gekochten Tiere uns, den Tätern, als einen Fall von Fremdschämen vor Augen gestellt: »Der getötete Krebs errötet. Was für ein nachahmungswürdiges Feingefühl des Opfers.«[5] Auch Fabeldichter haben sich wiederholt des Phänomens angenommen, so etwa Gottlieb Konrad Pfeffel (1736–1809) in einer seiner *Politischen Fabeln*: Ein bereits rot gesottener Krebs wird von einer Fee wieder zum Leben erweckt und kehrt – statt auf einer Festtafel zu enden – in sein Heimatgewässer zurück, wo er von seinen Artgenossen um das attraktive Aussehen beneidet wird. Diesen Schmuck könne man leicht erlangen, erklärt der Rückkehrer, man brauche sich nur lebendig sieden zu lassen.

> »Du wünschest dir den blendenden Ornat,
> Der deinen Nachbarn schmückt, zu tragen.
> O! lass zuvor dir im Vertrauen sagen,
> Wie viel er ihn gekostet hat.«[6]

Wie auch immer sich der Vorgang für das Opfer »anfühlen« mag, Krebse werden sich – anders als man es sich früher scherzhaft erzählte – niemals voreilig in den Kochkessel gestürzt haben, der verhängnisvollen Versuchung erliegend, sich in ein herrliches Rot zu kleiden.

Die mittelalterliche christliche Allegorik hat den Farbwechsel gekochter Krebse als positives Symbol gedeutet. In seinem Gedicht »Goldene Schmiede« sah Konrad von Würzburg (ca. 1225–1287) im leuchtenden Rot kein Symbol des Todes, sondern ein Bild für Christus und dessen Übergang vom irdischen Elend über den Tod zur Herrlichkeit des ewigen Lebens.[7]

Mag Krebsen in kochendem Wasser auch ein rascher Tod beschieden sein, an den Festtafeln einer gelangweilten Gesellschaft wurden die Tiere im Zusammenhang mit ihrem Farbwechsel immer wieder Opfer abgeschmackter, roher Späße. Dem rastlosen menschlichen Forschergeist blieb nicht verborgen, dass man Krebse auch intensiv röten kann, ohne sie dabei sofort zu töten. Essig färbt die Schalen rot, und auch mit Branntwein übergossen und dann angezündet, lassen sich die Tiere äußerlich nicht von gesottenen Exemplaren unterscheiden. Solcherart gerötete, aber noch lebende Tiere wurden dann unter die toten Exemplare gemischt, um sich am Erschrecken ahnungsloser Gäste zu delektieren, wenn der von ihnen ergriffene Leckerbissen sich überraschend mit seinen Scheren zur Wehr setzte.[8]

Die Farbänderung des Krebspanzers beim Kochvorgang war Menschen etwas so Selbstverständliches, dass man sich kaum jemals Gedanken darüber machte, wie dies vonstattengeht. Francis Bacon (1561–1626), der mit seinem Werk *Novum Organon* die philosophische Basis des modernen naturwissenschaftlichen Denkens schuf, forderte dazu auf, gerade jenen Phänomenen, die – wie die von ihm explizit genannte Rotfärbung der Krebse beim Kochen – gleichsam als Begleiterscheinungen in unserem ganz alltäglichen Umgang mit Dingen auftreten, besondere Aufmerksamkeit zu widmen.[9] Auch der Göttinger Physiker Georg Christoph Lichtenberg gehörte zu jenen, die immer wieder nach dem scheinbar Selbstverständlichen und Alltäglichen fragten. »Wie hängt eigentlich das Röten der Krebsschalen mit den chemischen Grundsätzen zusammen. Versuche hierüber«, notierte er in einem seiner *Sudelbücher*.[10] Ob Lichtenberg diese Experimente wirklich durchgeführt hat und, falls ja, mit welchem Ergebnis, wissen wir nicht. Eine Erklärung der Vorgänge beim Farbwechsel gelang jedenfalls erst in jüngster Zeit mit den Methoden der modernen Chemie.[11]

Die ganze Farbenfülle von Krebsen geht auf einen einzigen Farbstoff zurück – das nach ihnen benannte Astaxanthin. Es gehört zur Gruppe der Carotinoide, die auch Karotten, Tomaten und Paprikaschoten ihre Farbe geben. Carotinoide können nur von Pflanzen und einigen Bakterien produziert werden; ihre Hauptfunktion ist es, das empfindliche System der Fotosynthese vor schädlicher Strahlung zu schützen. Tiere, die Carotinoide als Vitamin-Vorstufe benötigen, müssen diese mit der Nahrung aufnehmen. Infolge ihrer besonderen chemischen Struktur absorbieren Carotinoide Licht selektiv im kurzwelligen Blau-Grün-Bereich; die übrigen Teile des für uns sichtbaren Spektrums werden reflektiert und ergeben die von uns wahrgenommene Komplementärfarbe zwischen Rot und Gelb. In seiner reinen Form leuchtet Astaxanthin intensiv rot. Im Panzer lebender Krebse sind Astaxanthin-Moleküle aber mit speziellen Proteinen zu einem hochmolekularen Komplex, dem Crustacyanin, verbunden. In dieser Verbindung wird die Struktur des Astaxanthins und damit das Absorptionsverhalten unterschiedlich leicht modifiziert. Dadurch entstehen als Komplementärfarben auch die anderen Farben des Spektrums von Gelb bis Violett, und Hummer erhalten ihre natürliche dunkelblaue bis schwarze Farbe. Beim Kochvorgang wird die dreidimensionale Struktur des Crustacyanins durch Hitze zerstört, die Astaxanthin-Moleküle werden aus ihrer Verbindung mit den Proteinen freigesetzt und zeigen nun das intensive Rot der reinen Substanz.

Sehr selten treten in der Natur auch ungewöhnlich gefärbte Hummer auf: hellblaue, gelbe, rötliche, gefleckte und sogar pigmentfreie weiße Exemplare. Ursache sind Genmutationen, die den Proteinanteil des Crustacyanins betreffen. Mit Ausnahme der Albino-Hummer werden aber auch diese Tiere beim Kochen intensiv rot. Genmutationen könnten auch das gelegentlich berichtete (meist aber als Fischerlatein bezweifelte) Auftreten von Flusskrebsen in unseren Gewässern erklären, die in der Farbe gesottenen Exemplaren gleichen.[12]

Astaxanthin wird heute wegen seiner Farbwirkung, die etwa zehnmal stärker ist als die verwandter Carotinoide, in der Tierproduktion als Futtermittelzusatzstoff zur »Schönfärbung« mancher Produkte eingesetzt. Wildlachs erhält seine typische Farbe durch Astaxanthin, das die Tiere mit ihrer überwiegend aus Kleinkrebsen bestehenden Nahrung aufnehmen und in ihrer Muskulatur anreichern. Dem Zuchtlachs steht diese Nahrung meist nicht in hinreichender Menge zur Verfügung; damit auch dessen Fleisch die attraktive rötliche Tönung erhält, wird dem Futter Astaxanthin zugesetzt. Unter dem irritierenden Namen »Lachsforelle« werden im Handel besonders große, in Aquakultur produzierte Regenbogenforellen angeboten, deren eigentlich helles Fleisch durch den Zusatz von Astaxanthin im Futter die gewünschte Lachsfarbe erhält. Schließlich wird die Substanz auch häufig dem Futter von Legehennen zugesetzt, um so die Gelbfärbung des Eidotters zu intensivieren. Auch in einem ganz anderen Zusammenhang hat Astaxanthin in den letzten Jahren eine erstaunliche Karriere gemacht – als »Nahrungsergänzungsmittel« gegen vorgeblich fast jedes gesundheitliche Übel des Menschen (mehr dazu in Kapitel 12).

Rot ist nicht nur die Farbe gekochter Krebse, sondern ist auch in der natürlichen Farbgebung der Tiere weit verbreitet. Dies gilt – aus ganz unterschiedlichen Gründen – sowohl für die rein aquatischen Formen als auch für jene, die sich überwiegend außerhalb des Wassers aufhalten. Im Unterschied zu ihren marinen Vorfahren kommunizieren Letztere mehr über optische als chemische Signale. Spezifische Farbsignale – vorzugsweise an den Scheren und in den Farben Rot oder Gelb – spielen eine wichtige Rolle bei der Arterkennung, der Balz und im Revierverhalten. Einige dieser Arten sind aber auch am nahezu ganzen Körper intensiv rot gefärbt – so etwa der Rote Amerikanische Sumpfkrebs *(Procambarus clarkii)*, einer der heute weltweit wichtigsten Speisekrebse (vgl. Kapitel 8), oder die Rote Landkrabbe *(Gecarcoidea natalis)*.

Diese kommt ausschließlich auf der Weihnachtsinsel im Indischen Ozean vor, wo die Tiere jedes Jahr ein großartiges, zahlreiche Zuschauer anlockendes Naturschauspiel bieten. Mit Beginn der Regenzeit im November verlassen bis zu fünfzig Millionen geschlechtsreife Krabben nahezu gleichzeitig den tropischen Wald und wandern zur Küste – ähnlich einer sich in Zeitlupe voranwälzenden roten Welle, die sich durch kein Hindernis aufhalten lässt. Dort werden die Larven ins Meer entlassen. Nach einigen Wochen entsteigen Myriaden winziger roter Jungkrebse wieder dem Wasser und begeben sich auf die Wanderung in den Regenwald. Außerhalb der Regenzeit leben die Tiere sehr zurückgezogen, während ihrer Wanderungen jedoch sind sie vermehrt Feinden sowie der Sonnenstrahlung ausgesetzt. Ihre auffällige Rotfärbung könnte somit als Warnfärbung potenziellen Angreifern signalisieren, dass sie es hier mit wenig schmackhaften oder wehrhaften Opfern zu tun haben, die man besser in Ruhe lässt. Zum Glück der Tiere kann zumindest der Mensch ihnen kulinarisch nichts abgewinnen.

Ob die intensive Rotfärbung nun als Warnfärbung fungiert oder nicht, unbestritten ist ihre Bedeutung als Lichtschutz. Zu den zahlreichen Problemen, mit denen Organismen beim Übergang vom Wasser- zum Landleben konfrontiert sind, gehört auch die stark erhöhte Exposition gegenüber der zellschädigenden UV-Strahlung. In großen Mengen eingelagertes Astaxanthin wirkt dieser Gefahr in doppelter Hinsicht entgegen: Es absorbiert UV-Strahlung und verringert dadurch die Gefahr, dass chemische Bindungen gespalten werden; zugleich mindert es als wirksames Antioxidans die Folgeschäden bereits erfolgter Spaltungen, indem es die dabei entstehenden reaktionsfreudigen Spaltprodukte (»freie Radikale«) unschädlich macht.

Etwas anders stellt sich die Situation bei den rein marinen Krebsen dar. Auch bei ihnen dominiert die Farbe Rot. Dieses Phänomen ist jedoch nicht auf Krebse beschränkt, sondern trifft auch auf viele andere Meerestiere zu. Wir beschreiben die Farbe von Objekten grundsätzlich so, wie wir sie im vollen Spektrum des Sonnenlichts wahrnehmen, das von uns als neutrales Weiß empfunden wird. Die Fotos und Filme, die uns heute die Farbenpracht der Unterwasserwelt zeigen, sind Aufnahmen im künstlichen Licht von Blitzgeräten oder starken Lampen, dessen spektrale Zusammensetzung der des Sonnenlichts an der Erdoberfläche gleicht. In welcher Farbe Objekte einem Betrachter aber im natürlichen Lichtklima unter Wasser erscheinen, hat damit nur wenig zu tun.

Wellenlängen, die nicht im Spektrum der Beleuchtung enthalten sind, können von einem Objekt auch nicht reflektiert werden und zu dessen farblichem Erscheinungsbild beitragen. Dieses Phänomen ist allen bekannt, die schon einmal meinten, eine schwarze Hose gekauft zu haben, die sich bei Tageslicht dann als dunkelblau erwies. Elektromagnetische Strahlung wird im Wasser je nach Wellenlänge unterschiedlich stark absorbiert und in Wärme verwandelt. Mit zunehmender Wassertiefe nimmt daher nicht nur die Intensität des Lichts rasch ab, es ändert sich auch dessen spektrale Zusammensetzung. UV-Strahlung wird sehr rasch absorbiert; wegen ihrer geringen Eindringtiefe gibt es für Lebewesen im Wasser keine Notwendigkeit, sich vor ihr zu schützen. Von dem für uns sichtbaren Teil des Spektrums wird das langwellige rote Licht am stärksten absorbiert, gefolgt von den Farben Orange und Gelb. Ein Objekt, das im Tageslicht in Rot erstrahlt, erscheint daher im Licht seiner Umgebung schon in zwei Meter Wassertiefe nur noch blassrot und von etwa fünf Meter Tiefe an farblos dunkel. In der Wahrnehmung eines abtauchenden Beobachters werden die Farben Rot, Orange und Gelb in den oberen zwölf Metern rasch nacheinander ausgelöscht. Ab etwa fünfzehn Meter Tiefe dominiert grün-blaues Licht, und von etwa fünfzig Metern an ist die Unterwasserwelt in ein reines Blau getaucht. Mit zunehmender Wassertiefe verengt sich somit das Strahlungsspektrum immer mehr, bis nur noch Strahlung im Blaubereich übrig bleibt. In etwa 600 Meter Tiefe ist schließlich auch das letzte Sonnenlicht erloschen, und die Welt versinkt in völliger Dunkelheit, nur unterbrochen von Leuchterscheinungen, die Organismen selbst hervorbringen (vgl. Kapitel 15).

Warum absorbieren dann aber so viele marine Krebse (wie auch andere Meerestiere) Licht im kurzwelligen Grün-Blau-Bereich und erscheinen uns dadurch im Tageslicht oder einer entsprechenden künstlichen Beleuchtung in Rot- und Orangetönen? Ein UV-Schutz ist im Wasser nicht notwendig, und zur Kommunikation sind Rot-,

Orange- und Gelbtöne im Wasser wenig geeignet, weil sie schon von wenigen Metern Wassertiefe an im natürlichen Lebensraum nicht mehr auftreten. Die Absorption von grün-blauem Licht hat aber eine andere interessante Konsequenz: Indem die Tiere dieses einzige tiefer in den Wasserkörper eindringende Licht absorbieren, werden sie in ihrem Lebensraum praktisch unsichtbar.

Im Leben vieler Menschen ist es vor allem das Wesen von Farben, das erste Zweifel an dem naiven Realismus weckt, in dem wir alle aufwachsen. Unser Gehirn vermittelt uns die Illusion eines unmittelbaren Zugangs zur realen physikalischen Welt. Dabei sind unsere bewussten Wahrnehmungen von Licht und Farben nur das Endprodukt einer komplexen Bearbeitung neuronaler Erregungszustände: Am Anfang dieser Kette steht die Reaktion spezialisierter Sinneszellen (Photorezeptoren) auf elektromagnetische Wellen, die sich in Intensität, Wellenlänge und Schwingungsrichtung unterscheiden, und an ihrem Ende die noch immer rätselhafte Verknüpfung objektiv-physikalischer Aktivitätsmuster in unserer Großhirnrinde mit unseren subjektiven Erlebnissen von Licht und Farben. In unserem Alltagsleben unterscheiden wir nicht zwischen Wahrnehmung und der Wirklichkeit hinter den Erscheinungen. Und wir tun dies (fast immer) zu unserem Vorteil, denn als Produkt einer langen natürlichen Auslese wurde unser Wahrnehmungsapparat zwar nicht zu dem Zweck entwickelt, die wirkliche Beschaffenheit der Welt zu erfassen, wohl aber diese in einer Weise zu spiegeln, die es uns ermöglicht, in ihr zweckmäßig zu agieren und zu reagieren.

Da Farben uns nur durch eigenes Erleben zugänglich sind, sind uns streng genommen schon die Farbenwelten unserer Mitmenschen verschlossen, und eine Verständigung darüber ist kaum möglich. »Über den Tod und über die Farben können wir nicht reden«, schrieb Albert Camus.[13] Dennoch gehen wir davon aus, dass wir unsere Farberlebnisse mit anderen Menschen normalen Sehvermögens teilen, da Reizaufnahme und Erregungsverarbeitung den gleichen Prinzipien folgen. Mag diese Gleichsetzung noch plausibel sein, so treten erste Probleme bereits auf, wenn es um Menschen mit bestimmten Formen von Farbfehlsichtigkeit geht. Mehr noch gilt dies, wenn wir unseren Blick auf Organismen richten, deren Farbenwelten von einem abweichenden physiologischen Apparat konstruiert werden. Viele Tiere reagieren auch auf Wellenlängen, die im für uns unsichtbaren UV- oder Infrarotbereich liegen, oder sind umgekehrt blind für Teile des uns zugänglichen Spektrums. Gerade bei Krebsen ist der Umfang der spektralen Empfindlichkeit oft deutlich größer als in vielen anderen Gruppen. Über die eigentlichen Farbenwelten dieser Organismen sind uns Aussagen unmöglich.

Das in wohl jeder Hinsicht außergewöhnlichste optische System im gesamten Tierreich hat die kleine, seit mehr als 400 Millionen Jahren vom Stammbaum der übrigen Krebse isolierte Gruppe der Fangschreckenkrebse (Stomatopoda) auf einem evolutionären Sonderweg hervorgebracht.[14] Die selbst außerordentlich farbenprächtigen Tiere leben in der farbigen Welt des Flachwassers von Korallenriffen. Beim Beutefang, der Arterkennung sowie der innerartlichen Kommunikation spielen Farben und Polarisationsmuster des Lichts eine herausragende Rolle. Der Sehvorgang ist hier vollständig in Hinblick auf Geschwindigkeit optimiert: Die Augen arbeiten nach dem Prinzip einer Zeilenkamera, das einen sehr viel schnelleren Bildaufbau ermöglicht als das übliche Prinzip, dem ein komplexer neuronaler Verrechnungsprozess zugrunde liegt. Und während etwa das menschliche Auge die Welt nach einer höchst aufwendigen Signalbearbeitung als Farbkontinuum in Millionen von Farbnuancen erfasst, besteht der Farbraum der Fangschreckenkrebse vermutlich nur in einer kleinen Zahl deutlich diskreter Farben, die in sehr einfacher Weise schnell und eindeutig ermittelt werden.

Eine Welt, die in Hinsicht auf Helligkeits- und Farbkontraste (als subjektive Korrelate von Intensität und Wellenlänge elektromagnetischer Wellen) gerastert ist, ist uns grundsätzlich aus eigener Erfahrung vorstellbar. Lichtwellen unterscheiden sich jedoch nicht nur in Intensität und Wellenlänge, sondern auch in einer dritten Qualität, nämlich in ihrer Schwingungsebene. Sonnenlicht ist unpolarisiert, das heißt, es setzt sich aus Lichtwellen zusammen, die mit gleicher Häufigkeit in allen Ebenen senkrecht zur Ausbreitungsrichtung schwingen. Streulicht, wie es beim Lichtdurchgang durch trübe Medien (Atmosphäre, Wasser) entsteht, und ebenso das an Oberflächen reflektierte Licht schwingt aber vorzugsweise in einer bestimmten Ebene (polarisiertes Licht). Insbesondere die Welt unter Wasser ist voll von Licht, das neben Intensität und Wellenlänge mit dem Polarisationsmuster eine weitere potenzielle Quelle von Informationen über die reale Welt liefert. Die Linsenaugen des Menschen und der meisten Wirbeltiere sind unfähig, Licht unterschiedlicher Schwingungsebenen zu unterscheiden. Anders ist die Situation bei vielen wirbellosen Tieren. Vor allem die Komplexaugen der Gliederfüßer eignen sich besonders für ein Polarisationssehen, das folglich bei Krebsen, Insekten und Spinnen weit verbreitet ist und in vielfältiger Weise zur Orientierung sowie Kommunikation genutzt wird. Bei vielen Krebsen scheint es von größerer Bedeutung zu sein als das Farbensehen und es manchmal sogar zu ersetzen.

Wie Tiere eine Welt erleben, in der Licht auch bezüglich seiner Polarisation unterschieden wird, entzieht sich vollkommen unserer Vorstellungskraft. Hier befinden wir uns in einer ähnlichen Situation wie gegenüber dem »Weltbild« jener Tiere, die – darunter auch manche Krebse – die Eigenschaften magnetischer oder elektrischer Felder wahrnehmen und für ihre Zwecke nutzen können oder die – wie Fledermäuse und Delfine – anhand der Echos hochfrequenter akustischer Signale ein »Bild« ihrer Umwelt erstellen können, das es ihnen erlaubt, sich in dieser so sicher zu bewegen, wie sich andere in einer Welt zurechtfinden, die ihr Gehirn auf der Basis optischer Informationen konstruiert.

18 VON DÜRER BIS DALÍ UND KOONS

Die künstlerische Darstellung von Krebsen begann nicht mit den naturgetreuen Zeichnungen Albrecht Dürers am Beginn der Neuzeit, und sie endet nicht mit den surrealistischen Traumgeburten Salvador Dalís und den zeitgenössischen »Post-Pop«-Artefakten eines Jeff Koons. Über mehr als drei Jahrtausende haben Krebse das Interesse von Künstlern geweckt.[1] Frühe Darstellungen dieser Tiere zierten als Reliefs die Palastwände assyrischer Herrscher und die Obelisken im alten Ägypten; Krebse begegnen uns in antiken Wandmalereien und Mosaiken, als Töpferornamente sowie auf Münzen und Gemmen. Während des langen europäischen Mittelalters allerdings, als die Kunst nahezu ausschließlich im Dienst der christlichen Religion stand, waren Lebewesen und Landschaften kaum mehr als dekoratives Beiwerk biblischer Szenen. Der Kirchenlehrer Augustinus (354–430 n. Chr.) hatte gefordert, irdischen Dingen mit Geringschätzung zu begegnen. Eine Abkehr von dieser Sichtweise brachte erst die Renaissance; unter einem neuen, vorurteilsfreien Blick zeigten sich die Natur und ihre Objekte nun in bewundernswürdiger Schönheit und Erhabenheit.

Albrecht Dürer war einer der ersten Künstler in Europa, die Tiere, Pflanzen und Landschaften als autonome Objekte darstellten. Im Mai 1494 kehrte er von der Gesellenwanderschaft in seine Geburtsstadt Nürnberg zurück, in der kurz danach die Pest ausbrach. Dürer reiste nach Venedig. Als Großmacht, die das östliche Mittelmeer beherrschte, war Venedig zugleich ein kulturelles Zentrum, in dem Künstler aus vielerlei Ländern mit den neuen Kunstvorstellungen der italienischen Renaissance experimentierten. Dazu kam das unvergleichliche Flair dieses dem Meer abgerungenen Weltwunders in der Adria, Goethes »wunderbarer Biberrepublik«[2]. Die Lebensart, das Licht und die Atmosphäre des Südens sollten Dürer ein Leben lang begleiten. Als philologische Bewegung hatte die Renaissance schon längst das Gebiet nördlich der Alpen erreicht; mit Dürer hielt sie auch als neuer Kunststil Einzug in den spätgotischen Norden.

In Venedig kam Dürer zum ersten Mal mit dem Meer in Berührung. Eine besondere Attraktion von Hafenstädten sind seit jeher ihre Fischmärkte, und wie Goethe, der fast zweihundert Jahre später ebenfalls in Venedig zum ersten Mal in seinem Leben am Meer stand (»Der Fischmarkt und die unendlichen Seeprodukte machen mir viel Vergnügen; ich gehe oft darüber und beleuchte die unglücklichen aufgehaschten Meeresbewohner«), wird auch Dürer fasziniert auf die Mannigfaltigkeit der Meeresgeschöpfe geschaut haben. Hier lag – auf engstem Raum ausgebreitet – nahezu die gesamte makroskopische Zoologie des adriatischen Meeres.

Die Darstellung von Meerestieren stellte Künstler vor besondere Probleme, da sie diese nicht in ihrem natürlichen Lebensumfeld und damit in ihren charakteristischen Haltungen und Bewegungen studieren konnten. Begegnungsstätte waren die Fischmärkte, auf denen wohl auch Dürer in Venedig seine Objekte fand. Zweifelsfrei zugeschrieben wird ihm eine große Federzeichnung eines Hummers, datiert auf das Jahr 1495 (Abb. 25).[3] Sie zeigt das Tier nicht als kraftstrotzend mit erhobenen Scheren dahinschreitenden Herrscher in seinem Unterwasserreich, Dürer zeichnete den Hummer vielmehr so, wie auch wir ihn in den Auslagen auf Fischmärkten sehen: Außerhalb des tragenden Wassers ist er unter seinem Eigengewicht zusammengefallen, ist in Atemnot, der Austrocknung nahe und zeigt Lebensspuren nur noch im Spiel seiner Fühler. Von der unnatürlichen Haltung abgesehen, ist Dürers Hummer aber mit nie zuvor erreichter anatomischer Exaktheit und großem Detailreichtum wiedergegeben worden. Auch ein Aquarell einer großen toten Krabbe wird Dürer zugeschrieben und auf 1495 datiert; diese ist so präzise wiedergegeben, dass eine genaue Bestimmung der Art *(Eriphia verrucosa)* möglich ist.[4]

In Venedig begann Dürers lebenslange Auseinandersetzung mit der Natur. Von einer »forschenden Energie« des Künstlers, durch die dessen proportionsrichtige und detailgenaue Darstellungen zum Mittel der Naturerforschung wurden, hat der Kunsthistoriker Willibald Sauerländer (1924–2018) geschrieben.[5] Zeitgenossen rühmten Dürer als »neuen Apelles«[6], also als Wiedergänger eines der berühmtesten Maler der Antike, über den es im *Satiricon* des Petronius heißt, alles an seinen Werken sei »mit einer solchen Feinheit bis zum Leben erhoben, dass man glauben könnte, die Götter selbst hätten alle seine Gemälde mit Geistern vom Himmel lebendig gemacht«.[7]

Nach Ansicht des Kulturphilosophen Egon Friedell ist die Malerei »jene Ausdrucksform, in der jede neue Art, die Welt zu begreifen, ihre früheste Ausprägung zu finden pflegt«.[8] So waren etwa die Naturforscher des 16. Jahrhunderts noch ganz in der alten Welt von Aberglauben und Irrtümern gefangen. In den Werken Conrad Gessners und Ulisse Aldrovandis (1522–1605) wimmelt es noch von mythischen Wesen, die kritiklos von antiken und mittelalterlichen Autoritäten übernommen wurden. Und die Illustrationen realer Tierarten sind so skizzenhaft grob, fehlerhaft und oft auch vermenschlichend, dass eine eindeutige Artbestimmung unmöglich ist. Mit ihrer Abkehr von der unkritischen Übernahme überlieferten Wissens, mit ihrem analytischen Blick und ihrer subtilen Wahrnehmung waren Dürer und andere Renaissancekünstler wie Leonardo da Vinci[9] den Naturforschern, die heute die Realität für sich reklamieren, während die darstellende Kunst sich davon fast ganz verabschiedet hat, um gut ein Jahrhundert voraus.

Angeregt durch die Entdeckung neuer Welten jenseits der Meere, schufen Renaissancefürsten wie die toskanischen Herzöge und die habsburgischen Kaiser ihre enzyklopädischen Sammlungen (»Wunderkammern«), in denen Objekte der Natur und Werke von Menschenhand nebeneinander präsentiert wurden. Man wetteiferte darin, Wissenschaftler und Künstler an seine Höfe zu holen, die diese Sammlungen erweitern und realistische Illustrationen der Sammlungsobjekte anfertigen sollten. Das zeichnerische Erfassen auch kleinster Naturdetails spielte eine bedeutende Rolle in der frühneuzeitlichen Wissenschaft, in der es zunächst darum ging, die immense Vielfalt an Formen zu erfassen und zu ordnen.

Giorgio Liberale (1527–1579) gehörte zu den von Leonardo da Vinci geprägten Künstlern des italienischen Naturalismus der zweiten Hälfte des 16. Jahrhunderts. Im Auftrag der Habsburger zeichnete er großformatige Studien der Fauna des adriatischen Meeres, darunter eine Languste in Lebensgröße.[10] Auch Giuseppe Arcimboldo (1526–1593) hinterließ ein umfangreiches Werk aus Naturstudien, die der wissenschaftlichen Forderung nach realistischer Darstellung gerecht wurden. Heute ist er fast nur noch als Schöpfer der allegorisch-fantastischen »Kompositköpfe« bekannt, die den Surrealismus des 20. Jahrhunderts vorwegnahmen: Eine Vielzahl thematisch nahestehender und realistisch dargestellter Objekte wie Tiere oder Pflanzen(teile) wurden in diesen Werken so zusammengefügt, dass der Eindruck eines menschlichen Kopfes entstand. So ist etwa die allegorische Figur, die in der Serie *Die vier Elemente* das Wasser symbolisiert, ganz aus Wassertieren zusammengesetzt.[11] Mehr als sechzig verschiedene Arten lassen sich auf dem Bild identifizieren, darunter mehrere Krebse. Auch die ganz andersartige *Allegorie Wasser* von Jan Brueghel dem Älteren (1568–1625) zeigt neben anderen Tieren eine Fülle von Krebsen verschiedener Art.[12]

Eine Vorreiterrolle in der naturgetreuen Darstellung kleiner Naturobjekte spielte der niederländische Maler Joris (Georg) Hoefnagel

(1542–1600). Mit beispielloser Fertigkeit schuf er Miniaturgemälde, in denen die ganze Vielfalt kleiner Tiere wie niemals zuvor zu selbstständigen Bildmotiven avancierte. Allein die Serie *Die vier Elemente* umfasst Studien Hunderter von Tieren (darunter auch mehr als vierzig verschiedene Krebsarten), die zu einem großen Teil der damaligen Wissenschaft noch unbekannt waren.[13] Eine größere Verbreitung fanden diese Zeichnungen durch die Kupferstiche, die Joris Hoefnagels Sohn Jacob (1573–1632/33) nach den Bildern seines Vaters unter dem Namen *Archetypa* herausgab.[14] So wurde auch der Blick der Wissenschaft zunehmend auf die Objekte des Mikrokosmos gerichtet.

Hoefnagels Naturzeichnungen waren das Ergebnis genauester Beobachtungen, galt es doch, aus tiefer Frömmigkeit dem Schöpfer jener Schönheit zu huldigen, die sich gerade in den kleinsten Dingen zeigt. Vor diesem Hintergrund rätselhaft ist die Darstellung eines Objekts, das in späteren Beschreibungen als »Fantasiekrebs« betitelt wurde. Es handelt sich um Körperspitze und Körperende des mediterranen Fangschreckenkrebses *Squilla mantis*, die – wie üblich exakt nach der Natur gezeichnet – ohne den umfangreichen Mittelteil und die mächtigen Raubbeine direkt zu einem scheinbar kompletten Organismus zusammengefügt sind (Abb. 26). Gemeinsam mit realen Tieren findet sich das Objekt in den *Archetypa*, überschrieben mit: *Ich werde alle Deine Wunder erzählen, Herr* (Psalm 9,2).[15] Unter einem solchen Motto eine bewusst verfälschte Gestalt zu präsentieren wäre geradezu blasphemisch gewesen. Auch wenn Hoefnagel die meisten Vorlagen für seine Naturmotive sicher eigener Sammeltätigkeit verdankte, war es doch gängige Praxis, Naturalien auch durch Tausch oder Kauf zu erwerben. Damit bestand die Gefahr, Manipulationen aufzusitzen. Genau das könnte Hoefnagel im Fall dieses »Krebses« widerfahren sein. Die Raritätenkabinette der späteren Jahrhunderte enthielten fast immer auch raffiniert manipulierte Naturobjekte (gleichsam frühe Wolpertinger), die bewusst zur Erheiterung eines wissenden Publikums präsentiert wurden. Hoefnagels »Krebs« aber sollte gut ein Jahrhundert später erneut als vorgeblich reales Objekt in einem naturkundlichen Werk auftauchen: Der Amsterdamer Apotheker Albertus Seba (1665–1736) ließ die Naturalien seiner umfangreichen Sammlung zeichnen und veröffentlichte diese Darstellungen mit Erläuterung in vier Prachtbänden. Auch wenn es sich fast ausschließlich um Zeichnungen eigener Sammlungsstücke handelte, griff Seba doch gelegentlich zur Vervollständigung auf bildliche Darstellungen anderer Autoren zurück, ohne seine Quellen zu nennen. So geschah es auch mit Hoefnagels »Krebs«, der bei Seba unter den Insekten erschien.[16]

Anders als in Europa war in der fernöstlichen Kunst eine realistische Darstellung von Naturobjekten eher unüblich. In Japan, das sich jahrhundertelang gegen westliche Einflüsse abschotten konnte, entstand ein Kunstverständnis, das sich in Komposition und Realitätsbegriff von dem im Westen unterschied. In dem Inselstaat mit einer Küstenlänge, die fast der Länge des Erdumfangs entspricht, hat die künstlerische Darstellung von Meerestieren eine lange Tradition. Als Blütezeit der japanischen Künste gilt die Edo-Periode (1603–1868), in der Maler wie Katsushika Hokusai, Utagawa Hiroshige und viele andere ihre berühmten Farbholzschnittdrucke und Tuschezeichnungen schufen. Schon die frühesten bekannten Darstellungen von Krebsen zeigen diese in den Posen lebendiger Tiere und in ein größeres (wenn auch nicht immer natürliches) Umfeld integriert.[17] Hier herrschte nicht der auf die Details der Gestalt fixierte »forschende Blick« Dürers und seiner Nachfolger, sondern ein mehr abstrahierender, fast poetischer Zugang zu den Objekten der Natur (Abb. 27). Eine bedeutende Konsequenz davon war, dass die klassische japanische Naturforschung zwar umfassende Kenntnisse der Lebensäußerungen von Tieren besaß, aber keine hierarchische Klassifikation von Organismen hervorgebracht hat, die eine notwendige Vorstufe des Evolutionsgedankens bildete.

Die Naturstudien und Kunstkammerstücke im Europa des späten 16. und frühen 17. Jahrhunderts waren künstlerische Darstellung und wissenschaftliche Illustration zugleich. Erst im 18. Jahrhundert trennten sich deren Wege. Zu den Nachfolgern der Kunstkammerstücke gehören die Stillleben der niederländischen Malerei des 17. Jahrhunderts. In den nördlichen Provinzen der Niederlande hatten die Reformation, die den Bilderschmuck in Kirchen ablehnte, und ein republikanisches Staatswesen, das sich auf dem Weg zu einer weltweiten Handelsmacht befand, die Rahmenbedingungen der Kunstproduktion grundlegend verändert. Nicht mehr Kirchenfürsten und Herrscherhäuser, sondern zu Wohlstand gelangte Bürger waren nun die Auftraggeber und Käufer. Begehrt waren neben Porträts und Genrebildern insbesondere Stillleben, mit denen man seine Gesellschaftsräume schmücken konnte. Krebsen begegnen wir hier in Markt- und Küchenszenen der Genremalerei, vor allem aber auf vielen der beliebten Tisch-Stillleben.

Die frühen *banketjes* – so etwa viele Werke von Pieter Claesz (1596/97–1661) – sind farblich nüchtern gehalten; der Tisch ist mit einfachen Artefakten und schlichten Speisen gedeckt, unter ihnen die an der niederländischen Küste reichlich verfügbaren Garnelen und Taschenkrebse. Mit wachsendem Wohlstand der Bürger gerieten aber auch die Tafelarrangements der Maler immer opulenter und farbenprächtiger.[18] Die Tafeln waren nun überladen mit edlen Speisen, exotischen Früchten und wertvollen Artefakten, die den Reichtum und die weltumspannenden Handelsbeziehungen des Landes spiegeln. Nahezu allgegenwärtig auf den späten Prunk-Stillleben ist ein roter Hummer, der unter den Meeresfrüchten die gewöhnlicheren Krebse ersetzte und klischeehaft für Luxus stand, da er aufwendig importiert werden musste. Die präzise Wiedergabe der komplexen Gestalt dieser Tiere bot Künstlern zudem eine besondere Gelegenheit, ihre Virtuosität zu demonstrieren, und das Rot lenkte als kraftvollste Farbe im Arrangement die Aufmerksamkeit auf das Bild.

In der Stillleben-Malerei ist der Künstler auch als Arrangeur gefordert. Er ordnet die ausgewählten Gegenstände nach seinen Vorstellungen von Raumaufteilung sowie farblicher Harmonie und sorgt für deren effektvolle Ausleuchtung vor einem meist dunklen Hintergrund. In der niederländischen Malerei des 17. Jahrhunderts wurde die gesamte Szenerie dann absolut scharf in allen Ebenen und mit einer Detailgenauigkeit wiedergegeben, die den Betrachtenden oft den Eindruck vermittelt, Dinge zu sehen, die echter als die Originale sind. Dies erinnert an das (nur literarisch bekannte) berühmteste Stillleben der Antike, die Weintrauben des Zeuxis (um 400 v. Chr.), die so echt ausgesehen haben sollen, dass Vögel sich täuschen ließen und herbeigeflogen kamen, um nach ihnen zu picken.[19] Stellvertretend für Hunderte von Werken mit einem roten Hummer als auffälligstem Element steht das um 1660 von Alexander Coosemans gemalte *Stillleben mit Früchteschale, Hummer, Pokal und Kanne* (Abb. 28).

Die Produktion naturalistischer Stillleben hat das Goldene Zeitalter der niederländischen Malerei überdauert, wobei Krebse auch weiterhin oft einen Teil des Arrangements bildeten. Eine der wenigen Ausnahmen in einer männlich dominierten Szene war die französische Malerin Anne Vallayer-Coster (1744–1818). Die Hummer ihrer Stillleben (zum Beispiel *Nature morte avec homard* von 1781[20]) zeigen etwas, das den Hunderten von Hummern auf den Stillleben anderer Künstler trotz deren Hingabe an Details fehlt. Mit Ausnahme eines kurzen Zeitraums nach jeder Häutung sind Hummer fast immer mehr oder weniger stark mit Seepocken bewachsen. Vallayer-Coster hat sie akribisch dargestellt (Abb. 29), während Hummer sonst meist wirken, als wären sie ebenso wie die auf Hochglanz polierten gläsernen und metallischen Artefakte des Arrangements für ihre Präsentation speziell »herausgeputzt« worden.

Nach einer vorübergehenden Dominanz der Historien- und Landschaftsmalerei im Zeitalter von Klassizismus und Romantik brachte das späte 19. Jahrhundert mit der beginnenden Moderne eine Renaissance der Stillleben-Malerei. Dabei wurden zwar weiterhin deren klassische Objekte dargestellt, aber auf das Wesentliche reduziert und in eher karger Umgebung arrangiert. Die Malerei wandte ihren Blick mehr und mehr weg von den Objekten und hin zum Betrachter. In Anlehnung an Paul Klees (1879–1940) berühmte Worte »Kunst gibt nicht das Sichtbare wieder, sondern macht sichtbar«[21] wurde es oberstes Ziel künstlerischen Schaffens, sichtbar zu machen, was ein Gegenstand oder eine Situation an Assoziationen, Emotionen oder abstrakt-allgemeinen Ideen hervorruft. Klee selbst schuf, schon gezeichnet vom nahenden Tod, eine Reihe von viel und kontrovers besprochenen Asselbildern, darunter *Assjel im Gehege* (Abb. 30).[22] Es war wohl das einzige Mal in der Kunstgeschichte, dass diese Krebse, die nach allgemeiner Vorstellung ihr Leben in Dunkelheit zwischen Unrat und Fäulnis verbringen, zum Objekt einer künstlerischen Darstellung wurden. In Stil und Farbgestaltung ähneln Klees Asselbilder der prähistorischen Höhlenmalerie. Auf einem Untergrund in den Farben des Feuers ist die Assel mit schwarzen Pinselstrichen als eine Art lebendes Gerippe dargestellt, das durch Gitterstäbe in seiner Freiheit beschränkt ist. Klee starb, nur wenige Wochen nachdem er diese Bilder fertiggestellt hatte.

Krebse und insbesondere Hummer waren immer wieder Gegenstand in der Kunst der westlichen Moderne, in der zweiten Hälfte des 19. Jahrhunderts etwa in den Werken von Eduard Manet, Vincent van Gogh und James Ensor, in der ersten Hälfte des 20. Jahrhunderts in jenen von Henri Matisse, Oskar Kokoschka und Salvador Dalí. Pablo Picasso (1881–1973) war ganz allgemein von Tieren fasziniert.[23] Während seiner Aufenthalte an der Côte d'Azur weckten auch Krebse (neben dem kulinarischen) sein künstlerisches Interesse. Mit ihrem Panzer, ihren Waffen und starrenden Augen hatten sie für ihn etwas Beängstigendes. Trotz Picassos ständigem Spiel mit Formen sind seine Krebse doch immer als solche klar erkennbar – anders als etwa der »Hummer« der abstrakten Farblithografie *Le Homard* (1969) seines Zeitgenossen Joan Miró (1893–1983).

Um den Jahreswechsel 1948/49 schuf Picasso eine Reihe von Tisch-Stillleben mit Hummer. Das wohl bedeutendste Werk aus dieser Serie ist *Nature morte au Poron*, gemalt am 26. Dezember 1948.[24] Auf einem Küchentisch befinden sich ein Hummer, eine Zitrone und ein traditioneller spanischer Weinkrug *(porrón)*. Die stark grafische Darstellung erinnert an Picassos frühe kubistische Periode. Das Bild zeigt den Hummer nicht im üblichen grellen Rot der gesottenen, sondern im Blau der lebenden Tiere.

Im Juni 1961 bezog der achtzigjährige Picasso in Mougins an der Côte d'Azur sein letztes Domizil. Unter den zahlreichen Werken, die der Künstler auch noch während seiner letzten Lebensjahre schuf, befindet sich eine Reihe von »belebten« Stillleben mit Krebsen, das heißt Stillleben mit (entgegen der Konvention) lebenden Tieren als Teil der Komposition. Im Picasso-Pavillon des Hakone-Open-Air-Museums in Japan am Fuße des Fuji stehen die Besucherinnen und Besucher vor Picassos farbenprächtigem Gemälde *Nature morte avec chat et homard* (1962).[25] Nach dem traditionellen Modell der Tisch-Stillleben zeigt es einen mit Speisen (hier mit verschiedenen Fischen und Krebsen, darunter ein roter Hummer) beladenen Tisch, ergänzt aber um eine Katze. Diese scheint soeben auf den Tisch gesprungen zu sein, zögert aber zuzugreifen, verwirrt und erschreckt von der Fremdartigkeit der Objekte. Ganz neu war diese Idee nicht. Schon die Tisch-Stillleben der flämischen Malerin Clara Peeters (1594–1658) zeigten wiederholt eine lebendige Katze als Teil des Arrangements.

Im Januar 1965 malte Picasso eine ganze Serie weiterer Katze-Krebs-Begegnungen, deren Dynamik jedoch noch dadurch gesteigert wurde, dass sich hier nun beide Kontrahenten – der Hummer jetzt im natürlichen Blau – lebend gegenüberstehen. Prominenteste Werke dieser Serie sind die beiden Ölgemälde *Le homard et le chat*[26] und *Chat et homard* (Abb. 31). Zwei Kreaturen aus einander völlig fremden Welten stehen sich in einer labilen Gleichgewichtssituation zwischen Angriffslust, Verteidigungs- und Fluchtbereitschaft gegenüber. Die Phänomene Aggression und Angst, mit denen sich Picasso als Zeitgenosse einer an Katastrophen überreichen Geschichtsperiode immer wieder in seinem Werk auseinandergesetzt hat, wurden hier gegen Ende seines Lebens noch einmal aufgegriffen.

Im Paris der Restaurationszeit gehörte der Poet Gérard de Nerval (1808–1855) zu den »jungen Wilden«, die als literarische Vorläufer des Surrealismus mit öffentlich inszenierten Extravaganzen gegen den bürgerlichen Konformismus aufbegehrten. Ihre Welt war die der rauschhaften Träume, Wahnvorstellungen und Visionen. Nerval soll einen Hummer namens Thibault als Haustier gehalten und diesen an einer blauen Leine in den öffentlichen Pariser Gärten spazieren geführt haben. Das von Georges Bataille (1897–1962) und anderen verfasste surrealistische *Kritische Wörterbuch* eröffnet das Stichwort »Krustentiere« jedenfalls mit dieser Hummer-Anekdote.[27] Es war wohl Nervals Kollege Théophile Gautier (1811–1872), der diesen »Hoax« in die Welt gesetzt, Thibault damit zum bekanntesten Krebs der Kulturgeschichte gemacht und ein frühes Beispiel für jene modernen Großstadtlegenden gegeben hat, die scheinbar endlos verbreitet werden (heute besonders effektiv in den sozialen Netzwerken), ohne dass sich eine verlässliche Quelle angeben lässt.

Natürlich ist es wenig sinnvoll, nach dem Wahrheitsgehalt einer Anekdote zu fragen, die einem Milieu entstammt, dessen Vertreter nicht nur ihre Werke, sondern auch ihr eigenes Leben fiktiv konstruierten. Gérard de Nerval mag mit einem angeleinten Hummer posiert haben, aber kein Hummer wird den Poeten jemals auch nur einen Schritt auf einem Spaziergang begleitet haben. Ohne den Auftrieb im Wasser sind dessen schwache Beine nicht in der Lage, den massigen Körper zu tragen. Das Bild von »frei laufenden« Hummern auf trockenem Land ist aber einfach zu unwiderstehlich, als dass es nicht immer wieder aufgegriffen worden wäre, sei es als erkennbar surrealistische Fantasie wie in der Geschichte von *Alice in Wonderland*, in der der Autor Lewis Carroll (1832–1898) einen Hummer eine Quadrille tanzen lässt (Abb. 32), oder als vorgeblich reales Ereignis wie in dem mit Oscars überhäuften Film *Der Stadtneurotiker* von und mit Woody Allen aus dem Jahr 1977. In der berühmten Lobster-Szene wird der Eindruck vermittelt, aus einer Einkaufstasche entwichene Hummer würden von den hysterischen Darstellern durch die Küche gejagt, um sie ihrem Schicksal im Kochtopf zuzuführen. In Wirklichkeit sieht man auch im Film die Tiere nur apathisch am Boden liegen.

Im 20. Jahrhundert gelangte der von Literaten vorbereitete Surrealismus auch in die Ateliers bildender Künstler. Die irrational-abgründige Welt der Träume und Wahnvorstellungen sollte aus den Tiefen des Unterbewusstseins hervorgebracht und ohne Rücksicht auf Logik und Moral realistisch dargestellt werden. Der katalanische Künstler Salvador Dalí (1904–1989), nach eigenem Urteil einzig wahrer Vertreter des Surrealismus, war als Anhänger der Psychoanalyse mit dem ganzen Repertoire der freudianischen Deutungen der Symbole verdrängter Ängste und Zwangsvorstellungen vertraut. Mit einem Werk voller offener und verdeckter erotischer Anspielungen versuchte Dalí sich von den sexuellen Obsessionen zu befreien, die ihn sein Leben lang beherrschten.[28]

In den 1930er-Jahren, in der Hochphase des Surrealismus, zeigte sich Dalí geradezu manisch fixiert auf die Darstellung von Hummern in absurden Positionen, vor allem auf dem Kopf von Personen und im weiblichen Schambereich. Das Tier wurde zu einer der persönlichen Ikonen des Künstlers. Im Hummer sah Dalí seine verdrängten sexuellen Obsessionen an den Tag gebracht, vor allem aber galten ihm die Tiere ihrer Scheren wegen als Furcht einflößende Instrumente sexueller Gewalt und Symbole seiner paranoiden Ängste vor Kastration und weiblichem Kannibalismus.[29] Seine Frau

Gala, den Harfe spielenden US-amerikanischen Komödianten Harpo Marx, den russischen Dichter Maxim Gorki und andere hat Dalí mit einem Hummer auf dem Kopf dargestellt.[30] Balletttänzerinnen zeichnete er als chimärische Wesen, deren Oberkörper durch den Vorderteil eines Hummers ersetzt wurde.[31] Dalís Darstellung des Minotaurus, eines Mischwesens der griechischen Mythologie mit dem Kopf eines Stiers und dem Körper eines Menschen, bricht mit der klassischen Vorstellung vom Geschlecht des gefräßigen Ungeheuers. Dem dämonisierenden Frauenbild des Künstlers entsprechend, ist der menschliche Teil seines Minotaurus offensichtlich weiblichen Geschlechts. Aus dem Bauch kriecht ein Hummer hervor, dessen herabhängende Scheren sich in den Schambereich erstrecken (Abb. 33a).[32] Für die Weltausstellung 1939 in New York konzipierte Dalí einen surrealistischen Pavillon zum Thema *The Dream of Venus*. In großen Aquarien führten spärlich bekleidete Models Tanzshows auf, als Sirenen behängt mit Meeresfrüchten, darunter einem Hummer im Schambereich. Dalís wohl bekannteste Hummerdarstellung ist das legendäre *Hummer-Telefon* (ursprünglich *Aphrodisisches Telefon*), das der Künstler 1936 zunächst für den exzentrischen britischen Multimillionär und Kunstsammler Edward James (1907–1984) schuf, bevor es in einer Kleinserie und in zwei verschiedenen Varianten hergestellt und allgemein bekannt wurde. Ein schwarzes Bakelit-Telefongehäuse mit Wählscheibe trägt auf seiner Gabel einen Hörer in Gestalt eines rot bemalten Hummermodells aus Gips (Abb. 33b).

Jeder öffentliche Auftritt Dalís war eine schrille, provokante Selbstinszenierung. Im Juli 1969 gab ihm die Illustrierte *Paris Match* Gelegenheit zu einer ganz besonderen Aktion, bei der ein Foto entstand, das durch die Weltpresse ging: Dalí steigt eine Treppe der Pariser Metrostation Bastille herauf – mit einem exotischen Tier an einer Leine. Oben wartet bereits der bestellte Fotograf auf seinen »Schnappschuss«[33]. Den Untertitel zum Foto hatte Dalí bereits vorformuliert: »Salvador Dalí sortant du Sous-sol du subconscient …« (Salvador Dalí, dem Keller des Unterbewusstseins entsteigend …). Selbstverständlich kannte Dalí die Hummer-Legende um seinen literarischen Vorgänger Gérard de Nerval. Sollte er selbst ursprünglich ebenfalls an einen Hummer für seine Aktion gedacht haben, so hätte er doch noch rechtzeitig erkannt, dass ein solches Tier hierfür denkbar ungeeignet ist. Das Tier, das er an der Leine führte, war ein großer Ameisenbär und die entschieden bessere Wahl.

In den 1960er- bis 1980er-Jahren wurde die von Werbegrafik und Comiczeichnung inspirierte Pop-Art-Bewegung zur kommerziell erfolgreichsten Kunstrichtung. Auch deren wichtigste Vertreter ließen sich den Hummer als Motiv nicht entgehen. Roy Lichtenstein (1923–1997) experimentierte in den 1970er-Jahren mit dem alten Genre des Tisch-Stilllebens; aus dieser Phase stammt auch *Still Life with Lobster* (1974) in verschiedenen Varianten. Andy Warhol (1928–1987) schuf in den 1980er-Jahren ganze Serien farblich unterschiedlicher Siebdrucke unter dem Titel *Lobsters*.

»Hummer in Versailles« wäre normalerweise keine Meldung, die viel Aufsehen erregte – anders war es im Herbst 2008. »Versailles goes kitsch«, »Der König des Kitsches im Reich des Sonnenkönigs« – so und ähnlich lauteten damals Pressekommentare zur Eröffnung einer Ausstellung in den historischen Gemächern des Schlosses von Versailles. Gezeigt wurden Artefakte des US-Amerikaners Jeff Koons (*1955), des kommerziell erfolgreichsten lebenden Künstlers und schillerndsten Vertreters eines zeitgenössischen Kunstverständnisses, das unter dem Label »Post-Pop« rangiert. Unter den Exponaten befand sich auch ein überdimensionierter, zweieinhalb Meter großer, knallig bunter Hummer, der an einer Stahlkette kopfüber von der Decke des barocken *Salon de Mars* herabhing (Abb. 34). Begleitet wurde die Ausstellungseröffnung von wütenden Protesten der Wächter des kulturellen Erbes, weil sie Disneyland in einen

Tempel der musealen Hochkultur einziehen sahen, der (so die Giebelüberschrift seit 1837) *A toutes les gloires de la France* gewidmet ist. Für einen gigantischen Medienrummel und Besucherandrang war gesorgt, nachdem auch noch ein Nachfahre Ludwigs XIV. eine gerichtliche Klage wegen »Entwürdigung eines Vorfahren« eingereicht hatte.

Koons' *Lobster* erweckt den Eindruck eines banalen, aufgeblasenen Plastikspielzeugs für den Swimmingpool, ist aber ein schwerer Aluminiumguss mit einer Oberfläche, die nach einem arbeitsaufwendigen technischen Prozess Textur, Glanz, Faltenwurf und Foliennähte des Vorbilds präzise imitiert. Wie andere der groß dimensionierten, knalligbunten und oft zu zweistelligen Millionenbeträgen gehandelten Skulpturen Koons' wurde auch *Lobster* nach Entwürfen des Meisters in unterschiedlichen Versionen in einer großen Werkstatt mit mehr als hundert Beschäftigten hergestellt. An dem Kunstanspruch dieser Werke scheiden sich die Geister: Was für die einen Kitsch und infantiler Unsinn ist, gilt anderen als ironische Auseinandersetzung eines Genies mit der Oberflächlichkeit der modernen Konsumwelt.

Dalís Telefon, die Darstellungen der Pop-Art-Künstler Warhol und Lichtenstein sowie Koons' Plastik haben den Hummer zu einer Ikone der zeitgenössischen Kunst erhoben. Es ist aber nicht der klassische museale Kunstbetrieb, der Menschen heute in großer Zahl mit Darstellungen von Krebsen konfrontiert. Krebse begegnen uns auf Schritt und Tritt: als Kinderspielzeuge, Schmuckgegenstände, modisches Dekor auf Textilien und Geschirr, ja selbst als Weihnachtsbaumdekoration und Karnevalskostüm. Dazu kommen die monumentalen Freiluftplastiken, die als Marketingobjekte und Touristenattraktion dort zu finden sind, wo der Fang und die Vermarktung von Krebsen eine bedeutende ökonomische Rolle spielen. In der Stadt Shediac, einem Zentrum der Hummerindustrie in der kanadischen Seeprovinz New Brunswick, zieht *The World's Largest*

Lobster jedes Jahr mehr als eine halbe Million Besucherinnen und Besucher an. Die elf Meter lange und fünf Meter hohe Stahlbetonskulptur wurde 1990 nach einem Entwurf des *nature artist* Winston Bronnum (1929–1991) errichtet. In der südaustralischen Küstenstadt Kingston bildet eine gigantische Languste (über fünfzehn Meter lang und siebzehn Meter hoch) die Attraktion eines Besucherzentrums. Die zurzeit größte Krebsskulptur befindet sich aber in China, in Qianjiang, Provinz Hubei, wo jährlich mehr als 800 000 Tonnen Flusskrebse in Aquakultur produziert werden (vgl. Kapitel 8): Ein fast neunzehn Meter langer Flusskrebs streckt dort Betrachtern seine drohend erhobenen Scheren entgegen.

QUELLENANGABEN

Einleitung

1 Melbourne Ward: The crab in medicine, magic and myth. In: *The Australian Museum Magazine* 6 (1937), S. 211–216, hier S. 216
2 Vgl. Martin Schwentner et al.: A phylogenomic solution of the origin of insects by resolving crustacean-hexapod relationships. In: *Current Biology* 27 (2017), S. 1818–1824
3 Plutarch: *Moralisch-philosophische Werke*. Fünfter Teil. Übers. v. J. F. S. Kaltwasser. Wien/Prag 1797, 8. Buch, S. 481
4 Charles Baudelaire: *Die Blumen des Bösen*. Übers. v. Carlo Schmidt. Frankfurt a. M.: Insel 1986. Das Zitat bildet den Anfang des Gedichts *L'Homme et la Mer.*

Kapitel 1 Kämpfer mit Achillesferse

1 Simone de Beauvoir: *Die Zeremonie des Abschieds und Gespräche mit Jean-Paul Sartre*. Reinbek bei Hamburg: Rowohlt 1983, S. 427
2 Henri Neuville: Quelques remarques sur le crabe dit »à face humaine« ou »des Samurais« (*Dorippe japonica* von Siebold) et son rôle dans le folklore de l'extrême orient. In: *Bulletin du Muséum national d'histoire naturelle*, Serie 2, Bd. 10 (1) (1938), S. 48–56; https://www.biodiversitylibrary.org/page/52450761#page/50/mode/1up
3 Julian S. Huxley: Evolution's Copycats. In: *Life* 30 (Juni 1952), S. 67–76
4 Vgl. Joel W. Martin: The Samurai Crab. In: *Terra* 31(4) (1993), S. 31–34
5 Vgl. Wolfgang Schadewaldt: *Sternsagen*. Frankfurt a. M.: Insel 1976
6 Pseudo-Homer / Theodoros Prodromos: *Der Froschmäusekrieg und Der Katzenmäusekrieg*. Übers. v. Helmut Ahlborn. Berlin: Akademie-Verlag 1988, S. 35

7 Georg Eberhard Rumpf: *D'Amboinsche Rariteitkamer*. Amsterdam 1705, S. 7–8; https://archive.org/details/DAmboinscheRari00Rump/mode/2up

8 Sebastian Münster: *Cosmographia*. Lahnstein: Edition Offizin 2007, Bd. 2, S. 1366–1367

9 Jules Michelet: *Das Meer*. Übers. v. Rolf Wintermeyer. Frankfurt a. M.: Campus 2006, S. 155

10 Aristoteles: De Partibus Animalium II, 8; siehe *The works of Aristotle translated into English*. Hg. v. J. A. Smith u. W. D. Ross, Bd. 5, übers. v. William Ogle. London: Clarendon Press 1912, S. 653–654; https://archive.org/details/worksofaristotle512aris/page/n5/mode/2up

11 vgl. Shakeel Ahmed / Saiqa Ikrane (Hg.): *Chitosan. Derivates, Composites and Applications*. Hoboken, NJ: Wiley 2017

12 Ernst Jünger: *Kriegstagebuch 1914–1918*. Stuttgart: Klett-Cotta 2010, S. 167

13 Emilio Lussu: *Ein Jahr auf der Hochebene*. Übers. v. Claus Gatterer. Wien/Bozen: Folio 2017, S. 103–105 u. 127–130

Kapitel 2 Der Krebsgang

1 Thomas Hobbes: *Leviathan*. Übers. v. Jutta Schlösser. Hamburg: Felix Meiner 1996, S. 39

2 Vgl. George Lakoff / Mark Johnson: *Leben in Metaphern*. Heidelberg: Carl-Auer 1997

3 Gustave Flaubert: *Das Wörterbuch der Gemeinplätze*. Übers. v. Gisbert Haefs. Zürich: Haffmans 1998, S. 76

4 *Umwelt* 3 (2001), S. 37–39

5 Hans Ferdinand Massmann: Fuchs und Krebs. In: *Zeitschrift für Deutsches Altertum*, Bd. 1 (1841), S. 393–400, hier S. 398

6 Nikolaus Selnecker: *Der ganze Psalter des Königlichen Propheten Davids*. Nürnberg 1566, Bd. 3, S. 167

7 Caesarius von Heisterbach: *Dialogus miraculorum*. Distinctio teria (De confessione), Kap. VI; https://archive.org/details/caesariiheister00stragoog/page/n32/mode/2up

8 Sebastian Brant: *Das Narrenschiff*. Tübingen: Niemeyer 1986, S. 139–142

9 Vgl. Arthur Henkel / Albrecht Schöne (Hg.): *Emblemata. Handbuch zur Sinnbildkunst des XVI. und XVII. Jahrhunderts*. Stuttgart: Metzler 1996

10 *Karl der V. als kindischer Herrscher auf einem Krebs*. Handschriftensammlung der Staatsbibliothek Berlin

11 Ein Beispiel hierfür ist der Einblattdruck *Der Krebsreiter* des Deutschen Historischen Museums Berlin, Inventarnr. Gr 90/34.220.

12 Friedrich Rückert: *Lieder und Sprüche*. Frankfurt a. M.: Sauerländer 1867, Spruch Nr. 192

13 Platon: *Spätdialoge*. 2 Bände. Zürich: Artemis 1965/1969. Das Zitat entstammt dem Dialog *Timaios* (44 D) in der Übertragung von Rudolf Rufener.

14 Rudolf Steiner, Vortrag, Kristiania, 24. November 1921; fnv-archiv.net. PDF/GA/GA209.pdf, S. 22–23

15 Ernst Rudolf Redepenning: *Origines*. Eine Darstellung seines Lebens und seiner Lehre. Bonn: Eduard Weber 1841, S. 462

16 Franz Diekamp: *Die originistischen Streitigkeiten im 6. Jahrhundert und das fünfte allgemeine Conzil*. Münster 1899; https://archive.org/details/dieorigenistisch00diek

17 Aristoteles: De incessu animalium 6; siehe *The works of Aristotle translated into English*, Bd. 5 (1912), übers. v. A. S. L. Farquharson, S. 706b; https://archive.org/details/worksofaristotle512aris/page/n5/mode/2up

18 Herodot: *Historien*. Stuttgart: Kröner 1971, 4. Buch, Abschnitt 183

19 Jorge Luis Borges: *Gesammelte Werke*, Bd. 8: Einhorn, Sphinx und Salamander. Buch der imaginären Wesen. München: Hanser 1982, S. 46–47 u. 153–154

20 Die Quelle, aus der sich Autoren bis in die frühe Neuzeit hinein bedient haben, ist die *Historia naturalis* des C. Plinius Secundus aus dem 1. Jahrhundert n. Chr. Der Menschen-Typ mit den verkehrt herum inserierten Füßen wird in Buch VII, Abschnitt 2(11) vorgestellt.

21 Oskar Dähnhardt: *Natursagen*. 3. Bd. Tiersagen, 1. Teil. Leipzig: Teubner 1910

22 Aristoteles: Historia animalium 8, 2; siehe *The works of Aristotle translated into English*, Bd. 4 (1910), übers. v. D'Arcy Wentworth, S. 59 ob; https://www.biodiversitylibrary.org/item/248043#page/5/mode/1up

23 Eucharius Eyering: *Proverbiorum copia* [1601]. Hildesheim: Olms 2003, Bd. 1, S. 503

24 Vgl. Robert R. Hessler: Swimming morphology in *Eurycope cornuta* (Isopoda: Asellota). In: *Journal of Crustacean Biology* 13 (1993), S. 667–674

25 Conrad Gessner: *Vollkommenes Fisch-Buch* [1670]. Hannover: Schlütersche Verlagsanstalt 1995, Anhang zum vierten Teil, S. 18

26 Aristoteles: Historia animalium 4, 2; siehe *The works of Aristotle translated into English*, Bd. 4 (1910), S. 525b; https://www.biodiversitylibrary.org/item/248043#page/5/mode/1up

27 A. E. Brehm: *Les merveilles de la nature*. VI: Les poissons et les crustacés. Paris: Baillière 1885, S. 723; https://babel.hathitrust.org/cgi/pt?id=hvd.hwhjeh&view=1up&seq=771

28 T. Maccius Plautus: *Ausgewählte Komödien*. 4. Bd. Pseudolus. Berlin: Weid-

mann 1876. Das Zitat (Zeile 955) ist eine Aussage des Sklaven Pseudolus über den Gang des Kupplers Ballio.

29 Daniel Pennac: *Chagrin d'école*. Paris: Gallimard 2007

Kapitel 3 »Der krebs, das bekannte fluszthier«

1 Jacob Grimm / Wilhelm Grimm: *Deutsches Wörterbuch*. 5. Bd. Leipzig: Hirzel 1873, S. 2128

2 Thomas Henry Huxley: *The crayfish: an introduction to the study of zoology*. London 1880

3 Vgl. Jiří Patoka et al.: Earliest evidence of human consumption of crayfish. In: *Crustaceana* 87 (2014), S. 1578–1585

4 Vgl. Luciana Romeri (Hg.): I gamberi alla tavola del Signore. In: *Civis*, Suppl. 16 (2000), S. 1–95

5 Harry Schraemli: *Von Lucullus bis Escoffier. Geschichte der Feinschmeckerei*. Bielefeld: Ceres o. J., S. 118

6 *Kuchemaistrey. Eyn schoen nutzlich buchlein von bereytung der speis zu gesundheit und nuetzbarkeyt der menschen*. Nürnberg 1485; https://www.deutsche-digitale-bibliothek.de/item/XQANZLBEMUAVL7PUV47W443H3U55ATIR

7 Jiří Patoka et al.: Crayfish in Czech cultural space: the longest documented relationship between humans and crayfish in Europe. In: *Knowledge & Management of Aquatic Ecosystems* (2016) 417, S. 5

8 Christian Otto Mylius: *Corpus Constitutionum Marchicarum*, 4. Teil (1737); https://web-archiv.staatsbibliothek-berlin.de/altedrucke.staatsbibliothek-berlin.de/Rechtsquellen/quellen.html. Das CXXVI. Edikt vom 22. Juni 1726 findet sich in Kapitel 2, S. 753 ff.

9 R. J. W. Evans: *Rudolf II and his world: a study in intellectual history*. Oxford: Clarendon Press 1973, S. 1576–1612. Zit. nach: Patoka et al.: Crayfish in Czech cultural space, S. 5

10 Johann Beckmann: *De historia naturali veterum*. Libellus primus. Petersburg/Göttingen 1766, Kapitel I, § 3, S. 28

11 Carl Wesenberg-Lund: *Biologie der Süßwassertiere*. Wien: Springer 1939, S. 543

12 Johannes Coler: *Oeconomia ruralis et domestica*. Frankfurt a. M. 1680, S. 667; http://mdz-nbn-resolving.de/urn:nbn:de:bvb:12-bsb10623882-6

13 Theodor Fontane: *Frau Jenny Treibel*. Berlin 1893, Kapitel 7, S. 333

14 Karl Ernst von Baer: Ueber die sogenannte Erneuerung des Magens der Krebse und die Bedeutung der Krebssteine. In: *Müller's Archiv* 1835, S. 510–523

15 Vgl. David Blackbourn: *Die Eroberung der Natur. Eine Geschichte der deutschen Landschaft*. Übers. v. Udo Rennert. München: DVA 2007
16 *Die Werke Friedrichs des Großen*. Berlin 1912, Bd. 7, S. 89; https://digitale-bibliothek-mv.de/viewer/image/PPN639441114
17 Theodor Fontane: *Wanderungen durch die Mark Brandenburg*. 3 Bände. München: Hanser 1991, Bd. 1, S. 562–588
18 Johann Wolfgang von Goethe: Italienische Reise, in: *Goethes Werke*. Hamburger Ausgabe in 14 Bänden. München: C. H. Beck 1996, Eintrag unter »Fondi, den 23. Februar 1787«
19 Johann Wolfgang von Goethe: Faust. Der Tragödie zweiter Teil, in: *Goethes Werke*. Hamburger Ausgabe in 14 Bänden. München: C. H. Beck 1996, Fünfter Akt, 11275

Kapitel 4 Das Heimische und das Fremde

1 Vgl. Nadia I. Richman et al.: Multiple drivers of decline in the global status of freshwater crayfish (Decapoda: Astacidea). In: *Philosophical Transactions of the Royal Society* B 370 (2015), 20140060
2 Vgl. A. Kouba et al.: Continental-wide distribution of crayfish species in Europe: update and maps. In: *Knowledge and Management of Aquatic Ecosystems* 431 (2014), 05
3 Vgl. George C. Bompas: *The life of Frank Buckland*. London: Smith, Elder & Co., S. 101–102; https://archive.org/details/lifefrankbuckla01bompgoog
4 Vgl. David Roy et al.: *DAISIE – Inventory of alien species in Europe*. Version 1.7. Research Institute for Nature and Forest (INBO). Checklist datasethttps://doi.org/10.15468/ybwd3x
5 Vgl. Petr Pyšek et al.: Scientists' warning on invasive alien species. In: *Biological Reviews* 95 (2020), S. 1511–1534
6 Vgl. David Pimentel et al.: Update of the environmental and economic costs associated with alien-invasive species in the United States. In: *Ecological Economics* 52 (3) (2005), S. 273–288
7 Vgl. Marianne Kettunen et al.: *Technical support to EU strategy on invasive alien species (IAS) – Assessment of the impacts of IAS in Europe and the EU*. Brüssel: Institute for European Environmental Policy 2009
8 Ross N. Cuthbert et al.: Global economic costs of aquatic invasive alien species. In: *Science of the Total Environment* 775 (2021), 145238
9 Vgl. David S. Wilcove et al.: Quantifying threats to imperiled species in the United States. In: *BioScience* 48 (8) (1998), S. 607–650
10 Eine Gegenposition zum wissenschaftlichen Mainstream der Invasions-

biologie mit dessen oft extremer Problematisierung gebietsfremder Arten wird in den Büchern von Ken Thompson (*Where do camels belong?* London: Profile Books 2014) und Fred Pearce (*Die neuen Wilden*. München: Oekom 2016) vertreten.

11 Vgl. Jessica Gurevitch / Dianna K. Padilla: Are invasive species a major cause of extinctions? In: *Trends in Ecology and Evolution* 19 (2004), S. 470–474; Andrew S. MacDougall/Roy Turkington: Are invasive species the drivers or passengers of change in degradated ecosystems? In: *Ecology* 86 (2005), S. 42–55

12 Vgl. Tim M. Glasby: *Caulerpa taxifolia* in seagrass meadows: killer or opportunistic weed? In: *Biological Invasions* 15 (2013), S. 1017–1035

13 Mark Davies et al.: Don't judge species on their origin. In: *Nature* 474 (2011), S. 153–154

14 J. L. Ruesink et al.: Reducing the risks of nonindigenous species introductions: guilty until proven innocent. In: *BioScience* 45 (1995), S. 465–477; Daniel Simberloff et al.: Impacts of biological invasions: what's what and the way forward. In: *Trends in Ecology and Evolution* 28 (2013), S. 58–66

15 *Bayerische Fischerei-Zeitung*, 5. Jahrgang, Nr. 7 (1880), S. 67–68; https://www.biodiversitylibrary.org/bibliography/4276#/summary

16 Reinhard Spitzy: Resistente, amerikanische Krebse ersetzen die europäischen, der Krebspest erliegenden Astaciden. In: *Österreichs Fischerei* 24 (1971), S. 21–29; hier S. 28

17 Vgl. Gerhard Scholz et al.: Parthenogenesis in an outsider crayfish. In: *Nature* 421 (2003), S. 806; Peer Martin et al.: The enigmatic Marmorkrebs (marbled crayfish) is the parthenogenetic form of *Procambarus fallax* (Hagen, 1870). In: *Contributions to Zoology* 79 (3) (2010), S. 107–118

18 Vgl. Günter Vogt et al.: The marbled crayfish as a paradigma of saltational speciation by autopolyploidy and parthenogenesis in animals. In: *Biology Open* 4 (2015), S. 1583–1594

19 Vgl. Jenny Makkionen et al.: Dose-dependent mortality of the noble crayfish (*Astacus astacus*) to different strains of the crayfish plague (*Aphanomyces astaci*). In: *Journal of Invertebrate Pathology* 115 (2014), S. 86–91; Laura Martín-Torrijes et al.: Resistance to the crayfish plague *Aphanomyces astaci* (Oomycota) in the endangered freshwater crayfish species *Austropotamobius pallipes*. In: *PloS ONE* 12 (7) (2017), e0181226

20 Ossi V. Lindqvist / Jay V. Huner: Life history characteristics of crayfish: What makes some of them good colonizers? In: Francesca Gherardi / David M. Holdich (Hg.): *Crayfish in Europe as alien species – how to make the best of a bad situation*. Crustacean Issues 11. Rotterdam: Balkema 1999, S. 23–30

21 Vgl. Michael L. Rosenzweig: The four questions: What does the introduc-

tion of exotic species do to diversity? In: *Evolutionary Ecology Research* 3 (2001), S. 361–367; Mark Davies: Biotic globalization: Does competition from introduced species threaten biodiversity? In: *BioScience* 53 (2003), S. 481–489

22 Vgl. Gert Gröning / Joachim Wolschke-Bulmahn: The native plant enthusiasm: ecological panacea or xenophobia? In: *Arnoldia* 62 (2003), S. 20–28

Kapitel 5 Kamerun – Land der Krebse

1 Adam White: Descriptions of two species of Crustacea belonging to the families Callianassidae and Squillidae. In: *Proceedings of the Zoological Society of London* (1861), S. 42–44

2 Vgl. Gabriela Pögl / Rudolf Kroboth (Hg.): *Heinrich der Seefahrer oder die Suche nach Indien*. Wiesbaden: Marix 2013

3 Vgl. Günther Hamann: *Der Eintritt der südlichen Hemisphäre in die europäische Geschichte*. Wien: Böhlau 1968; Peter Russel: *Prince Henry »the Navigator«. A Life*. New Haven/London: Yale University Press 2000

4 Herodot: *Historien*. Stuttgart: Kröner 1971, Buch 4, 42

5 Vgl. Lothar Kämpfe: Der Mediziner, Zoologe und Forschungsreisende Reinhold Buchholz (1837–1876) – ein tragisches Schicksal. In: *Greifswalder Universitätsreden*, N. F. 147 (2014), S. 29–46

6 Carl Heinersdorff: *Reinhold Buchholz' Reisen in West-Afrika nach seinen hinterlassenen Tagebüchern und Briefen*. Leipzig: Brockhaus 1880

7 Mary Kingsley: *Travels in West Africa*. London: Macmillan 1897

8 Théodore Monod: Sur le crustacé auquel Le Cameroun doit son nom (*Callianassa turnerana* White). In: *Bulletin du Muséum national d'Histoire naturelle Paris*, 33 (1927), S. 80–85

Kapitel 6 Unverhoffte kleine Lebensretter

1 Zwei der überlebenden Expeditionsteilnehmer haben Bearbeitungen ihrer umfangreichen Tagebücher veröffentlicht: Adolphus W. Greely (*Three Years of Arctic Service*. New York: Charles Scribner's Sons 1886) und David L. Brainard (*The Outpost of the Lost*. Indianapolis: Bobbs-Merill Co. 1929). Spätere Darstellungen der Ereignisse sind die Arbeiten von Alden Todd (*Abandoned*. New York: McGrawn-Hill 1961) und Leonard F. Guttridge (*Ghosts of Cape Sabine*. Annapolis MD: Naval Institute Press 1986).

2 Siehe hierzu die von Vilhjálmur Stefánsson verfasste Einleitung zu Alden Todd: *Abandoned*. New York: McGrawn-Hill 1961

3 Waldo L. Schmitt: Crustaceans. In: *Shelled Invertebrates of the Past and Present*. Smithsonian Scientific Series, Bd. 10, New York 1931, S. 237

4 Vgl. Bernard Sainte-Marie: The nascent amphipod fishery in Québec: Exploiting a low-trophic level, multispecies resource. In: L. Gendron / S. Robinson (Hg.): *The development of underutilized invertebrate fisheries in eastern Canada*. Department of Fisheries and Oceans, Report 2247, Moncton, New Brunswick 1994, S. 97–102

5 Vgl. Nathaniel Philbrick: *Im Herzen der See*. Übers. v. Andrea Kann u. Klaus Fritz. München: Blessing 2000

6 Nathaniel Philbrick / Thomas Philbrick (Hg.): *The loss of the ship* Essex, *sunk by a whale*. New York: Penguin 2000

7 Poes Hauptquelle – neben dem Bericht von Owen Chase – war *The Mariner's Chronicle* von Archibald Duncan (Philadelphia 1806), eine vierbändige Beschreibung der schrecklichsten Schiffskatastrophen.

8 Edgar Allan Poe: *Erzählungen*. Übers. v. A. von Bosse u. a. München: Winkler 1959, S. 633

9 Vgl. Alexander G. Ioannidis et al.: Paths and timing of the peopling of Polynesia inferred from genomic networks. In: *Nature* 597 (2021), S. 522–526; Alexander G. Ioannidis et al.: Native American gene flow into Polynesia predating Easter Island settlement. In: *Nature* 583 (2020), S. 572–577

10 Thor Heyerdahl: *Kon-Tiki*. Übers. v. Karl Jettmar. Wien: Ullstein 1949, S. 130

11 Vgl. Albert Karl Ludwig Liévin: *Branchipus oudneyi*, der Fezzan-Wurm oder Dud, Baird's *Artemia oudneyi*. In: *Neueste Schriften der Naturforschenden Gesellschaft in Danzig*, Bd. 5, Heft 4 (1856), S. 1–10

12 Vgl. David A. Bengton et al.: Use of *Artemia* as a food source for aquaculture. In: R. A. Browne et al. (Hg.): *Artemia Biology*. Boca Raton, Florida: CRC Press 1991, S. 255–285

13 Vgl. Wilfried Stroh: *De gustibus est disputandum: Der gute Geschmack in Küche und Gastmahl der Römer*. Festvortrag zur feierlichen Eröffnung des 17. Oberpfälzer Zahnärztetages. Regensburg, 3. Juli 2003; http://stroh.userweb.mwn.de/schriften/degustibus.html

Kapitel 7 Zwischen Armeleuteessen und Luxusspeise

1 Diogenes Laertius: *Leben und Meinungen berühmter Philosophen*. Hamburg: Felix Meiner 1998. Im 2. Buch, Kapitel 5, Abschnitt 34, heißt es von Sokrates: »Die anderen Menschen, pflegte er zu sagen, leben, um zu essen; er selbst aber esse, um zu leben.«

2 C. Sallustius Crispus: *Historische Schriften*. Zürich/München: Artemis 1978, »Die Verschwörung Catilinas«, Abschnitt 13
3 L. Annaeus Seneca: *Philosophische Schriften*. 2. Bd. Darmstadt: Wissenschaftliche Buchgesellschaft 1999, »Trostschrift an die Mutter Helvia«, X, 2
4 Vgl. William Bradford: *Of Plymouth Plantation 1620–1647*. New York: Knopf 2002
5 David Foster Wallace: *Am Beispiel des Hummers*. Zürich/Hamburg: Arche 2009
6 Claudius Aelianus: *De natura animalium*. Übers. v. Friedrich Jacobs. Jena 1832, XII, 26
7 Petronius: *Satiricon oder Das Gastmahl des Trimalcion*. Frankfurt a. M.: Insel 1986
8 C. Plinius Secundus: *Naturkunde*. Buch IX. Hg. u. übers. v. Roderich König. München: Heimeran 1979, Kap. 17, 66
9 Athenaios von Naukratis: *Das Gelehrtenmahl*. Leipzig: Dieterich 1985, S. 13
10 L. Annaeus Seneca: *Philosophische Schriften*. 2. Bd., »Trostschrift an die Mutter Helvia«, X, 8–9
11 Juvenal: *Satiren*. Übers. v. Sven Lorenz. Berlin: de Gruyter 2017, 11. Satire

Kapitel 8 Krebse – ein Beitrag zur Ernährung der Menschheit?

1 Food and Agriculture Organization of the United Nation: *The state of food security and nutrition in the world 2020*; www.fao.org/3/ca9692en/online/ca9692en.html
2 Vgl. Fritz Baade: *Der Wettlauf zum Jahr 2000*. Oldenburg: Stalling 1960
3 Vgl. Thomas Henry Huxley: *Inaugural Address*, Fisheries Exhibition London, 1883; https://mathcs.clarku.edu/huxley/SM5/fish.html
4 Francis Hobart Herrick: *The American Lobster*. A study of its habits and development. Bulletin of the U.S. Fish Commission for 1895. Washington 1895, S. 13
5 Food and Agriculture Organization of the United Nation: *The state of world fisheries and aquaculture 2020*. Sustainability in action; https://doi.org/10.4060/ca9229en; Fishery and aquaculture statistics 2018; https://doi.org/10.4060/cb1213t
6 Vgl. John H. Ryther: Photosynthesis and fish production in the sea. In: *Science* 166 (1969), S. 72–76
7 Alister Hardy: Reichere Ernten aus den Tiefen der Meere. In: Robert Jungk / Hans Josef Mundt (Hg.): *Unsere Welt 1985*. München: Kurt Desch 1967, S. 152–155, hier S. 154

8 Bundesforschungsanstalt für Fischerei: Erste deutsche Krill-Expedition in die Antarktis beendet. In: *Informationen für die Fischwirtschaft* 23 (3) (1976), S. 67–68; http://hdl.handle.net/1834/23765
9 Vgl. Angus Atkinson et al.: A re-appraisal of the total biomass and annual production of Antarctic krill. In: *Deep-Sea Research* I 56 (2009), S. 727–740
10 Vgl. Commission for the Conservation of Antarctic Marine Living Resources: Conservation Measures; https://cm.ccamlr.org/measure-51-01-2010
11 Conrad Gessner: *Historia animalium*. Liber IV qui est de Piscina et Aquatilium animantium natura. Zürich 1558, S. 174
12 Vgl. Friederike Ziegler / Daniel Valentinsson: Environmental life cycle assessment of Norway lobster *(Nephrops norvegicus)* caught along the Swedish west coast by creels and conventional trawls LCA methodology with case study. In: *International Journal of Life Cycle Assessment* 13 (6) (2008), S. 487–497
13 Louisiana Summary 2019: Agriculture and Natural Resource; https://www.lsuagcenter.com/articles/page1633373114662
14 Yang Jiang / Cougui Cao: Crayfish-rice integrated system of production: an agriculture success story in China. A review. In: *Agronomy for Sustainable Development* (2021), 41:68
15 James Wyban: World shrimp farming revolution: Industry impact of domestication, breeding and widespread use of specific pathogen-free *Penaeus vannamei*. In: Craig L. Browdy / Darryl E. Jory (Hg.): *The Rising Tide*. Proceedings of the Special Session on Sustainable Shrimp Farming, World Aquaculture 2009. Baton Rouge, Louisiana: The World Aquaculture Society, S. 12–21

Kapitel 9 Mythen und Legenden

1 Katharine Berry Judson: *Myths and Legends of the Mississippi Valley and the Great Lakes*. Chicago: McClurg 1914, S. 5–7; https://archive.org/details/mythslegendsofmi00juds
2 Kurt Ranke (Hg.): *Enzyklopädie des Märchens. Handwörterbuch zur historischen und vergleichenden Erzählforschung*, Bd. 4. Berlin: de Gruyter 1984, S. 140–141
3 Vgl. John R. Swanton: *The Indians in the southeastern United States*. Smithsonian Institution, Bureau of American Ethnology, Bulletin 137. Washington 1946
4 Sam Irwin: *Louisiana crawfish. A succulent history of the Cajun crustacean*. Charleston, South Carolina: The History Press 2014, S. 10

5 Rushton M. Dorman: *The origin of primitive superstitions*. Philadelphia: Lippincott 1881, S. 107–108; https://archive.org/details/originofprimitiv188100dorm
6 Gert Kutscher: *Nordperuanische Gefäßmalereien des Moche-Stils*. Materialien zur Allgemeinen und Vergleichenden Archäologie, Bd. 18. München: C.H. Beck 1983
7 Kunst- und Ausstellungshalle der Bundesrepublik Deutschland (Hg.): *Gold aus dem alten Peru. Die Königsgräber von Sipan*. Bonn 2001, Abb. S. 195
8 Athanasius Kircher: *Mundus subterraneus* (Die unterirdische Welt), Bd. 1. Amsterdam: Jansson-Waesberg 1678, S. 157–172; https://digitale-sammlungen.de/de/view/bsb10806647
9 Antonio Pigafetta: *Die erste Reise um die Welt. An Bord mit Magellan*. Übers. v. Christian Jostmann. Darmstadt: Wissenschaftliche Buchgesellschaft 2020, S. 225–226
10 Walter William Skeat: *Malay Magic*. An introduction to the folklore and popular religion of the Malay Peninsula. London: Macmillan 1900, S. 6–7
11 Ludwig Koch: *Jesuiten-Lexikon. Die Gesellschaft Jesu einst und jetzt*. Paderborn: Bonifacius-Druckerei 1934, S. 600–601; https://archive.org/details/jesuitenlexikond00koch
12 Elfriede Grabner: Der hl. Franz Xaver und das Krebswunder: jesuitisch gelenkte Wort- und Bildpropaganda als missionsmotivierte Kreuzmystik. In: *Traditiones* 28 (2) (1999), S. 233–245; https://www.dlib.si/details/URN:NBN:SI:DOC-BV17CXTP
13 Ovid: *Metamorphosen*. Übers. v. Michael von Albrecht. Ditzingen: Reclam 2021
14 Vgl. Edward Heron-Allen: *Barnacles in Nature and Myth*. London: Oxford University Press 1928
15 Vgl. Odorich: *Die Reise des seligen Odorich von Pordenone nach Indien und China (1314/18–1330)*. Heidelberg: Manutius 1987
16 Henry Lee: *The vegetable lamb of Tartery. A curious fable of the cotton plant*. London 1887
17 John Sherren Brewer (Hg.): *Giraldi Cambrensis opera*. London: Longman 1861–1891, Bd. 5: Topographia Hibernia, Kap. 15, S. 47–49; https://searchworks.stanford.edu/view/1247471
18 Robert Moray: A relation concerning barnacles. In: *Philosophical Transactions of the Royal Society* 12 (137) (1677), S. 925–927
19 Felix Liebrecht (Hg.): *Des Gervasius von Tilbury* Otia Imperalia. Hannover: Rümpler 1856, Buch 3, Kap. 123, S. 52; https://www.digitale-sammlungen.de/de/view/bsb10738239

20 John Gerarde: *The herball or generall historie of plantes*. London 1597, Buch 3, Kap. 171, S. 1587–1589; https://doi.org/10.24355/dbbs.084-201104271608-0

21 Olaus Wormius: *Museum Wormianum seu Historia rerum rariorum*. Leyden: Elsevier 1655, S. 256; https://docnum.unistra.fr/digital/collection/coll6/id/807/rec/4

22 Kaiser Friedrich II: *De arte venandi cum avibus*. Hg. v. Carl Arnold Willemsen. Leipzig: Insel 1942, Bd. 1, S. 55; http://publikationen.ub.uni-frankfurt.de/opus4/frontdoor/index/index/docId/17464

23 Levinus Hulsius (Hg.): *Warhafftige Relation. Der dreyen newen unerhörten seltsamen Schiffart so die Holländischen und Seeländischen Schiff gegen Mitternacht drey Jahre nacheinander Anno 1594, 1596 und 1596 verricht*. Nürnberg 1598, S. 50; https://archive.org/details/warhafftigerelat00veer

24 Fabio Columna: *Phytobasanos sive plantarum aliquot historia*. Neapel 1592, Schlusskap., S. 14; https://www.biodiversitylibrary.org/item/188127

25 Athanasius Kircher: *Mundus subterraneus* (Die unterirdische Welt), Bd. 2. Amsterdam: Jansson-Waesberg 1678, S. 102–103; https://digitale-sammlungen.de/de/view/bsb10806648

Kapitel 10 Darwin, Rankenfußkrebse und die Evolutionslehre

1 Charles Darwin: *The complete work*, hg. v. John van Wyhe; http://darwin-online.org.uk; Darwin Correspondence Project; https://www.darwinproject.ac.uk

2 Vgl. Janet Browne: *Charles Darwin – The Power of Place*. London: Jonathan Cape 2002; dies.: *Charles Darwin – Voyaging*. London: Jonathan Cape 1995; Adrian Desmond / James Moore: *Darwin*. Übers. v. Brigitte Stein. München: List 1992

3 Michael T. Ghiselin: *The Triumph of the Darwinian Method*. Berkeley: University of California Press 1969, S. 103

4 Brief Darwins an J. D. Hooker vom 11. Januar 1844; Darwin Correspondence Project; https://www.darwinproject.ac.uk, 729

5 Ernst Mayr: *Die Entwicklung der biologischen Gedankenwelt*. Berlin: Springer 1984, S. 335

6 Brief Darwins an J. D. Hooker vom 10. September 1845; Darwin Correspondence Project; https://www.darwinproject.ac.uk, 915

7 Michael T. Ghiselin: *The Triumph of the Darwinian Method*, S. 120

8 Charles Darwin: *On the origin of species by means of natural selection*. London: John Murray 1859, S. 52

9 Richard Owen: *Lectures on the comparative anatomy and physiology of the*

invertebrate animals. 2nd edition, London 1855, S. 297; https://archive.org/details/lecturesoncompar1855owen; Mary P. Winsor: Barnacle larvae in the nineteenth century. In: *Journal of the history of medicine and allied sciences* 24 (1969), S. 294–309

10 Vgl. Michael T. Ghiselin / Linda Jaffe: Phylogenetic classification in Darwin's monograph on the sub-class Cirripedia. In: *Systematic Zoology* 22 (1973), S. 132–140

11 Brief Darwins an T. H. Huxley vom 26. September 1857; Darwin Correspondence Project; https://www.darwinproject.ac.uk, 2143

12 Ebd.

13 Brief Darwins an T. H. Huxley vom 11. April 1853; Darwin Correspondence Project; https://www.darwinproject.ac.uk, 1514

14 Adrian Desmond / James Moore: *Darwin*. Übers. v. Brigitte Stein. München: List 1992, S. 448

15 Vgl. William A. Newman: Darwin and cirripedology. In: *History of Carcinology*, hg. v. F. Truesdale. Crustacean Issues 8. Rotterdam: Balkeema 1993, S. 349–434

16 Edward Bulwer-Lytton: *Was wird er damit machen?* Übers. v. Arno Schmidt. Stuttgart: Krüger Stahlberg 1971, S. 228–229

17 C. R. Darwin / A. R. Wallace: On the tendency of species to form varieties; and on the perpetuation of varieties and species by natural means of selection. In: *Journal of the Proceedings of the Linnean Society of London. Zoology* 3 (20. August 1858), S. 45–62

18 Charles Darwin: *On the origin of species by means of natural selection*, S. 488

19 Theodosius Dobzhansky: Nothing in biology makes sense except in the light of evolution. In: *The American Biology Teacher* 35 (3) (1973), S. 125–129

Kapitel 11 Asseln – Ehrenrettung eines »Ungeziefers«

1 Karl Bartsch: *Sagen, Märchen und Gebräuche aus Meklenburg*. 2. Bd.: Gebräuche und Aberglauben. Wien 1890, S. 285, 289, 485

2 Johannes Irmscher (Hg.): *Antike Fabeln*. Berlin/Weimar: Aufbau 1978, S. 67

3 Zit. nach Norman Mailer: *Moonfire*. Köln: Taschen 2009, S. 219

4 Jesus Lozano-Fernandez et al.: A molecular palaeobiological exploration of arthropod terrestrialization. In: *Philosophical Transactions of the Royal Society* B 371 (2016), 20150133

5 Vgl. Pierre Broly et al.: The origin of terrestrial isopods (Crustacea: Isopoda: Oniscidea). In: *Evolutionary Ecology* 27 (2013), S. 461–476; Luana S. F. Lins et

al.: An evolutionary timescale for terrestrial isopods and a lack of molecular support for the monophyly of Oniscidea (Crustacea: Isopoda). In: *Organisms Diversity & Evolution* 17 (2017), S. 813–820
6 Vgl. A. O. Chater: Woodlice in the cultural consciousness of modern Europe. In: *Isopoda* 2 (1988), S. 21–39
7 Egon Friedell: *Kulturgeschichte der Neuzeit*. München: C.H. Beck 1989, S. 1024
8 Anatole France: *Die Bratküche der Königin Pedauque*. Übers. v. Heidi Krimsse. Berlin/Weimar: Aufbau 1982, S. 87
9 Joris-Karl Huysmans: *Là-Bas*. Paris: Gallimard 1891, S. 29
10 Gustave Flaubert: *Bouvard und Pécuchet*. Übers. v. Hans-Horst Henschen. Frankfurt a. M.: Eichborn 2003
11 Franz Kafka: *Sämtliche Erzählungen*. Frankfurt a. M.: Fischer 1970, S. 56
12 Vladimir Nabokov: *Die Kunst des Lesens. Meisterwerke der europäischen Literatur*. Übers. v. Karl A. Klewer. Frankfurt a. M.: Fischer 1982, S. 313–352
13 Vgl. Marius Bredon et al.: Lignocellulose degradation in isopods: new insights into the adaptation to terrestrial life. In: *BMC Genomics* 20 (2019), Art.-Nr. 462
14 Cornelis A. M. van Gestel et al.: Terrestrial isopods as model organisms in soil ecotoxicology: a review. In: *ZooKeys* 801 (2018), S. 127–162
15 Vgl. Neil Fuller et al.: Reproduction in the freshwater crustacean *Asellus aquaticus* along a gradient of radionuclide contamination at Chernobyl. In: *Science of the Total Environment* 628–629 (2018), S. 11–17
16 Vgl. Günter Gunkel et al.: Vorkommen und Bedeutung von Kleintieren in Trinkwasser-Verteilungssystemen. In: *Fachbericht Wasserversorgung* 12 (2010), S. 716–724
17 Vgl. Katrin Besser et al.: Hemocyanin facilitates lignocellulose digestion by wood-boring marine crustaceans. In: *Nature Communications* 9 (2018), Art.-Nr. 5125

Kapitel 12 Heil- und Allheilmittel

1 C. Plinius Secundus: *Naturkunde*. Bd. 10. Hg. u. übers. v. Roderich König. München: Heimeran 1979; *Die Naturgeschichte*. 2 Bände. Hg. v. Lenelotte Möller u. Manuel Vogel. Übers. v. G. C. Wittstein. Wiesbaden: Marix 2007, 7. Buch, Kap. 1
2 Marion Gindhart: Von Erntezauber und Meerestiermagie. In: *Augsburger Volkskundliche Nachrichten*, 2. Jg. (1996), Heft 2, S. 7–34; vgl. Apuleius: *Verteidigungsrede. Blütenlese*. Hg. v. Rudolf Helm. Berlin: Akademie-Verlag 1977
3 C. Plinius Secundus: *Naturkunde*, 32. Buch, Kap. 46
4 Johannes Huser (Hg.): *Bücher und Schriften des Edlen Hochgelehrten und Bewehr-*

ten Philosophi und Medici, Philippi Theophrasti Bombast von Hohenheim, Paracelsi genannt. Bd. 2. Basel 1589; Bd. 7. Basel 1590, S. 290

5 C. Plinius Secundus: *Naturkunde,* 32. Buch, Kap. 19–48

6 C. Plinius Secundus: *Naturkunde,* 8. Buch, Kap. 41 und 32. Buch, Kap. 19

7 Conrad Gessner: *Vollkommenes Fisch-Buch* [1670]. Hannover: Schlütersche Verlagsanstalt 1995, S. 34–37

8 Glen Pitre: *The Crawfish Book.* Jackson, Mississippi: University Press of Mississippi 1993, S. 32–33

9 Jean Paul: *Exzerpte.* Digitale Edition, Universität Würzburg, Faszikel IIa-02-1783-0768; https://www.jp-exzerpte.uni-wuerzburg.de/

10 Karl Ernst von Baer: *Ueber die sogenannte Erneuerung des Magens der Krebse und die Bedeutung der Krebssteine.* In: *Müller's Archiv* 1835, S. 510–523

11 Vgl. M. D. Grmek / D. Guinot: Les Crustacés dans la matière médicale européenne au XVIe siècle. In: *Revue d'histoire des sciences et de leurs applications* 18 (1) (1965), S. 55–71

12 Philippus Jacobus Sachs von Lewenheimb: *Gammarologia.* Wratislava 1665, S. 598–877; https://www.biodiversitylibrary.org/bibliography/119898#/summary

13 Johann Schröder: *Pharmacopoeia unversalis, das ist: Allgemeiner medicinisch-chimischer Artzney-Schatz.* Dritter Theil. Nürnberg 1748, S. 1792

14 Johann Heinrich Dierbach: *Codex medicamentarius germanorum oder Versuch einer systematischen Übersicht der in den jetzt gesetzlich eingeführten Pharmakopöen Deutschlands enthaltenen Arzneimittel.* Heidelberg 1845

15 Johann Heinrich Dierbach: Medicamente und Nahrungsmittel aus der Gruppe der Krebse oder Zehnfüßer. In: *Isis von Oken,* Heft 9 (1841), S. 728–731, hier S. 730

16 Conrad Gessner: *Vollkommenes Fisch-Buch,* Anhang zum 4. Teil, S. 93

17 Leonhart Fuchs: *Das Kräuterbuch von 1543.* Köln: Taschen 2001, Kap. 286

18 Johannes Huser (Hg.): *Bücher und Schriften des Edlen Hochgelehrten und Bewehrten Philosophi und Medici, Philippi Theophrasti Bombast von Hohenheim, Paracelsi genannt.* Bd. 2. Basel 1589, S. 327; Bd. 7. Basel 1590, S. 292

19 Erich Klingner: *Luther und der deutsche Volksaberglaube.* Berlin 1912, S. 125

20 Vgl. Wolfram Engel: Die Nierenheilmittel Renodoron® und Silex-Lapis cancrisolutus – Kiesel und Kalk als Natursubstanzen und in ihrer Prozessualität. In: *Der Merkurstab,* Jg. 60 (2007), Heft 5, S. 450–457

21 *Des Pedanios Dioscurides aus Anazarbos Arzneimittellehre in fünf Büchern.* Übers. v. J. Berendes. Stuttgart 1902, 2. Buch, Kap. 37

22 Philipp Fraundorffer: *Oniscographia curiosa sive tractatus physico-medico-pharmaceuticus de Asellis vulgo Millepedibus.* Brünn 1700; https://reader.digitale-sammlungen.de//resolve/display/bsb11272337.html

23 Vgl. Johannes Jühling: *Die Tiere in der deutschen Volksmedizin alter und neuer Zeit*. Mittweida 1900; https://archive.org/details/b24856162
24 Vgl. Ranga Rao Ambati et al.: Astaxanthin: sources, extraction, stability, biological activities and its commercial applications – a review. In: *Marine Drugs* 12 (2014), S. 128–152
25 Raymond Kurzweil / Terry Grossman: *Fantastic Voyage. Live long enough to live forever*. New York: Rodale 2004
26 Europäische Behörde für Lebensmittelsicherheit: *Safety of astaxanthin for its use as a novel food in food supplements*; https://www.efsa.europa.eu/de/efsajournal/pub/5993; dies.: *Scientific Opinion on the substantiation of health claims related to astaxanthin …*; https://www.efsa.europa.eu/de/efsajournal/pub/1253
27 Adelbert von Chamisso: Reise um die Welt, I. Teil: Tagebuch, in: *Werke in zwei Bänden*. Leipzig: Insel 1981, Bd. 2, S. 340–341

Kapitel 13 Von Nutzen und Schaden

1 Vgl. Michael P. Schultz: Effects of coating roughness and biofouling on ship resistance and powering. In: *Biofouling* 23 (2007), S. 331–341
2 Vgl. Katherine A. Dafforn et al.: Antifouling strategies: History and regulation, ecological impacts and mitigation. In: *Marine Pollution Bulletin* 62 (2011), S. 453–465
3 James A. Callow / Maureen E. Callow: Trends in the development of environmentally friendly fouling-resistant marine coatings. In: *Nature Communications* (2011), 2:244
4 Vgl. Dennis S. Petersen et al.: Competing with barnacle cement: wetting resistance of a re-entrant surface reduces underwater adhesion of barnacles. In: *Journal of the Royal Society Interface* 15 (2018), 20180396; Nick Aldred et al.: Chitin is a functional component of the larval adhesive of barnacles. In: *Nature Communications* Biology (2020), 3:31
5 Vgl. David Blair: Paragonimiasis. In: Rafael Toledo/Bernard Fried (Hg.): *Digenetic Trematodes*. Springer Nature Switzerland 2019, S. 105–138
6 Lu Xun: *Die große Mauer*. Nördlingen: Greno 1987, S. 165
7 Vgl. Thomas Fürst et al.: Global burden of human food-borne trematodiasis: a systematic review and meta-analysis. In: *Lancet Infectious Diseases* 12 (3) (2012), S. 210–221
8 World Health Organization: *Statuts of Dracunculiasis Eradication and Global Distribution*; https://www.who.int/teams/control-of-neglected-tropical-diseases/dracunculiasis/dracunculiasis-eradication-portal

9 Vgl. O. Tornissen et al.: Salmon lice – impact on wild salmonids and salmon aquaculture. In: *Journal of Fish Diseases* 36 (2013), S. 171–194

10 Vgl. Jay Abolofia et al.: The cost of lice: Quantifying the impacts of parasitic sealice on farmed salmon. In: *Marine Resource Economics* 32 (3) (2017), S. 329–349

11 Vgl. Luke T. Barrett et al.: Prevention not cure: a review of methods to avoid sea lice infestations in Salmon aquaculture. In: *Reviews in Aquaculture* 12 (2020), S. 2527–2543

12 Vgl. Kumagusu Minakata: Crab Ravages in China. In: *Nature* 61 (1900), Nr. 1586, S. 491

Kapitel 14 Krebse und die akustische Kulisse der Meere

1 Vgl. Carlos M. Duarte et al.: The soundscape of the Anthropocene ocean. In: *Science* 371, Nr. 6529 (2021), eaba4658

2 Vgl. Miles J. G. Parsons et al.: Sounding the Call for a Global Library of Underwater Biological Sounds. In: *Frontiers in Ecology and Evolution* 10 (2022), 810156

3 Vgl. University of California, Division of War Research at the U. S. Navy Electronics Laboratory, San Diego: *Underwater noise caused by snapping shrimps*. Scripps Institution of Oceanography UCDWR Number u337 (1. April 1946); https://escholarship.org/uc/item/30z3x42w

4 Schematische Darstellung der Scheren eines Knallkrebses; Knallschere (oben) und normale Schere auf der anderen Körperseite (unten). Das vorletzte Glied der Knallschere enthält den mächtigen Schließmuskel; ein Fortsatz dieses Gliedes bildet den *unbeweglichen* Scherenfinger (uS) mit der Grube (G). Das terminale Glied der Extremität fungiert als *beweglicher* Scherenfinger (bS) und trägt den Zapfen (Z). In der Darstellung ist der bewegliche Scherenfinger aufgestellt und arretiert. Beim Zuschnappen der Schere (Pfeil) schlägt der Zapfen mit großer Wucht in die Grube, deren Inhalt an der Scherenspitze als scharfer Wasserstrahl (W) hervorschießt.

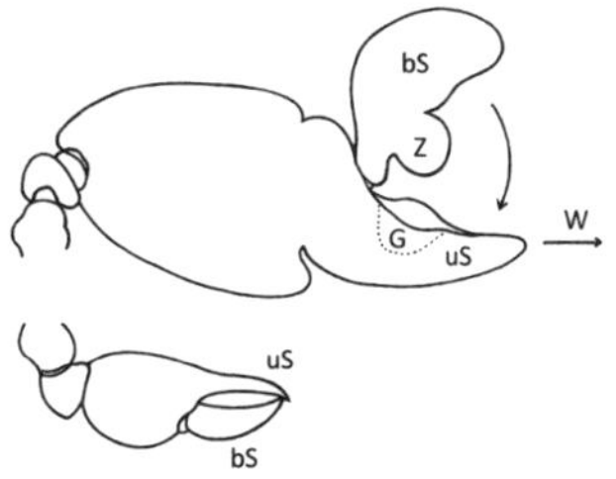

5 Vgl. Whitlow W.L. Au / Kiara Banks: The acoustics of the snapping shrimp *Synalpheus parneomeris* in Kaneohe Bay. In: *Journal of the Acoustical Society of America* 103 (1) (1989), S. 41–47; Brian G. Ferguson/Jane L. Cleary: *In situ* source level and source position estimates of biological transient signals produced by snapping shrimp in an underwater environment. In: *Journal of the Acoustical Society of America* 109 (6) (2001), S. 3031–3037

6 Vgl. Michel Versluis et al.: How snapping shrimp snap: through cavitating bubbles. In: *Science* 289 (54487) (2000), S. 2114–2117; Detlef Lohse et al.: Snapping shrimp make flashing bubbles. In: *Nature* 413 (2001), S. 477–478

7 Vgl. Sheila N. Patek / Roy L. Caldwell: Extreme impact and cavitation forces of a biological hammer: strike forces of the peacock mantis shrimp *Odontodadactylus scyllarus*. In: *Journal of Experimental Biology* 208 (2005), S. 3655–3664

8 Vgl. Danièle Guinot-Dumortier / Bernard Dumortier: La stridulation des crabes. In: *Crustaceana* 1 (1960), S. 117–155

9 Vgl. M. G. Rathbun: The grapsoid crabs of America. In: *Bulletin of the United States National Museum*, 97 (1918), S. 1–461

10 Vgl. Sheila N. Patek: Spiny lobsters stick and slip to make sound. In: *Nature* 411 (2001), S. 153–154

11 Vgl. Arthur N. Popper et al.: Acoustic detection and communication by decapod crustaceans. In: *Journal of Comparative Physiology* A 187 (2001), S. 83–89

12 Vgl. Craig A. Radford et al.: Directional swimming behavior by five species of crab postlarvae in response to reefsound. In: *Bulletin of Marine Science* 80 (2003), S. 369–378; Andrew G. Jeffs et al.: How do spiny lobster postlarvae find the coast? In: *New Zealand Journal of Marine and Freshwater Research* 39 (2005), S. 605–617

13 Aristoteles: Historia animalium, 4, 9; siehe *The works of Aristotle translated into English*, Bd. 4 (1910), S. 535 b; https://www.biodiversitylibrary.org/item/248043#page/5/mode/1up

14 Claudius Aelianus: *De natura animalium*, Buch 6, Kap. 31

15 Johann Georg Kruenitz: *Oekonomische Encyklopädie oder allgemeines System der Staats- Stadt- Haus- und Landwirthschaft*. 242 Bände. 1773–1858, 48. Bd. (1791), S. 203–247; https://www.kruenitz1.uni-trier.de/

16 Johann Weichard von Valvasor: *Die Ehre des Hertzogthums Crain*. Nürnberg 1689, 3. Buch, Kap. 36, S. 453; http://diglib.hab.de/drucke/gm-4f-522-1/start.htm?image=00009

17 Johann Georg Kruenitz: *Oekonomische Encyklopädie*, 48. Bd. (1791), Fig. 2826

18 Vgl. Waldo L. Schmitt: Crustaceans. In: *Shelled Invertebrates of the Past and Present*. Smithsonian Scientific Series, Bd. 10, New York 1931, S. 242

Kapitel 15 *Umi-hotaru*

1 https://tdubphoto.com/the-weeping-stones
2 Georg Forster: *Reise um die Welt*. Illustriert von eigener Hand. Frankfurt a.M.: Eichborn 2007, S. 80–81
3 Robert Boyle: Some observations about shining flesh, both of veal and of pullet, and without any sensitive putrefaction in those bodies. In: *The Works of the Honourable Robert Boyle*, Bd. 3. London 1772, S. 651–655
4 Alexander von Humboldt: *Ansichten der Natur. Studienausgabe in sieben Bänden*, hg. v. Hanno Beck. Bd. V. Darmstadt: Wissenschaftliche Buchgemeinschaft 1987, S. 205–210
5 Adelbert von Chamisso: *Werke in zwei Bänden*. Leipzig: Insel 1981, Bd. 2, S. 192
6 Richard Keynes (Hg.): *Charles Darwin's Zoology Notes & Specimen Lists from H.M.S. Beagle*. Cambridge: Cambridge University Press 2000, S. 3 (6. Januar 1832); http://darwin-online.org.uk/content/frameset?itemID=F1840&viewtype=text&pageseq=1
7 Vgl. Steven H. D. Haddock et al.: Bioluminescence in the Sea. In: *Annual Review of Marine Science* 2 (2019), S. 443–493
8 Vgl. Osamu Shimomura: *Luminous Pursuit*. Singapur: World Scientific Publishing 2017
9 https://www.foodprocessing-technology.com/features/featureglowing-sushi-experimenting-futuristic-food; https://www.tagblatt.ch/kultur/so-landen-frankensteins-fische-auf-dem-teller-ld.1925511

Kapitel 16 Der Krebs am Himmel

1 Vgl. Kurt Bayertz: *Der aufrechte Gang. Eine Geschichte des anthropologischen Denkens*. München: C.H. Beck 2012
2 Ovid: *Metamorphosen*, 1. Buch, Verse 84–86
3 Georg Christoph Lichtenberg: *Schriften und Briefe*. Hg. v. Wolfgang Promies. 1. Bd.: Sudelbücher I, F 643. Frankfurt a. M.: Zweitausendeins 2000
4 Platon: *Spätdialoge*. 2 Bände. Zürich: Artemis 1965/1969; Dialog Theaitetos, 174A
5 Ernst Zinner: *Die Geschichte der Sternkunde. Von den ersten Anfängen bis zur Gegenwart*. Berlin: Springer 1931, S. 58
6 Vgl. Hans Blumenberg: *Die Genesis der kopernikanischen Welt*. Frankfurt a. M.: Suhrkamp 1985, S. 11–15
7 Andreas Cellarius: *Harmonia macrocosmica* [1660]. Einführung u. Texte v. Robert H. van Gent. Köln: Taschen 2006

8 Vgl. John C. Barentine: *The lost constellations. A history of obsolete, extinct, or forgotten star lore*. Springer 2016

9 Waldo L. Schmitt: Crustaceans, Tafel 33

10 Vgl. D'Arcy Wentworth Thompson: The emblem of the crab in relation to the sign of cancer. In: *Transactions of the Royal Society of Edinburgh* 34 (3), No. 22 (1899), S. 600–611

11 Vgl. Dirk Brandis / Anais Schuster: Süßwasserkrabben und das Sternbild Krebs – Kulturgeschichte der Süßwasserkrabben in mesopotamischen Hochkulturen. In: *Natur und Museum* 129 (3) (1999), S. 73–82

12 Vgl. John H. Rogers: Origin of the ancient constellations: I. The Mesopotamian traditions. In: *Journal of the British Astronomical Association* 108 (1) (1998), S. 9–28

13 Vgl. Robert Brown Jr.: *Researches into the origin of the primitive constellations of the Greeks, Phoenicians and Babylonians*. 2 Bände. London: Williams & Norgate 1899/1900

14 *Die Enzyklopädie des Isidor von Sevilla*. Übers. v. Lenelotte Möller. Wiesbaden: Marixverlag 2008, Buch III, Kap. LXXI, 26

15 Vgl. Francesca Gherardi et al.: Energy maximization and foraging strategies in *Potamon fluviatile* (Decapoda, Brachyura). In: *Freshwater Biology* 22 (1989), S. 233–245

16 Vgl. Ernst Künzl: *Der Globus im Römisch-Germanischen Zentralmuseum Mainz*; https://www.jstor.org/stable/41628587

17 St. Gallen, Stiftsbibliothek, Cod. Sang. 902, S. 86; www.e-codices.unifr.ch/en/csg/0902/86/0/sequence-704

18 Johannes Kepler: *Tertius interveniens*. Ostwalds Klassiker der exakten Naturwissenschaften, Bd. 295. Frankfurt a. M.: Harri Deutsch 2004, S. 60

19 Johannes Kepler: *Gesammelte Werke*. Bd. 17. München 1955, Brief (Nr. 754) an Matthias Bernegger vom 7. Februar 1617; http://publikationen.badw.de/de/002334751

20 Immanuel Kant: *Werke in sechs Bänden*. Bd. II: Kritik der reinen Vernunft. Darmstadt: Wissenschaftliche Buchgesellschaft 1998, Vorrede zur 1. Auflage 1781

21 National Science Foundation: *Science and Engineering Indicators 2014*; https://www.nsf.gov/statistics/seind14/index.cfm/chapter-7/c7h.htm#to

Kapitel 17 Die Farbe Rot

1 Vgl. Helmut Debelius: *Krebs-Führer*. Hamburg: Jahr Verlag 2000
2 Michel Pastoureau: *Blau. Die Geschichte einer Farbe*. Berlin: Wagenbach 2013, S. 7
3 Vgl. Guy Deutscher: *Im Spiegel der Sprache*. München: C. H. Beck 2010
4 Heinrich Heine: *Sämtliche Werke in vier Bänden*. München: Winkler 1961. Das Zitat stammt aus dem Gedicht »Symbolik des Unsinns« (Neue Gedichte, Zur Ollea).
5 Stanisław Jerzy Lec: *Sämtliche unfrisierte Gedanken*. Frankfurt a. M.: Zweitausendeins 1997, S. 70
6 Gottlieb Konrad Pfeffel: *Politische Fabeln*. Nördlingen: Greno 1987. Es handelt sich hier um die Fabel »Der Krebs« aus dem Jahr 1783.
7 Wilhelm Grimm: *Konrad von Würzburg – Goldene Schmiede*. Berlin: Kleemann 1840, Verse 900–930
8 Conrad Gessner: *Vollkommenes Fisch-Buch*, 2. Teil, S. 93
9 Francis Bacon: A preparation for a natural and experimental history. In: Basil Montagu (Hg.): *The works of Francis Bacon in three volumes*. Philadelphia: Carey and Hart 1848, Bd. 3, S. 429
10 Georg Christoph Lichtenberg: *Schriften und Briefe*. Hg. v. Wolfgang Promies. 2. Bd.: Sudelbücher II, J 1443. Frankfurt a. M.: Zweitausendeins 2000
11 Vgl. Shamina Begum et al.: On the origin and variation of colors in lobster carapace. In: *Physical Chemistry Chemical Physics* 17 (2015), S. 16723–16732
12 Vgl. Johann Jacob Wagner: *Historia naturalis Helvetiae*. Zürich 1680, S. 222; https://www.e-rara.ch/doi/10.3931/e-rara-8694
13 Albert Camus: *Hochzeit des Lichts*. Übers. v. Peter Gan. Zürich: Arche 1954, S. 26
14 Vgl. Justin Marshall et al.: Stomatopod eye structure and function: A review. In: *Arthropod Structure & Development* 36 (2007), S. 420–448; Hanne H. Thoen et al.: A different form of colorvision in mantis shrimps. In: *Science* 343 (2014), S. 411–413

Kapitel 18 Von Dürer bis Dalí und Koons

1 Vgl. Guy Charmantier: Crustaceans in Art. In: *Treatise on Zoology. The Crustacea*, Bd. 4, B (2014), S. 139–187
2 Hier und im Folgenden: Johann Wolfgang von Goethe: Italienische Reise, in: *Goethes Werke*. Hamburger Ausgabe in 14 Bänden. München: C. H. Beck 1996, 28. September – 14. Oktober 1786

3 Das stark verblasste Original befindet sich im Kupferstichkabinett der Staatlichen Museen zu Berlin; http://www.zeno.org/nid/20003996182

4 Das Original befindet sich im Museum Boijman van Beuningen, Rotterdam; https://www.boijmans.nl/en/collection/artworks/78054/crab-eriphia-spinifrons

5 Willibald Sauerländer: *Von Bildern und Menschen*. München: C. H. Beck 2010, S. 62

6 Vgl. Erasmus von Rotterdam: *De recta Latini Graecique sermonis pronuntiatione Des*. Erasmi Roterodami dialogus. Basel 1529, S. 69–70; http://dx.doi.org/10.3931/e-rara-5074

7 Petronius: *Satiricon oder Das Gastmahl des Trimalcion*. Frankfurt a. M.: Insel 1986, S. 149

8 Egon Friedell: *Kulturgeschichte der Neuzeit*, S. 211

9 Eine Leonardo da Vinci zugeschriebene »Studie über Krabben« befindet sich in der Graphischen Sammlung des Wallraf-Richartz-Museums, Köln.

10 Österreichische Nationalbibliothek Wien, Handschriftensammlung Cod. Ser. n. 269, Languste: fol. 91 r; https://www.wga.hu/html_m/l/liberalg/index.html

11 Gemäldegalerie des Kunsthistorischen Museums Wien, Inv.-Nr. 1586; https://www.khm.at/objektdb/detail/74/?offset=1&lv=list

12 Pinacoteca Ambrosiana, Mailand; https://www.ambrosiana.it/en/opere/allegory-of-water

13 Die Originale der 278 Pergamentminiaturen der Serie »Die vier Elemente« befinden sich, aufgeteilt auf vier Bände (Inv.-Nr. 1987.20.5, 1987.20.6, 1987.20.7 und 1987.20.8), in der National Gallery of Art, Washington, D. C.; https://www.nga.gov/global-site-search-page.html?searchterm=hoefnagel

14 Archetypa studiaque patris Georgii Hoefnagelii 1592. Staatliche Graphische Sammlung München, München 1994; https://www.biodiversitylibrary.org/bibliography/137706

15 Archetypa (Teil I, Blatt 5); https://www.biodiversitylibrary.org/item/234192#page/15/mode/1up

16 Albertus Seba: *Locupletissimi Rerum Naturalium Thesauri Accurata Descriptio* [1734–1765]. Köln: Taschen 2001, Bd. 4, Tafel 87, Nr. 20, S. 519

17 Vgl. Eiji Harada: Carcinology in classical Japanese works. In: *Crustacean Issues*, Bd. 8: History of Carcinology, hg. v. Frank Truesdale. Rotterdam: Balkema 1991, S. 243–258

18 Vgl. Norman Bryson: *Stilleben. Das Übersehene in der Malerei*. München: Fink 2003, S. 104–146

19 Caius Plinius Secundus: *Die Naturgeschichte*. 2 Bände. Hg. v. Lenelotte Möller

u. Manuel Vogel. Übers. v. G. C. Wittstein. Wiesbaden: Marix 2007, Bd. 2, S. 487

20 Toledo Museum of Art, Ohio; http://emuseum.toledomuseum.org/objects/55369/still-life-with-lobster

21 Paul Klee in: *Tribüne der Kunst und Zeit*, Bd. 13. Berlin 1920, S. 28

22 Vgl. Will Grohmann: *Paul Klee*. Stuttgart: Kohlhammer 1954, S. 306 u. 359

23 Vgl. Neil Cox / Deborah Povey: *A Picasso Bestiary*. London: Academic Editions 1995

24 Das Original befindet sich im National Museum Wales (NMW A 29458); https://museum.wales/art/online/?action=show_item&item=2494

25 https://www.pablo-ruiz-picasso.net/work-814.php

26 Thannhauser Collection des Guggenheim Museum, New York (Nr. 91.3916); https://www.guggenheim.org/artwork/3458

27 *Kritisches Wörterbuch*. Beiträge von Georges Bataille u. a. Hg. u. übers. v. Rainer Maria Kiesow u. Henning Schmidgen. Berlin: Merve 2005

28 Vgl. Ian Gibson: *The shameful life of Salvador Dalí*. New York: Norton 1998

29 Vgl. Nancy Frazier: Salvador Dalí's Lobsters. Feast, Phobia and Freudian Slip. In: *Gastronomica* 9 (4) (2009), S. 16–20

30 »Portrait de Gala avec homard« (um 1933), Privatbesitz; »Harpo Marx« (1936), Philadelphia Museum of Art; »Gala et l'Angélus de Millet précédant l'arrivée imminente des ›anamophoses coniques‹« (um 1933), National Gallery of Canada

31 »L'art du ballet« (1944; https://www.salvador-dali.org/fr/oeuvre/catalogue-raisonne-peinture/1944/589/les-sept-arts-vivants-l-art-du-ballet) wurde wie auch die anderen sechs Teile der Bilderserie »Les sept arts vivants« 1956 Opfer eines Brandes und im darauffolgenden Jahr von Dalí in leicht veränderter Form unter dem Titel »Ballet. Les sept arts vivants. Femmes métamorphosées« rekonstruiert; https://www.salvador-dali.org/fr/oeuvre/catalogue-raisonne-peinture/1957/722/ballet-les-sept-arts-vivants

32 Die Zeichnung diente zunächst als Vorlage für ein Titelblatt des surrealistischen Magazins *Le Minotaure* (Paris), Nr. 8 (8. Juni 1936); https://www.salvador-dali.org/fr/oeuvre/catalogue-raisonne-peinture/1936/518/couverture-pour-minotaure. 1981 wurden nach dieser Zeichnung auch Skulpturen in verschiedenen Versionen produziert.

33 *Paris Match*, Nr. 1055, 26. Juli 1969; https://www.parismatch.com/Culture/Art/Salvador-Dali-Archives-Photos-1639755; https://www.spiegel.de/geschichte/salvador-dali-1969-in-paris-pr-coup-mit-ameisenbaer-in-der-metro-a-1293926.html

ABBILDUNGSVERZEICHNIS

Abb. 1 (Ausschnitt): Image from the Biodiversity Heritage Library. Contributed by Harvard University, Museum of Comparative Zoology, Ernst Mayr Library. Public Domain: https://www.biodiversitylibrary.org/page/52555207#page/394/mode/1up (Stand: Oktober 2023)

Abb. 2: Public Domain: https://commons.wikimedia.org/wiki/File:Meerwunder_und_seltzame_Thier,_wie_die_in_den_Mitnächtigen_Ländern_im_Meer.jpg (Stand: Oktober 2023)

Abb. 3: University of Houston Libraries Digital Collections, Houston, Texas. Public Domain: https://id.lib.uh.edu/ark:/84475/do66214p884 (Stand: Oktober 2023)

Abb. 4: Internet Archive, Call number: 628643. Public Domain: https://archive.org/details/gabrielisrollenhooroll/page/n147/mode/2up (Stand: Oktober 2023)

Abb. 5: © Fototeca Gilardi

Abb. 6: Friedrich-Ebert-Stiftung. Dokument: https://fes.imageware.de/fes/web/index.html?open=VW48196 (Stand: Oktober 2023)

Abb. 7: M. C. Escher's »Symmetry Drawing E117 (Crabs)« © 2023 The M. C. Escher Company-The Netherlands. All rights reserved. www.mcescher.com

Abb. 8: Public Domain: https://commons.wikimedia.org/wiki/File:Pare_african_monster.jpg (Stand: Oktober 2023)

Abb. 9 l.: Image from the Biodiversity Heritage Library. Holding Institution: Cornell University Library. Public Domain: https://www.biodiversitylibrary.org/item/115467#page/602/mode/1up (Stand: Oktober 2023)

Abb. 9 r.: Image from the Biodiversity Heritage Library. Holding Institution: Cornell University Library. Public Domain: https://www.biodiversitylibrary.org/item/115467#page/588/mode/1up (Stand: Oktober 2023)

Abb. 10: Image from the Biodiversity Heritage Library, Holding Institution: MBLWHOI Library. Public Domain: https://www.biodiversitylibrary.org/page/32173012#page/400/mode/1up (Stand: Oktober 2023)

Abb. 11: Public Domain: https://it.wikipedia.org/wiki/Antonio_Baschenis (Stand: Oktober 2023)

Abb. 12: Wien, Österreichische Nationalbibliothek, Cod. 7962, fol. 47v

Abb. 13: Image from the Biodiversity Heritage Library, Holding Institution: Natural History Museum Library, London. Public Domain: https://www.biodiversitylibrary.org/item/91152#page/75/mode/1up (Stand: Oktober 2023)

Abb. 14: Image from the Biodiversity Heritage Library, Holding Institution: Smithsonian Libraries and Archives. Public Domain: https://www.biodiversitylibrary.org/item/111057#page/41/mode/1up (Stand: Oktober 2023)

Abb. 15: Dumbarton Oaks Research Library and Collection (Harvard University)

Abb. 16: Privatbesitz

Abb. 17 A: AMS Historica, https://amshistorica.unibo.it/archivio/000018/000549.jpg; B und C: Library of Congress, Rare Book and Special Collections Division, Quelle: https://www.loc.gov/resource/rbc0001.2011bit28884/ (Stand: Oktober 2023)

Abb. 18: Heinz-Dieter Franke

Abb. 19: akg-images / Nimatallah

Abb. 20: Quelle: https://books.google.de/books?id=cyVkAAAAcAAJ&printsec=frontcover&hl=de&source=gbs_ge_summary_r&cad=0#v=onepage&q&f=false (Stand: Oktober 2023)

Abb. 21: Bridgeman Images

Abb. 22 a: Public Domain: https://upload.wikimedia.org/wikipedia/commons/8/85/Albrecht_Dürer%2C_The_Northern_Celestial_Hemisphere%2C_1515 %2C_NGA_43181.jpg (Stand Oktober 2023)

Abb. 22 b: © National Library of Australia, Quelle: http://nla.gov.au/nla.obj-232460414 (Stand Oktober 2023)

Abb. 22 c: akg-images / Science Source

Abb. 23: YAY Media AS / Alamy Stock Vector

Abb. 24: Bayerische Staatsbibliothek München, Signatur: Einbl. I,44. Public Domain: https://www.digitale-sammlungen.de/de/view/bsb00101973?page=,1 (Stand Oktober 2023)

Abb. 25: akg-images

Abb. 26 o.: Image from the Biodiversity Heritage Library, Holding Institution: Research Library, The Getty Research Institute. Public Domain: https://www.biodiversitylibrary.org/item/234192#page/15/mode/1up (Stand Oktober 2023)

Abb. 26 u. (Ausschnitt): Image from the Biodiversity Heritage Library, Holding Institution: Smithsonian Libraries and Archives. Public Domain: https://www.biodiversitylibrary.org/item/114139#page/256/mode/1up (Stand Oktober 2023)

Abb. 27 l.: Harvard Art Museums / Arthur M. Sackler Museum, Gift of the Friends of Arthur B. Duel, Photo © President and Fellows of Harvard College
Abb. 27 r.: Smithsonian Institution, Gift of Charles Lang Freer
Abb. 28: Public Domain: https://commons.wikimedia.org/wiki/File:Alexander_Coosemans_Fr%C3%BCchtestillleben_mit_Hummer_und_Brot.jpg (Stand Oktober 2023)
Abb. 29: Toledo Museum of Art, Purchased with funds from the Libbey Endowment, Gift of Edward Drummond Libbey
Abb. 30: Paul Klee (1879–1940), »Assjel im Gehege«, 1940, 353, Pastell auf Baumwolle auf Karton, 31,5 × 41,5 cm © Zentrum Paul Klee, Bern, Bildarchiv
Abb. 31: Pablo Picasso, »CHAT ET HOMARD«, 1965, Öl auf Leinwand, 73 × 100 cm, Fondation Beyeler, Riehen/Basel, Sammlung Beyeler. Foto: Robert Bayer / © Succession Picasso / VG Bild-Kunst, Bonn 2023
Abb. 32: akg-images / Universal Images Group / Universal History Archive
Abb. 33 a: Salvador Dalí (1904–1989), »MINOTAURE«, Farbdruck nach Collage. akg-images / © Salvador Dalí, Fundació Gala-Salvador Dalí / VG Bild-Kunst, Bonn 2023
Abb. 33 b: Salvador Dalí, »Téléphone-homard oder Téléphone aphrodisiaque«, 1936. Telefon mit Hummer (aus bemaltem Gips) auf Hörer, 18 × 12,5 × 30,5 cm. akg-images / © Salvador Dalí, Fundació Gala-Salvador Dalí / VG Bild-Kunst, Bonn 2023
Abb. 34: Stephane de Sakutin / AFP via Getty Images

DANK

Erste Aufzeichnungen zu diesem Buch stammen aus dem Jahre 1985. Neben meiner beruflichen Tätigkeit, die sich damals der Forschung an Krebsen zuwandte, habe ich seitdem über alle fachlichen Grenzen hinweg unmittelbare persönliche Eindrücke, Gehörtes und Gelesenes zu dem Thema »Krebse und Menschen« notiert. So entstand eine immense Materialsammlung, zu deren Durchsicht erst das Ende der aktiven Forschungs- und Lehrtätigkeit Gelegenheit bot. Damit daraus eine für einen größeren Kreis von Leserinnen und Lesern zumutbare Lektüre, eine populäre »Kulturgeschichte der Krebse«, entstehen konnte, waren ein sehr schmerzhafter Auswahlprozess und leichte fachliche Vereinfachungen notwendig. Viele, die mir im Laufe der Jahre Anregungen gaben, die sich nun nicht im Text wiederfinden, muss ich um Verständnis bitten. Zu Recht wird der eine dies, die andere jenes vermissen. Stoffauswahl und Gliederung sind das Ergebnis von Entscheidungen, die auch ganz anders hätten ausfallen können.

Mein Dank gilt Prof. Dr. Volker Storch, Heidelberg, ohne dessen Ermutigung ich mich wohl nicht hartnäckig um eine Publikation der Arbeit bemüht hätte. Mein ehemaliger Kollege an der Biologischen Anstalt Helgoland, Dr. Klaus Anger, hat das Manuskript ganz gelesen, mich auf Unklarheiten hingewiesen und wertvolle Anregungen gegeben. Herzlichen Dank, Klaus!

Dank schulde ich auch Hermann Hümme, Einbeck, der – als jemand, der nicht »vom Fach« ist – den Text gelesen, kommentiert und mich auf Stellen hingewiesen hat, an denen der Text für den fachunkundigen Leser schwer verständlich wird.

Zu großem Dank bin ich den Mitarbeitern des mareverlags verpflichtet, insbesondere Frau Judith Weber, die Interesse an dem Manuskript fand und es in das Programm des Verlags aufnahm. Frau Claudia Jürgens, Berlin, hat die Arbeit kompetent und verständnisvoll lektoriert. Ganz herzlichen Dank dafür.

Meinem Sohn Dr. Robert Franke danke ich für seine stete Hilfe bei Computerproblemen und Fragen der Bildbearbeitung.

Nicht zuletzt möchte ich meiner Frau Lieselotte Franke für mehr als fünfzig Jahre Verständnis danken, das sie den Eigenheiten eines introvertierten Wissenschaftlers, Büchersammlers, Klavierspielers und Heimwerkers entgegengebracht hat. Ihr ist dieses Buch gewidmet.

Einbeck-Andershausen im Juli 2023